Handbook on Energy-efficient Building in China

Highlighting Best Practices in Germany

中国建筑节能简明读本

——对照德国经验的全景式概览

德国能源署
住房和城乡建设部科技发展促进中心　　联合主编
住房和城乡建设部建筑节能中心

中国建筑工业出版社

图书在版编目（CIP）数据

中国建筑节能简明读本——对照德国经验的全景式概览／德国能源署等联合主编.—北京：中国建筑工业出版社，2009
ISBN 978-7-112-10694-3

Ⅰ.中… Ⅱ. 德… Ⅲ.建筑－节能－对比研究－中国、德国 Ⅳ.TU111.4

中国版本图书馆CIP数据核字（2009）第032428号

责任编辑：张幼平
责任设计：崔兰萍
责任校对：兰曼利　赵颖

Handbook on Energy-efficient Building in China
Highlighting Best Practices in Germany

中国建筑节能简明读本
——对照德国经验的全景式概览

德国能源署
住房和城乡建设部科技发展促进中心　联合主编
住房和城乡建设部建筑节能中心

*
中国建筑工业出版社出版、发行（北京西郊百万庄）
各地新华书店、建筑书店经销
北京方舟正佳图文设计有限公司制版
世界知识印刷厂印刷
*
开本：787×960毫米　1/16　印张：15　字数：317千字
2009年12月第一版　2009年12月第一次印刷
定价：78.00元
ISBN 978-7-112-10694-3
(17628)

序　一

当前，解决日益紧迫的资源、环境与经济发展之间的矛盾已成为国际社会共同面临的一个严峻挑战。中国正处于工业化、城镇化加速发展时期，居民生活条件的改善和居住舒适度的提高，一方面促进了建筑业的蓬勃发展，另一方面也扩大了建筑对能源的需求与消耗。中国每年新建房屋面积近20亿平方米，建筑总能耗在不断增长；既有建筑达400多亿平方米，95%以上是高能耗建筑。建筑能耗约占全社会终端能耗的近三分之一，对社会造成了沉重的能源负担和严重的环境污染，制约了我国可持续发展战略的实施。因此，建筑节能不仅是中国政府建设资源节约型和环境友好型社会的重要组成部分，也是社会最为关注和重视的领域之一。

通过建立和完善建筑节能法规，制定和推行更高的建筑节能标准，创新建筑节能的管理制度与政策工具，研究开发与推广建筑节能新技术、新材料和新产品，开展建筑节能示范项目、信息宣传和教育活动，中国建筑节能工作已经取得了比较显著的成果。新建建筑的节能达标率不断提高，截止2008年底，全国城镇新建建筑在设计阶段执行节能设计标准的比例为98%，施工阶段执行节能设计标准的比例为82%，分别比2007年提高了1%和11%。全国城镇已累计建成节能建筑面积28.5亿平方米。既有建筑改造稳步推进，截止2008年底，北方15个省市已完成既有建筑改造面积3965万平方米，估计每年可实现节约标准煤27万吨，减排二氧化碳70万吨。可再生能源在建筑中规模化应用面积逐步扩大，截至2008年底，各地太阳能光热应用面积达10.3亿平方米，浅层低能应用面积超过1亿平方米，分别比2007年增长31%和25%。同时，越来越多的居民倾向于购买节能建筑，更多的开发商也愿意投资建设节能建筑和绿色建筑。

“十一五”期间，中国建筑节能要实现节约标准煤1.1亿吨的目标，到2010年，全国城镇建筑要实现节能50%，其中各特大城市和部分大城市率先实施节能65%的目标；到2020年完成大部分既有建筑的节能改造目标。要实现这些目标，中国在今后十多年内还要继续在大型公共建筑节能、既有建筑节能改造、可再生能源在建筑中规模化应用、建筑能耗统计、监测与考评体系、建筑节能标识和节能服务体系的建立等方面进行更多的探索与创新。因此加强建筑节能国际技术交流与合作，借鉴国外的先进技术、管理和实践经验加快中国建筑节能的发展尤为重要。

为了向中国建筑与房地产业的管理决策者、技术人员宏观介绍中国建筑节能与现代化改造的必要性、优势和最新发展情况以及德国在建筑节能领域成熟、先进的技术、丰富的实践经验，住房和城乡建设部科技发展促进中心与德国能源署共同组织编写了《中国建筑节能简明读本——对照德国经验的全景式概览》一书。该书以通俗易懂的语言，丰富的资料与形象的图片为相关人员全方位地介绍了中德两国建筑节能现状、节能政策和法律依据与创新制度、节能融资形式与成本效益分析、建筑节能设计与质量控制措施、节能技术的理论与实践等内容。它将促使我们从事建筑节能事业的专业人员去思考如何通过合理的规划设计、经济适用的技术去实现节能和经济收益目标。

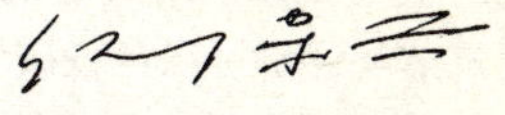

中华人民共和国住房和城乡建设部副部长

仇保兴

2009年9月

序 二

我国目前正处于城镇化的加速发展时期，大规模的城市建设促进了建筑业和建材业的迅猛发展，由此而产生的能源消耗，包括建筑材料生产、运输用能，房屋建造、维修和拆除过程中的能耗（不包括运行能耗）已占到我国总商品能耗的20%~30%，而建筑运行能耗已占社会终端能耗的27%左右。随着国民经济的快速发展、新建建筑的不断增加以及人民生活水平的迅速提高，建筑总能耗在未来还将持续增长。因此建筑节能对我国实施节能减排战略具有举足轻重的作用，对于我国在2020年实现单位GDP二氧化碳排放量比2005年下降40%~45%的减排目标至关重要。建筑节能同时对促进我国经济发展方式的转变，对于发展绿色低碳经济也将发挥重要的作用。

"十一五"期间，我国建筑节能工作取得了重要进展并不断向更广更深发展。《民用建筑节能条例》及其配套办法的出台提供了有力的法律保障，建筑节能相关技术标准的覆盖范围不断扩大，要求进一步提高，建筑节能设计施工监管更加严格有力，新建节能建筑比例显著提高；在国家财政的有力支持下，可再生能源建筑应用示范和既有居住建筑节能改造已具一定规模；绿色建筑从无到有数量不断增多，起到了良好的示范作用；国家机关办公建筑和大型公共建筑节能监管体系和建筑能耗统计平台初步建立。在即将到来的"十二五"期间，我国还将更多地投入建筑新能源应用的研发、清洁发展与节能服务机制研究、被动式和主动式建筑节能技术优化集成、建筑能耗统计、建筑用能监测与建筑节能评价、绿色低碳城市研究等领域，推动建筑节能全面发展。

德国是世界上最早推行建筑节能的国家之一，其建筑节能技术、新能源开发与利用水平和产业化规模位居世界前列，为和我国业内同行、普通读者共同分享中德两国在建筑节能方面最新成果和经验，我中心和德国能源署历时一年多合作编写并修订了《中国建筑节能简明读本》。建筑节能减排涉及每一个公民、每一个家庭、每一个从事建筑活动的企业以及每一个用能的建筑和其中的个人与单位，我们也希望借助本书大力宣传中国政府建筑节能政策措施，提高全社会的建筑节能环保意识，以及全社会广泛参与建筑节能的积极性，共同努力促进建筑领域的可持续发展以及节能减排目标的实现。

杨榕

住房和城乡建设部科技发展促进中心主任

杨榕

2009年12月

序 三

保护气候是一个要求国际合作的全球性任务，同时也是对我们这个时代的环保政策所提出的巨大挑战。它可以为经济和生态的可持续发展提供保障，并为我们子孙后代的美好生活奠定了基础。除此之外，气候保护还是科技创新和发展的推动力。

无论是在中国还是德国，建筑行业都对能耗产生了巨大的影响，两个国家30%~40%的能耗都用于建筑的热水制备、制冷和采暖。

长期以来，中国建筑行业的发展始终保持两位数的增长。德国的建筑行业也在国民经济中占据重要的地位，房屋建造和扩建领域的投资占到德国投资总额的一半以上。因此，建筑行业在建立社会和生态标准方面发挥着重要作用。为确保建筑行业的可持续高效发展，我们必须立即采取行动，因为从长远角度出发，全世界的能源价格将持续上涨，而各类资源的储量也将不断减少。

中德两国的建筑和住宅产业正面临着这些挑战。无论是在新建建筑还是既有建筑的现代化改造方面，德国都已经设立了很好的节能标准。对此，我们采取了各种措施给予支持，其中包括制定法律法规，为节能现代化改造措施提供内容广泛的财政资助，加强建筑科学的研究，常年坚持开展公众宣传活动等。我们在提高建筑质量的同时，也保留和维护了大批优质的历史建筑。自1990年以来，德国的二氧化碳排放量降低了22%以上。其中居住建筑的二氧化碳排放量减少了约1500万吨，尽管德国总居住面积以及家庭数量都有了显著的增长。

我们拥有一个共同目标，那就是降低建筑能耗，同时加强可再生能源的利用。通过这些措施，我们希望能够提高居住质量、舒适程度和建筑价值。这样，我们可以在环保和经济两方面做到一举两得。

在这个大背景下，我认为，中德两国在节能建筑设计和建造方面开展知识传授这项工作意义重大。《中国建筑节能简明读本》将促进中德两国之间在建筑能效方面的知识交流。我祝愿所有的中方参与伙伴在节能建筑建造以及实现宏伟节能目标方面取得巨大的成功。

德国交通、建设与城市发展部国务秘书
芮内·邦巴（Rainer Bomba）
2009年12月

序 四

德国在建造节能房屋方面拥有丰富的经验。在过去三十年中，我们的节能标准不断提高，现代化的建筑已经不再使用传统的供暖或空调设备。先进的保温技术、窗户、通风设备和建造方式使采暖更为经济合理，仅仅借助阳光照射或利用房间余热就能满足建筑物的采暖需求。即使是在炎炎夏日，由于其出色的能效特性，被动式房屋也能保证舒适的室内温度。如果需要，还可以使用可再生能源设备（如太阳能、生物质能或地热）来满足更多的能源需求。

无论是在独幢别墅还是多户住宅中，无论是在居住建筑还是非居住建筑中，无论是在旧建筑还是新建筑中，节能建筑技术目前已经非常成熟，在众多领域中得以应用，并被证明具有良好的经济效益。那些在初始阶段为实施节能措施所增加投入的资金，在短短几年后就可以收回。当然，在对建筑物进行投资时，我们不仅应该考虑建设费用，而且还要考虑建筑使用过程中所产生的费用，尤其是采暖、制冷和热水费用，这些费用要远远高于建筑成本，可以说是节能潜力最大的环节。而在未来，节能措施所带来的价格优势将比今天更大，因为从长远角度来看，石油、燃气或煤炭的价格还将继续上涨，节能建筑在房地产市场上也更有优势。节能建筑居住舒适度高而运行成本低，将受到承租人和买房者的极大青睐。

有了优秀的能效技术还远远不够，这些技术还必须长期得到专业化的应用。所以，仅仅有了保温板和保温玻璃还不够，要想获得成功，决定因素是认真的设计规划、精湛的建造技术、高标准的法律框架以及公众对节能建筑优势的广泛认识。《中国建筑节能简明读本》可以为此作出重要贡献。为此，我衷心祝愿中德两国的所有参与伙伴在这方面获得巨大的成功。

S. Kohler

斯特凡·科勒（Stephan Kohler）

德国能源署（dena）署长

2009年12月

目 录

1ST CHAPTER

第1章 简介

1.1 中国建筑发展现状和建筑节能存在的问题

1.1.1 近十年建筑领域发展概况

建筑保持快速的增长

中国经济社会和城镇化的高速发展以及人民生活水平的不断提高，刺激了国内建筑业和房地产业的快速发展。近十年来我国的房屋建设保持了持续高速的增长，每年的房屋建筑总建设量高达20亿～40亿m^2，竣工房屋面积达21亿m^2，年增长率约为9%。城镇房屋建筑年竣工量为6亿～11亿m^2，农村房屋建筑为6亿～8亿m^2。全国每年新建住宅建筑达13亿m^2，其中城镇住宅4亿～6亿m^2，农村住宅6亿～8亿m^2。到2006年底，全国既有房屋建筑的保有量约为400亿m^2，城镇房屋建筑面积174.52亿m^2，农村房屋建筑面积226.02亿m^2，其中住宅建筑约为65%。

城市中高层住宅的比例加大

20世纪七八十年代，我国建造了大批住宅建筑，建筑结构形式以多层砖混结构为主，只有少量高层住宅。城市居住人口的增加，人们居住环境的改善，不断扩张的房地产需求再加上城市建设和经济发展的加快，带动了土地需求的快速增长和土地的增值。房地产企业为了满足市场需求，获取更大的

1998～2007年全国城乡新建房屋建筑面积　　表1-1

年份	全国房屋竣工面积（亿m²）	住宅竣工面积（亿m²）	城镇住宅面积（亿m²）	农村住宅（亿m²）
1998年	17.09	12.76	4.76	8.00
1999年	18.74	13.93	5.59	8.34
2000年	18.20	13.45	5.49	7.97
2001年	18.24	13.04	5.75	7.29
2002年	19.67	13.40	5.98	7.42
2003年	20.26	13.02	5.50	7.52
2004年	20.70	12.49	5.69	6.80
2005年	22.76	13.28	6.61	6.67
2006年	21.25	13.14	6.30	6.84
2007年	23.84	14.63	6.88	7.75

数据来源：中国统计年鉴2000～2008。

利润，越来越多地建造高层、超高层住宅。在直辖市和省会城市新建住宅中，高层和超高层住宅占主导。高层建筑技术的普及，各地建筑市场的开放，设计施工队伍大范围的流动，为大量建造高层住宅创造了条件。高层住宅的建造也带来了建筑结构形式的变化、建筑技术水平的提高，同时也为建筑外围护结构采取节能措施增加了难度。

禁止使用黏土实心砖带来墙材的革新

自20世纪80年代开始，为了解决因为建筑量激增而大量使用黏土砖与我国的土地资源不足之间的矛盾，以及烧砖造成的能源浪费和大气环境污染问题，国家相关主管部门联合发布了在一定的范围内禁止使用黏土实心砖的相关规定及鼓励生产和使用新型墙体材料的相关经济激励政策。在实现第一批170个城市禁止使用黏土实心砖（即“禁实”）的基础上，国家又公布了第二批256个城市要求在2008年底前实现“禁实”，到2010年要在所有城市实现“禁实”。这些有利措施的实施，推动了新型墙体材料在建筑工程中的应用，也带来了建筑工程设计和施工工艺的变革，同时使粉煤灰等工业废弃物得到有效利用，实现了资源综合利用。目前有近一半的省市区新型墙体材料占墙体材料应用总量的比例超过50%，北京、上海达100%。全国城镇新建建筑采用新型墙体材料建筑面积已占建筑总面积的57.6%①。新型

①中国新型墙体材料发展与推广研究报告，2008。

墙体材料主要用于建筑框架结构的墙体填充材料和建筑内隔墙，种类有：砖类，如空心砖、页岩砖、粉煤灰砖等；砌块类，如加气混凝土砌块、陶粒混凝土砌块等；板类，如GRC板、复合保温墙板等。

建筑节能发展的步伐加快

我国经济社会的长期持续高速发展，造成发展与自然、资源、环境的矛盾日益突出，引起了国家领导人和中央政府的高度重视，坚持科学发展观、建设节约型社会成为国家发展战略目标。在这种大背景下，建筑节能的发展步伐加快。

建筑节能法规标准体系不断完善。国务院令第530号《民用建筑节能条例》和国务院令第531号《公共机构节能条例》先后公布，于2008年10月1日起同时施行，使推行建筑节能有了更加明确的法律依据。居住建筑节能设计标准正在全面修订，提高标准要求。《建筑节能工程施工质量验收规范》的发布实施，完善了建筑节能标准体系。

建筑节能制度化建设不断推进。住房和城乡建设部于每年底组织进行建筑节能专项检查并公布检查结果，督促地方建筑节能工作的落实；发布《民用建筑节能信息公示办法》和《公共建筑室内温度控制办法》，建立节能信息公示制度，使公众参与监督建筑节能具有可操作性，明确规定公共建筑室内温度控制指标，加强了对运行管理节能的监管；建立建筑能效测评标识制度，使建筑节能监管体系增添有效环节和手段；印发《关于加强国际机构办公建筑和大型公共建筑节能管理工作的实施意见》，启动了“国家机关办公建筑和大型公共建筑节能监管体系建设实施方案”，抓政府表率作用和高耗能的大型公建，从而带动全面推进建筑节能。

国家加大对建筑节能的资金投入。2006年，国家财政部和建设部启动实施可再生能源建筑中规模化应用项目，中央财政对212个可再生能源示范工程给予资金支持，有效地带动了可再生能源在建筑中的应用规模；据统计到2007年底，各地太阳能光热应用建筑面积达7亿m^2，浅层地能应用近8000万m^2[②]。启动了“北方采暖地区既有居住建筑供热计量及节能改造1.5亿m^2”的工作任务，2007年专门安排奖励资金9亿元，用于对安装热计量装置的补助，加快了北方采暖地区既有居住建筑节能改造和供热收费制度改革的步伐。国家还计划投入数十亿资金支持实施“十一五”科技支撑计划中有关建筑节能的项目，推进建立建筑节能科技支撑体系。

根据2007年建筑节能检查结果报告，新建建筑在设计阶段执行节能标准的比例为97%，施工阶段执行节能标准的比例为71%，分别比上年提高了1个百分点和17个百分点。据此估算，2007年新建的节能建筑可形成500万t标

②2007年全国建设领域节能减排专项监督检查建筑节能工作检查报告。

准煤的节能能力。全国城镇已累计建成节能建筑面积21.2亿m^2，占城镇既有建筑总量的11.7%，节能建筑比重逐年提高。

1.1.2 中国建筑发展预测

建筑规模将持续增长

据国内外专家预测，21世纪的前20年内，中国的建筑业仍将保持快速发展的势头，建筑规模继续增长。据国务院发展研究中心专家预计，到2020年底，全国房屋建筑面积约达690亿m^2。另按照目前每年新增建筑20亿㎡计算，到2020年将新增建筑面积300亿m^2，相当于2000年的2倍多。尽管改革开放以来，我国的房地产业有了巨大的发展，城镇居民的居住环境有了很大的改善，2005年人均居住面积达26.11m^2，与发达国家的差距缩小，但是由于我国人口众多，基数大，城市化进程加快，每年有约2000万农民进城，住宅建筑的市场需求依然强劲。市场对住宅建筑的使用功能水平和价位的需求是多样化的，需要供应方提供满足不同消费者需求的房屋。由于我国经济社会的持续快速发展和世界经济全球化加快，越来越多的外国企业到中国寻找商机，公共建筑的市场需求也将保持长期增长的势头。

绿色建筑将得到快速发展

20世纪90年代初，发达国家针对日益快速发展的经济给自然环境带来的巨大影响和压力，提出了“绿色建筑”或“可持续建筑”的概念，强调建筑物的建造不仅要满足人们的生活和工作环境的需求，而且要做到经济合理地消耗能源和资源，对环境的影响降至最小。

2004年，中国国家领导人在中央经济工作会议上第一次提出了要“大力发展节能省地型住宅”。在国家发布的“十一五”经济社会发展纲要中明确建设领域的任务是“大力发展节能省地型建筑”。节能省地型建筑的概念涵盖了“四节一环保”，即“节能、节地、节水、节材和环境保护”，点出了我国城乡建设中亟待解决的问题，同时也符合国际上“绿色建筑”的部分理念。

发展绿色建筑是吸取国外实践经验，实现我国建筑节能跨越式发展的有效途径。为此建设部发布了《绿色建筑评价标准》，明确定义绿色建筑为：为人们提供健康、舒适、安全的居住、工作和活动的空间，同时在建筑全生命周期中实现高效率地利用资源（节能、节地、节水、节材）、最低限度地影响环境的建筑物。为了引导绿色建筑的健康发展，又发布了《绿色建筑评价技术细则》、《绿色建筑评价标识管理办法》，启动了绿色建筑评价标识工作。在“十一五”国家科技支撑计划中加大对绿色建筑相关科研开发资金支持的力度。建设部还启动实施“双百工程”，即百项低能耗建筑示范和百项绿色建筑示范。此外，建设部和相关部委连续4年主办国际绿色建筑大会，大力宣传绿色建筑。通过示范工程实践的引导和成套支持技术的完善，以及绿色建筑知识和技术的传播，“十一五”期间绿色建筑必将得到快速发展。

1.1.3 建筑节能存在的问题

法律法规亟待贯彻执行

中华人民共和国《节约能源法》已修订并颁布，增加了有关建筑节能的章节，国务院颁布了《民用建筑节能条例》和《公共机构节能条例》，为政府推进建筑节能工作提供了完善的法律依据，关键是法律法规的全面执行。《民用建筑节能条例》中规定要建立一系列配套制度，例如，公共建筑能耗大，要建立能耗审计制度，规定最大能耗定额，从而形成梯级电价，鼓励节能，惩罚浪费。因此需要做大量基础性工作，制订规范性文件和标准规范，尽快建立起这些制度，并在执行过程中增强法律的强制性。

建筑工程质量监管需进一步加强

尽管《建筑节能工程施工质量验收规范》已颁布执行，根据建筑节能专项检查，2007年新建建筑在施工阶段仍有近30%的工程没有按照节能设计施工。需要加强对施工和监理人员建筑节能相关技术和管理培训，严格按照《规范》进行建筑节能分部验收。应抓紧建筑能效测评标识的试行，总结经验，尽快扩大执行范围，从而强化节能标准执行的监管环节和手段，增强监管的有效性。

建筑节能理念需改变，技术水平有待提高

实现建筑节能需要增加一些建设投资，目前房地产开发企业或业主往往仅注意一次性投资的增加，而不考虑长期使用的运行费用，不考虑一次性投资与建筑全寿命周期的关系。需要加强这方面思想和观念的宣传教育，使购房者或业主认识到建筑节能的投入是有回报、有效益的。

此外，一些节能措施是不需要花钱的，没有被广泛认识，这样的技术和方法也没有被广泛掌握，如规划中的节能措施、自然通风和自然光的利用、智能化运行和维护管理等。

节能技术，产品不能满足建筑市场的需求

我国地域广阔，气候条件差异很大，需要采用不同的保温隔热技术和产品。目前我国建筑节能技术研发投入不足，特别是配套应用技

术的研发。节能技术和产品、材料种类少，可选择性差，质量参差不齐，市场混乱不规范，远不能满足如此巨大的建筑市场需求。由于我国的城镇住宅主要是多层或高层公寓式住宅，建筑构造也往往不同于国外的建筑构造，因此，国外的建筑节能技术、产品和材料引进国内，需要进行配套应用技术研发，使之适应中国的国情。要改变现状，需要加大建筑节能技术和产品及其应用技术的研发投入，需要开发商或业主、科研设计、施工安装和生产企业等各方面的积极参与，通过建筑能效测评标识和技术、产品认证等有效手段规范建筑节能市场。

北方采暖地区城镇供热体制改革进展缓慢

北方采暖地区城镇供热体制改革已进行数年，“暗”补变“明”补的福利式采暖制度改革基本完成，采暖补贴已纳入职工工资，由居民直接向供热企业缴纳热费。但是采暖收费制度改革还未进行，民用建筑采暖热费仍按照单位面积城市统一定价收取。居民和热用户对建筑节能投资或采取措施节能，得不到经济回报，因此，没有实施建筑节能的动力。由于传统的供热系统不能够实现按需供热，用户没有调控手段，即使居民或热用户想节能也无法实现。

供热公司按供热面积收费，供热成本按供热面积分摊，没有按照实施计量的供热量分摊成本，造成供热企业经济核算不清晰、不合理，运行管理效率低下造成很大的浪费也无人追究，大批节能建筑形成的能源节约量或是由于用户开窗而实际上没有节约下来，或是节约的效益完全由供热公司获得。集中供热收费制度亟待改革，供热企业的内部体制亟待改革，集中供热系统急需改造。

夏热冬冷地区需要传统习惯和观念的转变

我国的夏热冬冷地区长期以来冬季不采暖，人们习惯于在房间内穿很厚的衣服。由于室内阴冷，白天经常开窗。所以建筑保温节能的效果不像在北方采暖地区那样明显。采取保温隔热措施增加的成本回收期和产生的经济效益也不如北方采暖地区，因此，在夏热冬冷地区推进建筑节能难度更大，需要人们传统生活方式和观念上的转变。

需要继续加大建筑节能宣传力度

应继续加大建筑节能宣传，使房地产开发、设计、施工和监理企业增强社会责任意识，充分认识建筑节能的重要性和紧迫性，严格执行国家相关法律法规和标准规范，诚信经商。大力宣传推进建筑节能与国家发展和个人利益的关系，普及建筑节能知识，提高公众的建筑节能意识，培育节能建筑的市场需求，促进市场机制发挥作用。

1.2 德国在建筑节能领域所取得的经验

如今，除了斯堪的纳维亚半岛国家（瑞典、挪威、丹麦）之外，欧洲几个讲德语的国家（德国、奥地利、瑞士）在建筑节能方面一直走在欧洲的前列。他们之所以能够一步步取得成功，是贯穿始终的政治决策、长抓不懈的职业教育和培训、立法以及税务支持的共同结果。节能工作涉及各种建筑类型，从单户住宅到工业建筑再到各种公共建筑等。无论是私人投资者还是政府部门，都必须同样遵守有关的法规标准。其中，政府部门往往充当了先行者的角色，其主旨就是希望通过示范项目向公众展示节能潜力，激励私人业主效仿执行建筑节能。

以往的节能工作一般集中在新建建筑，而在过去数年中，既有建筑的节能改造已经越来越凸显其重要意义，未来也是如此。目前在欧洲的城市发展和国家资助计划中，旧建筑的持续修缮和节能改造已经成为重中之重。在德国，当前用于既有建筑改造和维修的投资已经占到了建筑节能投资总额的60%左右，而且这个比例还在逐年递增。通过不断提高建筑物的现代化改造标准，仅在既有建筑这个领域便能取得相当好的节能效果。

尽管德国的气候状况温和依旧，但是随着保温措施的改善，建筑物本身的能耗越来越低，人们也逐步开始重视建筑物的制冷方案以及空调通风设备的能耗。此外，由于能源价格大幅攀升，人们对可再生能源的利用也越加关注起来。

所有建筑的采暖能耗加在一起，大约占全德国能耗总量的30%左右。因此，除了工矿企业和交通领域之外，建筑业是最需要开展节能工作的行业。

具体而言，德国在提高建筑能效方面之所以能取得成功，主要归功于以下一些前提条件及措施：

■ **立法和国家监控**

不断完善法律法规及建筑规范，在全德国范围内加强政府机构、专业人士及鉴定专家对在建及已建成建筑的监控，以便在德国全面推行现行的法律规定和要求。

■ **通过立法来提高标准**

根据技术的发展状况以及各地区不同气候条件的要求，提高并完善法律法规。依照当地的气候条件，有针对性地完善并强化夏季隔热和冬季保温的建筑标准。

■ **提高公众的节能意识**

考虑建筑物的整个生命周期，发动公众对节约能源、节省成本及建筑物的可持续性使用等三方面就经济和能源政策的相互关系展开讨论。只有结合能源成本不断增长的事实，然后再展开广泛的讨论，才能使参与讨论的各方都普遍接受节能的理念。

■ 宣传节能的经济利益及市场机遇

向业主、投资者、银行和房屋使用者宣传、解释节能建筑所能产生的中期经济效益及其为地产营销带来的促进作用。只有认识到这些，人们对低能耗建筑的需求才会日益增加。此外，还应加大对分能源价格上涨所造成的社会效应的宣传力度。

■ 培养城市规划师、建筑师和工程师

改进那些开设有城市规划、建筑设计和建筑工程等专业的高校在节能规划设计人才方面的培养标准，目的是让学生学会进行跨学科的设计规划，并综合考虑节能设计和节能施工之间复杂的相互关系。在进行设计时，无论是建筑材料、结构标准还是暖通设施的安装，都必须考虑能效以及各因素之间的相互影响。设计方案中必须包括可再生能源的利用。

■ 保持建筑设计和施工的一致性

在德国，实际总是由一位总建筑师全面负责设计和规划工作。从建筑物的外观方案到具体的施工计划和楼宇技术方案，以及具体的施工过程都通盘考虑，从而保证设计的连贯性，这是确保建筑物达到高质量标准的基础。同时由一位负责人主导监督某项建筑项目的全过程（从设计到施工），能保证切实执行优化的建筑标准。

■ 对建筑工人及专业工种的业务培训

在使用现代化的新型建筑材料和建筑构件的过程中，为了提高建筑施工标准，确保工艺质量，应对专业工人进行职业培训。在多数情况下，建筑施工质量之所以无法提高，原因就在于许多建筑工人缺乏培训和专业知识，其实际操作能力无法达到要求。

■ 提供建筑物之间能耗比较的基础

为了便于相互比较和评估不同的能耗标准，人们往往采用统一的计算依据和测算方法，例如引入“能源证书”（请参见有关章节）。只有通过客观评估能耗和节能措施的成果（千瓦时）或者每平方米居住面积和使用面积的成本，才能使有关信息透明化，以便充分展示那些提高能效投资项目所取得的成功。

■ 组织并实施示范项目

利用示范项目来展示节能建筑和改造工作所取得的巨大成果，这些成果可以极大地促进建筑标准的推广和认知工作。因此有必要在项目进行的同时对节能措施进行评估，并记录其对经济效益的影响。

1.2.1 德国建筑节能标准的发展

自1952年起，德国的相关建筑标准开始提出最低保温要求，旨在保护建筑部件不受凝露和水浸的破坏。而随着1973年秋第一次石油危机的发生，节能目标第一次成为人们关注的焦点。在这一大背景下，1977年，德国第一部《保温条例》正式颁布实施，其中对新建建筑的外露建筑部件的热工质量提出了具体的要求。在接下来的数年中，人们不断对有关的计算方法进行修订，要求也日益严格。不过，在1995年第三部《保温条例》生效之前，相关要求仍然只针对建筑物围护结构，而且始终关注新建建筑，尽管在1995年版的《保温条例》中首次对建筑部件的改造提出了相关要求。

2002年，《节能条例》取代了《保温条例》，在很多方面都堪称推陈出新。原来，人们一直将建筑结构保温和技术设备——在此之前列入《采暖设备条例》——分别看待，现在则开始采用统一的计算方法。这样，要求不再只是针对各个部件，而是针对整个系统。从此刻起，人们不再将单个的建筑构件视为评判能效的关键标准，而是将建筑物（包括其技术设备）看作一个完整的系统来进行计算和评估。这也为建筑设计师和规划人员在大幅度提高整体能效的同时，留出了最大的室内设计自由度。随着《节能条例》的实施，一次性能源需求也取代了热需求，成为最关键的考核参数。与《保温条例》相比，《节能条例》将要求提高了大约30%，从而达到当时“低能耗房屋”的标准值。因此可以说，《节能条例》将《保温条例》中的低能耗房屋变成了普遍适用的标准。由于要求水平的高低关键要看建筑外形的“紧凑性”——即表面面积与体积之间的比值（体形系数），因此，不同建筑所要求达到的一次性能源值之间也会有所不同。2004年，人们对《节能条例》进行了修订，其中并没有提高限值要求，而主要对编辑和版式进行了修订，并注明有哪些更新过的标准可以适用。

德国现行条例中规定的典型新建建筑的采暖热耗限值

表1－2

1952～1976年	DIN 4108（德国工业准）≥约350kWh/(m²·a)
自1977年起	第一部《保温条例》＝约200kWh/(m²·a)
自1984年起	第二部《保温条例》＝约150kWh/(m²·a)
自1995年起	第三部《保温条例》＝约100kWh/(m²·a)
自2002年起	《节能条例》(EnEV)＝70kWh/(m²·a)
自2009年起	进一步提高《条例》要求=45kWh/(m²·a)
未来的目标	被动式房屋的标准≤15kWh/(m²·a)

欧盟的建筑准则给各国的立法者带来了新的要求。该准则是于2007年随《节能条例》修订版在德国境内同步开始实施的。其重点并非是要提高能效要求，而是要大范围引入既有建筑能源证书制度，以及在计算方法中加入制冷能耗和照明电耗两个参数。为此，人们首先针对居住建筑制定和引入了新的计算标准。人们可以利用DIN V 18599标准来反映和评估建筑物的能效水平，包括全部的技术设备，如采暖、通风、制冷以及照明装置等。在采用了新的计算标准之后，与旧法规相比，非居住建筑的部分要求被提高了。

在2007年版《节能条例》中，居住建筑的夏季能耗情况已经得到更多的重视。原来，

图1－1 60座低能耗房屋共同使用以木材生物质为燃料的中央供暖系统（单户住宅区）

人们只是针对一些特别关键的房间来计算房间内夏季温度是否过高。原则上来说，住宅建筑都避免安装固定式的制冷系统。为避免夏季室内过热，人们首先可以采用的是被动措施，如避免窗户面积设置得过大，或采用遮阳措施。

如今，随着2009年版《节能条例》的制定，相关要求进一步得到了提高。此外，在关于居住建筑能效要求和计算方法的措词方面，也做了一系列的更改。修订后的《节能条例》旨在将建筑物的采暖和热水制备能耗降低30%左右。

而根据能源、气候一体化计划（IEKP），自2012年起，能效要求还将进一步提高，最大幅度可达30%。2009年《节能法规》修订版相关改动简介：

■ 新建建筑：所允许的年一次能耗最大值将平均降低30%。

■ 新建建筑：建筑物围护结构保温隔热的能效要求将平均提高15%，这就意味着建筑物围护结构的保温隔热效率必须比目前平均提高15%。

■ 旧建筑改造：对于旧建筑改造，如果建筑物的围护结构进行了较大的结构变更，相关建筑构件的能效水平将平均提高30%（如更新外立面、窗户、屋面等）。

■ 另一种可选方案是，业主可以决定按照新建建筑节能水平的1.4倍来进行改造，其中同时涉及对年一次能耗和建筑物围护结构保温隔热的要求。

■ 对人无法行走的顶层楼板（屋面地板）的保温要求进一步提高。而人可以行走的顶层楼板必须在2011年之前拥有保温隔热层。不过，在上述两种情况下，如果整个屋面已有保温层，即可视为满足要求。

没有进行修改的部分是，单户和双户住房的所有者如果在2002年2月1日时自己居住在房屋内，则可不受新要求约束。在所有权变更后的两年之内，买房者必须对相关部件和设备进行更新。

■ 如果原来的空调具有加湿除湿功能，则必须更新为拥有加湿除湿自动调节装置的设备。

■ 对于大型建筑物，所有30年前安装的夜间储电式采暖设备都应当停止运行，并替换成更高效的采暖系统。该规定涉及所有至少有6户住宅的居住建筑和使用面积超过500m^2的非居住建筑。旧设备应最迟在2020年1月1日前分阶段逐步停止运行。

如果建筑物已满足1995年《保温条例》的

要求水平，或是更换设备不经济合理，或是公法法规规定了必须采用电储能式采暖系统（如在建筑设计图纸中有规定），则该建筑物无需履行更换设备的义务。

■ 此外，贯彻落实《节能条例》的相关措施也得到了加强：社区的烟囱清扫师傅有权进行某些检测，同时在对既有建筑进行某些施工时，也必须出具相关证明，即所谓的企业主声明。此外，针对违反《节能条例》规定的情况，制定了统一的罚金制度。如果违反了《节能条例》中某些关于新建建筑和旧建筑的要求，或是在出具能源证书时提供和使用假冒、伪造数据，都将被视为违规行为而遭到制裁。

另一个新的规定是，必须检查所有面积在$50m^2$以上的新建建筑，是否能够满足《可再生能源供热法》的要求，同时超过《节能条例》的要求值至少15%。

无论是在德国还是在中国，在同建筑物的投资者、使用者、购买者和承租人进行交流时，经常会听到很多人对建筑节能的接受度不高这一问题的辩解，即建筑物节能改善工程的建筑成本较高。不过考虑到当前以及未来的建筑准则，这些论据几乎是站不住脚的，原因是全世界的建筑投资商、房产商和用户都面临着能源价格节节攀升的问题，因此建筑能耗也显得更为重要——这与时下有关汽车油耗的讨论如出一辙。

在进行城市规划和建筑外形设计、确定建筑物能耗方案以及进行结构和设备设计的时候，最为关键的是在设计时确保建筑物冬、夏两季的保温质量。人们常常称之为冬、夏两季建筑及设备设计时的“能源质量”。

1.2.2 2002年后的低能耗房屋标准

在德国，所谓低能耗房屋是指能耗水平能够满足或低于现行《节能条例》要求的建筑物。通常情况下，可以采用成熟的建筑设计方法，在经济划算的情况下进行实施，以达到低能耗的标准。一般来说，对于新建建筑，采用更厚的保温材料并不是什么大问题，而对既有建筑也可以通过多种方式，使建筑结构保温和高效技术设备之间达到最佳的协调效果，从而满足标准值的要求。新版《节能条例》中对新建居住建筑的要求是采暖能耗平均值为70 $kWh/(m^2 \cdot a)$，也可以按低于《节能条例》的要求水平修建其他类型的“节能房屋”。为实现这个目标，人们可以在外墙、屋顶和地面区域做全方位的保温，并采取措施避免出现热桥，提高建筑物围护结构的气密性。此外，无论是从节能角度出发，还是出于卫生考虑，都应该采用带热回收功能的可控通风设备。

由于保温材料的产品质量相差很大，因此无法规定保温层的具体厚度应是多少。以下数值可以作为“节能房屋”的近似值供参考：

- 外墙　保温层厚度18～24cm
- 窗户　双层保温隔热玻璃，窗框经过保温隔热处理
- 屋面　保温层厚度22～30cm
- 地下室顶板　保温层厚度16～20cm

1.2.3 被动式房屋的标准

被动式房屋的标准是在人们对低能耗房屋标准不断改进的基础上制定出来的。

我们在此作一下比较：

在德国，低能耗房屋的年采暖热需求不得超过70kWh/($m^2\cdot a$)，而被动式房屋的最高年采暖热需求只能为15kWh/($m^2\cdot a$)。换言之，被动式房屋所消耗的采暖热能比“低能耗房屋”要少80%左右。

被动式房屋的热损失会被大大降低，几乎不再需要采暖，也可在冬季保持舒适的室温。如果每平方米采暖面积所需的热负荷小于10W，那么所需的极少热量完全可以通过补充新风来提供。如果只需通过这种新风采暖方式便可满足要求而无需使用“主动采暖系统”，那么这栋房屋便可称为是“被动式房屋”。在德国，评判被动式房屋的关键标准有以下几条：

- 采暖热需求 ≤ 15 kWh/($m^2\cdot a$)
- 热负荷 < 10 kW/m^2
- 气密性 ≤ 0.6/h
- 一次性能源需求 ≤ 120 kWh/($m^2\cdot a$)，(包括家庭用电)

与传统沿用的建筑标准相比，除采暖或制冷需求极低之外，被动式房屋对于住户而言还有以下优点：

- 居住舒适度极高：因为建筑物围护结构（墙体、窗户）各处的表面温度几乎都一样高。这样，在被动式房屋中就不会有温度波动以及由此带来的穿堂风现象。
- “舒适通风系统”可以为室内不间断地输送新鲜、干净、卫生的新风。

如今，“被动式房屋”在欧洲已经成为推广范围最广的建筑标准。到2008年10月，欧洲有超过12500套住宅是依照被动式房屋标准建成的。此外，欧洲还有大量的非居住建筑（办公楼、工商业建筑、体育馆、学校、幼儿园、教堂等）也是依据被动式房屋标准建造的，而且还有越来越多的既有建筑被改造成被动式房屋，或是采用符合被动式房屋标准的部分措施进行节能改造。无论是在用途上还是在建筑设计方面，被动式房屋都有很大的发展空间和潜力。可以想像的是，在不远的将来，被动式房屋标准将可能成为全欧洲法定的节能建筑标准。图1-2展示的是被动式房屋的工作原理。

被动式房屋并不是什么复杂的“高科技房屋”。但是，如果要想把它做好，就需要有缜

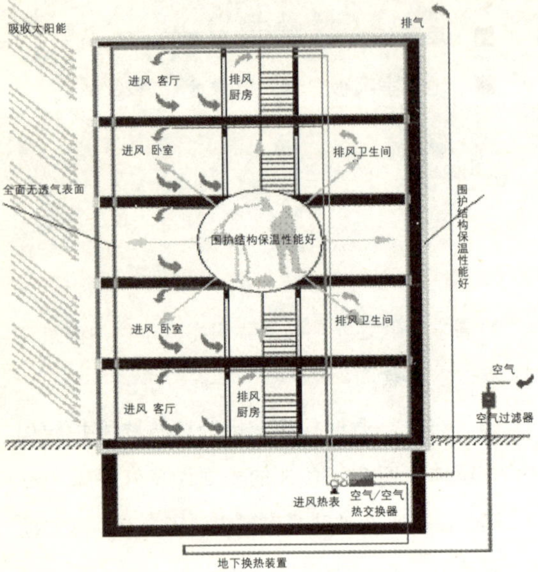

图1–2 被动式房屋示意图

密的设计和严格的施工，否则的话就难以达到足够的气密性（n50值）。对被动式房屋而言，良好的气密性（n50值≤ 0.6/h）是最重要的要求，因为人们不仅应尽可能减少传热损失（建筑构件所产生的热损失，如墙壁、窗户、屋面等），而且还要降低通风热损失。而由于建筑物围护结构不密封而造成的空气对流所带来的热损失恰恰是我们所不能低估的。

一栋运行良好的被动式房屋必须满足以下的必要条件：

■ 建筑物形体紧凑，即体形系数要小（围护结构面积/体积之比）

■ 建筑物围护结构的保温性能非常好（墙体、屋面、地基、窗户、外门）

■ 施工时没有留下热桥，四周没有不密封处

小型建筑物的体形系数应当为0.8，多层住宅楼应为0.4，而高层楼房则尽量不要超过0.2。

如果被动式房屋有透明的外露建筑构件（墙体、屋面、地基），那么它们的传热系数通常不应高于0.15W/(m^2·K)。

为使气密性相对较好的被动式房屋也能有充足的新风，还安装了带“热回收功能”的所谓“可控通风设施”。

新风可以通过进风口被抽入室内。通常而言，劣质空气——如含有CO（来自汽车尾气）的空气——会比新风的质量重，因此会贴近地面。为了避免将汽车尾气这类劣质空气也随同新风一起抽进建筑物内部，被动式房屋的新风抽风口一般都会设在距离街面2～3m的高度。然后，新风会被引入一个所谓的“过滤盒”，在穿过多层过滤器（粗滤器和细滤器）之后，各种污秽和杂质都会被“清洗干净”。这样，被动式房屋的空气质量和居室卫生都会达到一个极高的水准。此外还可以安装花粉及过敏物质过滤装置。

当新风通过过滤盒之后，大多数情况下还要经过一段更长距离的所谓“地热交换器”（即安装在地下1.5～2m左右的管网），这样，新风便可以“吸收”地下所存储的热量，即通过地热对新风进行预热，之后新风才会进入热交换器（带热回收功能）。同样，从厨卫浴区域（浴室、厕所、厨房）中被抽出的废气也要先流经热交换器，在这里，废气（用过的“空气”）中近90%的热量会被吸收掉并传导给新风（等于“热回收”）。在这个过程中，

废气和新风不会混杂在一起。

很明显，接下来只需极少的能量，便可以将一方面通过地热、另一方面通过热回收功能经过预热的新风保持在一个舒适的温度水平上，然后输送入采暖房间。新风涌入的速度非常低，这样便不会产生不舒适的穿堂风现象或是不受欢迎的噪声。

被动式房屋窗户的能效质量都非常高。适合用于被动式房屋的窗户都带有不会产生热桥效应的窗框，此外一般都是三层玻璃，并在两层玻璃中间注有惰性气体。这样，窗户的传热系数便会低于0.85W/(m^2·K)，甚至更低。

图1–3展示的是被动式房屋的窗户安装的情况。特别在安装时要注意保证窗户的密封性。

图1–4展示的是具有特别狭长窗框并达到被动式房屋高造型设计要求的窗户。

如同可以对一栋房屋进行“被动”采暖一样，建筑物同样可以“被动”制冷。最有效的方法是将多种节能措施组合起来，如遮阳装置、地热交换器、夜间用室外空气来降温、利用太阳能以及热泵（气源热泵或热泵与地下探针的组合）来制冷。

尤其是在夜间，当室外温度明显低于室温时，可以利用室外空气来降温，即通过可控通风设备来实现适当的空气交换。

在这个过程中，建筑物中具有储存能量能力的建筑构件（譬如非常重的建筑构件，像混凝土顶板和实心墙）会冷却下来，过了一段时间之后，又将自身所存储的冷量从表面散发到室内空气中。如果在墙壁和顶板中安装了相变材料（Phase Changing Materials），便可以提高这些建筑构件储存能量的能力。此外，如果在一天中温度最低的时刻将窗户打开，则可以促进换气，从而“被动”地降低室内温度；在这个过程中，除了可控通风设备外，不需要额外通风换气。在上述两种情形下，室内温度都不会降低到用户确定的最低温度以下（比如22℃）。

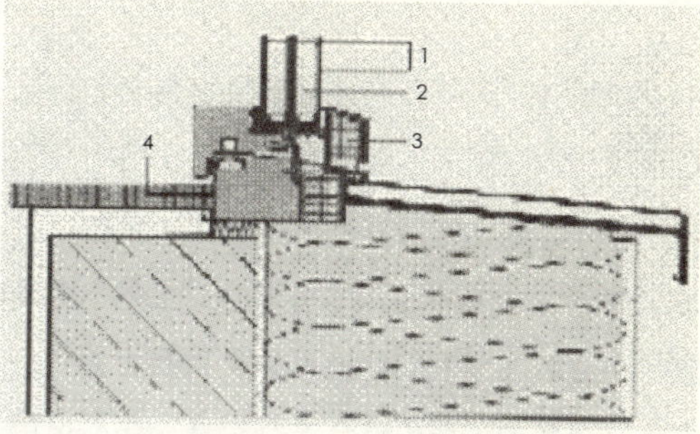

1. 三玻窗户；2. 惰性气体(氪气或氩气)；3. 保温窗框；
4. 窗框的密封条(压入内墙抹灰层中)

图1–3 被动式房屋窗户安装示意图
(资料来源：Pazen窗户技术公司，德国)

图1–4 窗框特别狭长的被动式房屋窗户(资料来源：Pazen窗户技术公司，德国)

如同在冬天可以利用地热交换器对新风进行预热一样，夏季也可以对新风进行预冷。

此外，被动式房屋还可以利用所谓的“绝热”制冷方式来降温。即将干净卫生的水喷到废气中（就在废气即将进入热交换器之前），在水汽蒸发的过程中便会产生冷量，当新风的温度降低后，再将其从进风口导入室内。这样，余下所需的制冷能耗就非常少了，利用一台小型制冷设备（由光伏设施供电）便足以满足要求。

在绝大多数情况下，当将上述措施结合起来使用后，只需建筑构件埋管系统或是吊顶辐射系统便足以满足额外的制冷需求。

1.2.4 零能耗房屋——采暖能耗为零的房屋

目前，这一新理念在欧洲正处于试行阶段，它是对被动式房屋的进一步发展和完善，其目的是希望达到既无须安装任何采暖设备，也不必为供热（包括热水）和供电而消耗能源。人们利用太阳能集热器和光电设备来收集和储存太阳能，从中所获取的、有时会多余出来的电力可以输送到公共电网或其他用户那里。

1.2.5 成本的比较

若想达到非常高的建筑节能标准，即使仍然采用传统方式，其所带来的附加成本仍然可以比较合理的。在德国，根据不同的能源价格及其走势，人们大多在几年后（5～7年）便可以收回这些额外支付的成本。

建筑物在建成使用之后，其运行成本，尤其是能源成本，只需短短几年便会超过建筑成本，从总体经济角度来看，其重要性会远远超过建筑物的初始建造成本。从中长期来看，降低运行成本远比单纯追求压缩建造成本有效。

当人们提高外墙、屋顶、地面、尤其是窗户的保温标准，安装带热回收装置的通风设备，以及改善建筑物围护结构的气密性时，便会产生上述的附加成本。为了能测算出实际产生的附加成本，人们必须还同时计算出如果缩小热水制备、供热和制冷设备的规模，在初始投资中实际可以节省多少成本。

一直以来，德国都通过低息贷款和税收优惠等政策来资助建筑节能项目，以鼓励人们采用能效更佳的建筑方式。无论是在过去还是现在，政府的这两种资助措施都是最为重要的激励公众进行建筑节能的手段。

1.2.6 总结

对于建筑师和工程师，尤其是对于那些作为决策者的、已经咨询了解得很详细的投资商和业主而言，有多种建筑节能措施可供他们选择。他们可以依据建筑物所处的气候区域、地理位置以及具体的用途和目的，因地制宜地找出最佳的节能措施。

几乎每个项目都会有投资资金不足的现象，为了把这有限的资金花在刀刃上，应首先投资在那些与成本支出情况相比节能效果最为突出的节能措施上。

以下列出的一系列标准中所涵盖的建筑措施既有针对新建建筑的，也有部分是适用于既有建筑的，它们都是德国的成功经验，但具有普遍适用性。不同的项目会或多或少地着重其中某些方面。其中每项措施还需根据具体的项目情况，单独并结合整体地来考察其节能潜力的大小以及对成本的影响。

建筑设计的优化

- 将建筑物的朝向设置为最佳方向
- 使窗户位置的设置及窗户大小达到最佳状态
- 建筑物外形应紧凑
- 避免建筑结构上的热桥

建筑围护结构的优化

- 使保温层厚度达到最佳
- 所有的接缝细部应认真施工
- 使建筑物围护结构拥有良好的气密性
- 认真消除存在的热桥

技术设备的优化

- 避免技术设备的设计功率大于实际需求
- 使用技术最先进的供热系统
- 对采暖面积进行水力平衡计算
- 使用带热回收功能的可控通风设备
- 利用可再生热源（太阳能、热泵）

就中国的现状而言，具体的气候区域以及各地的城乡经济条件不同，最适合当地的保温标准也是各不相同。除此之外，在确定采用哪些节能措施时，重要的一点便是要考虑其对经济的影响以及在短时间内可以节省多少成本，最后还有业主和投资者是否会接受这些改造措施。

考虑到能源价格节节攀升，建筑节能会确立建筑物的高品质形象，而这种形象在房产营销中日益重要，相对在短期内显得略高的投资成本而言，节能所达到的效益还是十分可观的。

而宣传这一理念的重任便落在了设计师和工程师的肩上。只有通过立法措施以及不断进行检查，然后持续不断地在全社会展开探讨，从而逐步扭转大家的节能意识，才能取得显著的节能成效。

一方面利用建筑节能保护气候，另一方面促进经济增长，这二者完全可以做到并行不悖。

2ND CHAPTER

第2章 法律依据与设施管理

2.1 法规

2.1.1 中国建筑节能现行法规概述

建立完善的法律法规和标准规范体系是推进建筑节能的必备条件。中国建筑节能经过20多年发展，特别是近十年的较快速发展，已逐步建立起中央和地方两级，包括法律、法规（行政法规和部门规章）、规范性文件三个层次的法规体系，为进一步促进中国建筑节能的发展提供了较完善的法制基础和法律环境。

法律、法规

根据法律层次、效力的不同，中央政府建筑节能的法规体系包括全国人大出台的基本法、国务院制定的行政法规和中央部委制定的部门规章三类（表2－1）。1997年，全国八届人大常委会通过了《中华人民共和国节约能源法》（简称《节能法》），这是国内第一次通过立法的形式对节能管理、合理利用能源、鼓励开发和利用新能源、推进节能技术进步等作出相应的规定。《节能法》的颁布对于推进全社会节约能源、提高能源利用效率起到了重要的作用，建筑节能作为能源终端利用的一部分也受《节能法》的规范与引导。2005年，全国人大又通过了《中华人民共和国可再生能源法》，对可再生能源的发展规划、产业政策、产业发展指导与技术支持、推广应用及经济激励措施作出了规定，进一步促进了常规能源的节约和能源效率的提高。

2000年，为贯彻《节能法》和推动建筑节能50%设计标准的实施，建设部颁布了《民用建筑节能管理规定》（76号部长令），对建筑项目的审批、设计、施工、工程质量监督及运营管理各个环节如何贯彻建筑节能标准作出了原则性规定。2005年建设部对《民用建筑管理规定》进行了修订。新颁布的《民用建筑管理规定》（143号部长令）与旧版相比，主要在使用范围、调整对象、行政处罚方面作了进一步的扩充与细化，具体包括：

（1）调整适用范围，使其不仅适用于严寒和寒冷地区，还适用于夏热冬冷地区和夏热冬暖地区；

（2）增加适用对象。除加强对新建建筑执行建筑节能标准的全过程监督管理以外，增加了既有建筑节能改造、公共建筑节能、供热（冷）计量分户调节和实行两部制用能价格等内容；

（3）细化处罚措施。对违反规定的行政处罚措施进一步细化，以加强规定的执行力度。

随着建筑节能的快速发展，一些深层次的新问题不断出现，如新建建筑执行节能标准率不高、既有建筑节能改造缓慢、公共建筑耗电量巨大、供热系统运行效率低、缺乏有效的民用建筑节能激励措施等，迫切需要通过立法，利用法律制度和措施加强对民用建筑节能的管理，降低民用建筑使用过程中的能源消耗，提高能源效率。2006年，建设部依据《节约能源法》、《可再生能源法》、《建筑法》起草了《民用建筑节能条例》（以下简称《条例》）。该《条例》已于2008年7月23日由国务院通过

中国建筑节能现行主要法规

表2–1

类　型	示　例
法律	《中华人民共和国节约能源法》、《中华人民共和国可再生能源法》、《中华人民共和国建筑法》
行政法规	《民用建筑节能条例》、《公共机构节能条例》、《建设工程质量管理条例》
部门规章	《民用建筑节能管理规定》 《建设领域推广应用新技术管理规定》 《民用建筑工程节能质量监督管理办法》 《公共建筑室内温度控制管理办法》 《民用建筑供热计量管理办法》 《民用建筑节能信息公示办法》 《绿色建筑评价标识管理办法》（试行）
规范性文件	涉及建筑节能宏观政策、技术推广、标准执行、政府办公建筑和大型公共建筑节能、可再生能源利用、民用建筑能效标识、供热改革与既有建筑改造等领域（见表2–2）

并颁布，自2008年10月1日起执行。《条例》主要从新建建筑节能、既有建筑节能、建筑用能系统运行节能三个方面对建筑节能各项工作作出了规定。

在新建建筑方面，《条例》要求各地建设行政主管部门把新建建筑执行民用建筑节能强制性标准纳入建设工程全过程管理，重点监督实行集中供热的新建建筑安装供热系统调控装置、用热计量装置、室内温度调控装置及公共建筑安装用电分项计量装置情况。要求新建建筑实行能效标识制度，向用户提供建筑能耗信息。

在既有建筑方面，《条例》要求各地建设行政主管部门做好既有建筑节能改造的统计、分析和计划。明确既有建筑节能改造的标准要求：符合民用建筑节能强制性标准；北方采暖地区要结合供热体制改革推动既有建筑供热计量及节能改造；夏热冬冷地区和夏热冬暖地区在改造过程中要优先采用遮阳和改善通风等措施；公共建筑改造要安装室内温度调控装置和用电分项计量装置。针对不同类型的建筑确定不同方式的投融资政策，并鼓励私有资金参与既有建筑节能改造。

在建筑用能系统运行方面，《条例》主要针对建筑围护结构和用能系统的维护、监测，公共建筑重点用电单位及其年度用电限额，国家机关和大型公共建筑的节能运行管理（能耗统计、能耗审计、能耗公示和用能限额）和供热单位节能运行管理作了规定。

除上述三方面以外，《条例》还鼓励具备可再生能源利用条件的建筑（包括新建和既有建筑改造）采用合适的可再生能源，用于采暖、制冷、照明和热水供应等。

《建筑节能条例》的颁布明确了建筑节能的法律地位和作用，促使建筑节能工作走上法制化、规范化道路，与《民用建筑管理规定》相比，其内容更全面，强制性和约束力更大。

此外，为了推动供热体制改革、加强公共建筑节能运行管理、促进绿色建筑发展，住房和城乡建设部于2007～2008年还相继颁布了《绿色建筑评价标识管理办法》、《民用建筑供热计量管理办法》、《公共建筑室内温度控制管理办法》、《民用建筑节能信息公示办法》规定，以指导建筑节能的重点工作。

地方法规

地方建筑节能法规通常以中央法规的内容、适应范围为参照，依据并结合地方建筑节能工作实际状况和需要而制定。依据法规效力不同，分为三种类型：

(1) 省、市（直辖市、副省会城市、计划单列市、经济特区所在市）级人大颁布的法规，如《节约能源条例》、《建筑节能条例》、《城市供热条例》。在《节约能源条例》中，建筑节能作为实施能源节约战略的一项重要举措成为其规范和调节的一个方面。《城市供热条例》对于供热的规划与建设，供热设施的维修、供热企业的服务内容、供热质量保证、热用户的义务、供热计量的要求等作了原则性的规定。早在国务院颁布《民用建筑节能条例》前，一些地方政府为加快推动当地建筑节能的进程，结合当地实际先行出台了《建筑节能条例》，将建筑节能工作纳入到法制化轨道中，如新疆维吾尔自治区乌鲁木齐市、陕西省、黑龙江省哈尔滨市以及深圳市。

(2) 省、市政府颁布的行政规章，如《新型墙体材料推广应用管理办法》、《新型墙体材料发展应用和推广节能建筑管理办法》。《新型墙体材料推广应用管理办法》是专门针对墙体材料革新、土地资源保护而制定的法规，而墙体材料革新又是建筑节能工作的一个重要方面，其内容包括：逐步或全面禁止新建和扩建黏土实心砖生产线；发展新型墙体材料的技术及相应的税收优惠政策；新型墙材专项基金的管理要求等。有的省、市分别制定了墙体材料革新的推广管理办法和建筑节能管理办法，有的则是两者合一。

(3) 省、市建设行政主管部门制定的部门规章，如《建筑节能管理办法》。

上述三个层次的法规，只有前两种类型的法规具有强制性法律约束力。

严寒和寒冷地区建筑节能工作起步早，从而建立了比较完善的法规体系与配套政策，随着建筑节能工作由北向南推进，最近几年夏热冬冷地区和夏热冬暖地区也加快了建筑法规体系建设与完善。

规范性文件

除了条文式的法律、法规外，中央和地方政府和建设行政主管部门还制定了一系列的规范性文件，对法规起补充和解释的作用；其内容更具体，规定更详细，操作性更强，主要涵盖建筑节能宏观政策、技术推广、标准执行、政府办公建筑和大型公共建筑节能运行管理、可再生能源利用、民用建筑能效标识、供热改革与既有建筑改造等领域（表2-2）。

2.1.2 中国的气候分区与标准规范概述

民用建筑节能设计标准

中国地域辽阔，全国大致划分为5个气候区：即严寒地区和寒冷地区，主要包括东北、华北和西北地区；夏热冬冷地区，指长江中下游及周边地区，包括重庆、上海、湖北、湖南、江西、安徽、浙江全部和四川、贵州、江苏、河南、福建、陕西、甘肃的部分地区；夏热冬暖地区（南方炎热地区），主要包括广东、广西南部地区和福建；温和地区，主要包括云南和贵州的部分地区（图2-1）。

中国的民用建筑分为居住建筑和公共建筑。居住建筑节能设计标准根据气候分区，分为《民用建筑节能设计标准》（采暖居住建筑部分）（JGJ 26-95）、《夏热冬冷地区居住建

中央政府主要建筑节能规范性文件 表2–2

类型	文件名称	主要内容
宏观政策	《国务院关于加强节能工作的决定》、《国务院关于印发节能减排综合性工作方案的通知》、《建设部关于贯彻"国务院关于加强节能工作的决定"的实施意见》、《关于发展节能省地型住宅和公共建筑的指导意见》	对建筑节能各项工作提出基本要求和原则，包括大力发展节能省地型建筑，推动新建建筑实施节能50%设计标准，直辖市及有条件的地区率先实施节能65%的标准；推动既有建筑改造；推动政府机构节能；加强大型公共建筑达到节能运行管理工作，开展建筑节能关键技术和可再生能源建筑工程应用技术研发、集成和示范；启动低能耗、超低能耗和绿色建筑示范工程；制定建筑节能经济激励政策；建立和完善建筑能耗统计制度、建筑能效测评标识制度、培育节能技术服务市场等
标准执行	《关于加强民用建筑工程项目建筑节能审查工作的通知》、《关于新建居住建筑严格执行节能设计标准的通知》等	要求建筑节能审查纳入建筑设计、施工质量检查体系中，建立民用建筑节能设计审查备案登记制度；明确勘察设计、施工、监理和工程质量检测单位在贯彻建筑节能标准方面的责任和要求及违反规定的处罚措施
技术推广	《关于印发〈建设部节能省地型建筑推广应用技术目录〉的通知》、《关于印发〈技术公告〉的通知》	推广、限制和禁止使用的建筑节能技术目录
政府办公建筑和大型公共建筑节能	《关于加强大型公共建筑工程建设管理的若干意见》、《关于加强国家机关办公建筑和大型公共建筑节能管理工作的实施意见》、财政部关于印发《国家机关办公建筑和大型公共建筑节能专项资金管理暂行办法》的通知	规范大型公共建筑的规划、设计，加强工程质量与安全的监督检查，通过建立建筑节能监管体系，强化政府办公建筑和大型公共建筑节能运行管理，对政府办公建筑和大型公建建立建筑节能监管体系，进行节能改造发放投资补贴的要求、补贴申请与审核程序
示范工程	《建设部建筑节能试点示范工程（小区）管理办法》、《关于加强建设部建筑节能试点示范工程实施管理的意见》	申报建设部建筑节能示范项目的条件和资料要求；项目评审、立项、中期检查、验收的管理程序和文件要求。对项目实施单位实施项目的要求
可再生能源利用	《建设部、财政部关于推进可再生能源在建筑中应用的实施意见》、《建设部、财政部关于加强可再生能源建筑应用示范管理的通知》	规定可再生能源在建筑领域应用的指导思想、工作目标以及示范项目的资金补助管理、过程管理的要求
供热改革与既有建筑改造	《关于城镇供热体制改革试点工作的指导意见》、《关于进一步推进城镇供热体制改革的意见》、《关于推进供热计量的实施意见》、《关于推进北方采暖地区既有居住建筑供热计量及节能改造工作的实施意见》、《财政部关于印发〈北方采暖地区既有居住建筑供热计量及节能改造奖励奖金管理暂行办法〉的通知》	停止福利供热制度，逐步实行按热量计量收费。新建建筑使用集中供热的，必须设计、安装具有分户计量及室温调控功能的采暖系统；既有建筑按分户计量、室温可控的要求进行改造；发展集中供热为主导、多种方式结合的城镇供热采暖系统。完善供热价格形成机制、培育和完善供热市场、保障低收入困难群体采暖
民用建筑能效标识	《关于试行民用建筑能效测评标识制度的通知》	规定民用建筑能效测评标识制度的试行范围、日常管理机构

筑节能设计标准》（JGJ 134—2001）和《夏热冬暖地区居住建筑节能设计标准》（JGJ 75—2003）。居住建筑的能耗主要包括围护结构以及采暖、通风、空调能源消耗。由于照明能耗较小且由住户自行安排，设计标准难以控制，因此上述标准不包括照明能耗。至于照明节能，在《建筑照明设计标准》（GB 50034—2004）中另有规定。居住建筑节能设计标准都确定了围护结构各部分传热系数的限值，并在基准能耗的基础上确定了采暖、空调能耗降低50%（最好不提节能率）的能耗指标，并按此目标对建筑、热工、采暖和空调设计提出节能措施要求。对严寒地区和寒冷地区的建筑，基准能耗是以各地1980～1981年住宅通用设计（4个单元6层楼），体形系数为0.30左右的建筑物计算的耗热量指标；对夏热冬冷地区的建筑，基准能耗是按该地区居住建筑传统的建筑围护结构，在保证主要居室冬天18℃、夏天26℃的条件下，冬季用能效比为 1 的电暖器采暖，夏季用额定制冷工况时的能效比为2.2的空调器降温，计算出的全年采暖、空调能耗。

由于公共建筑能耗巨大，能源浪费严重，建设部于2005年颁布了《公共建筑节能标准》（GB 50189—2005），对所有新建、改建和扩建的公共建筑的节能设计予以规范和要求。此外，为了支持绿色建筑设计、施工与建筑能耗统计重点工作，还颁布了《绿色建筑评价标准》和《民用建筑能耗数据采集标准》。

《民用建筑热工设计规范》（GB 50176—93）和《采暖通风与空气调节设计规范》（GB 50019—2003）则为民用建筑节能设计标准提供了建筑热工和采暖通风空调系统的设计要求，计算依据、公式和计算参数。

相关技术规程与技术导则

为了规范建筑节能各类技术的设计、施工、运行和验收、评估，建筑节能标准体系中还有专门针对技术体系和产品应用的技术规范、评价标准、技术导则等。其中技术导则属于非强制性标准，是对标准或规范的补充。以下列举了外墙外保温、可再生能源利用和绿色建筑领域部分主要的技术规程和导则。

■ 外墙外保温节能技术：《外墙外保温工

图2—1 中国建筑气候区划图

程技术规程》，对EPS板薄抹灰、胶粉EPS颗粒保温浆料等5种外墙外保温体系的设计、施工与工程验收等方面进行了规定。为配合该《规程》的实施，还编制了《外墙外保温工程技术导则》，对规程的5种体系进行了详细介绍和说明。目前该《规程》正在修编中，拟将XPS板外墙外保温系统、硬泡聚氨酯外墙外保温系统、岩棉外墙外保温系统纳入规程，丰富外墙外保温的技术应用体系，同时对外墙外保温系统贴瓷砖、系统防火和安全性能进行了深入的研究。此外，目前正在编制外墙外保温系统专用产品标准《外墙外保温专用玻璃纤维网格布、护角、锚栓技术要求》为该《规程》提供技术支撑。

■ 可再生能源利用：《民用建筑太阳能热水系统应用技术规范》对太阳能热水系统的设计、安装和工程验收进行了规定。特别提出太阳能热水系统设计应纳入建筑工程设计、统一规划、同步设计、同步施工的要求。

■ 绿色建筑：《绿色建筑技术导则》用于指导绿色建筑的设计与施工。

地方政府建设主管部门根据国家或行业的标准、规范，因地制宜编制相应的地方国家标准实施细则或地方的设计、验收、检测标准以及各类技术和产品规范等。

正在编制或修订的建筑节能相关标准与规范

随着建筑节能技术不断发展，为了指导建筑节能技术工程应用，国家加快了相关标准的编制与修订，一些急需的标准规范正在编制当中，如：《既有公共建筑节能改造技术规程》、《城镇供热系统节能技术规范》、《供热计量技术规范》、《采暖通风与空气调节工程检测技术规程》、《太阳能供热采暖工程技术规范》、《民用建筑太阳能光伏系统应用技术规程》、《被动太阳能建筑设计规程》、《建筑遮阳工程技术规范》、《建筑全生命周期可持续性影响评价标准》等。

正在修订的标准和规范有：《民用建筑节能设计标准》（采暖居住建筑部分）、《夏热冬冷地区居住建筑节能设计标准》、《夏热冬暖地区居住建筑节能设计标准》、《既有居住建筑节能改造技术规程》、《地源热泵系统工程技术规范》等。

2.1.3 中国民用建筑能耗统计报表制度

一个国家或地区建筑能耗在总能耗中的比例，反映出这个国家或地区的经济发展水平、气候条件、生活质量以及建筑技术水平。民用建筑能耗是指民用建筑使用过程中各类能源消耗量，具体包括维持建筑功能和建筑物在运行过程中满足采暖、空调、照明、电梯、热水供应、烹调、家用电器以及办公设备等功能需求的各类能源消耗量。

我国开展民用建筑能耗统计工作基本情况

在我国，建筑能耗调查统计属于能源统计的范畴。早在新中国成立初期，在工业统计里就建立了原煤、原油、电力、天然气的产量统计；随后，又在物资统计里建立了以反映各种能源在生产、销售平衡和能源收入拨出、消费为主要内容的以实物为主的单项能源统计。20世纪80年代以来，由于能源在国民经济建设中的战略地位日益突出，于是，在工业统计和物资统计的基础上分离出了能源统计。建筑能耗的调查统计作为能源统计中的一个消费环节，长期被分割汇杂在能源消耗的各个领域，比如住宅的能耗被归入城乡人民生活能源消费，而其他各类建筑能耗被归入非物质生产部门的能源消费。对在民用建筑使用过程中各类能源的消耗量并没有一个确切的数字。

近年来，建筑能耗在全国总能耗中比例逐年增加，建筑节能被广泛重视，不少业内人士进行了一些建筑能耗调查以及相关的节能潜力研究工作，在建筑能耗调查与节能潜力研究方面进行了积极的探索，获取了一些典型的基础数据。这些基础数据的积累为建筑节能标准的制定、建筑节能法规体系的建立提供了有力的理论与现实基础。

《民用建筑能耗统计报表制度》

建设部于2007年8月印发了《民用建筑能耗统计报表制度》（以下简称《报表制度》），确定在北京、天津、上海、重庆、石家庄、唐山、沈阳、哈尔滨、南京、常州、福州、厦门、济南、郑州、鹤壁、武汉、广州、深圳、海口、三亚、成都、绵阳、西安等23个城市中试行民用建筑能耗统计调查工作。

考虑到不同气候区建筑能耗状况存在着一定差异的实际状况，此次能耗统计工作选择确定在23个城市全面开展能耗统计工作，并针对不同建筑类型的民用建筑采取不同方式进行统计调查。与以往针对典型建筑所进行的能耗统计调查方式相比，此次统计规模大、代表性强。能耗统计工作基本上反映了23个城市中民用建筑能耗的总体水平。同时试行《报表制度》的23个城市基本覆盖了各气候区、不同用能特点、不同经济发展水平城市的建筑能耗的状况，在全国具有一定的代表性，可在此基础上通过进一步的分析推算全国能耗状况，为加强我国能源领域的宏观管理和科学决策提供翔实的数据基础。

民用建筑能耗统计工作属于政府部门统计调查，分省、市两级组织实施，住建部负责指导和协调全国民用建筑能耗统计工作，地方各级建设行政主管部门负责组织实施辖区内民用建筑能耗统计工作。住建部委托建设部建筑节能中心负责民用建筑能耗统计报表的具体实施与管理工作。

（1）调查方式及内容

《报表制度》明确在全国23个试点城市中开展统计工作，对23个城市中的各类民用建筑，以及为民用建筑提供集中供热(冷)的锅炉（机）房（制冷站）的基本信息情况和能耗情况进行统计调查。

考虑到实际工作需要和统计调查工作的可行性，《报表制度》确定统计调查工作采取全面调查和抽样调查相结合的方式(见表2－3)。

（2）调查表式

包括三类报表：城镇民用建筑基本信息表、城镇民用建筑能耗统计表和城镇民用建筑集中供热(冷)量表。其中城镇民用建筑基本信息表反映建筑的基本情况，城镇民用建筑能耗统计表反映民用建筑在一定时期内各类能源的消耗量，城镇民用建筑集中供热(冷)量表反映一定时期内集中供热(冷)的量。

（3）统计工作的报告期

《报表制度》确定能耗统计报告期采取年报和半年报的形式，分别于次年3月31日前报送和7月31前报送。

（4）统计数据来源

民用建筑能耗统计工作调查方式及内容 **表2–3**

调查对象		调查方式	调查范围及内容
民用建筑	政府办公建筑和大型公共建筑	全面调查	对23个城市范围内的全部政府办公建筑和大型公共建筑的基础信息和能耗信息进行统计调查
	居住建筑和中小型公共建筑	抽样调查	对通过随机抽样确定的23个城市中的265个街道和21个镇范围内的居住建筑和中小型公共建筑基础信息进行统计调查，并对所确定的居住建筑和中小型公共建筑分时期、分建筑类型按20%比例随机抽取的民用建筑进行能耗信息调查
为民用建筑提供集中供热（冷）的锅炉（机）房（制冷站）		抽样调查	对为能耗统计样本建筑提供集中供热（冷）的锅炉（机）房（制冷站）的基本情况进行调查

1. 民用建筑基础信息调查内容包括：建筑名称、建筑面积、建筑层数、建筑类型、建筑功能、竣工时期、供热形式、供冷形式等。
2. 民用建筑能耗统计信息调查内容包括：民用建筑在使用过程中电、煤、天然气等各类能源的消耗量，集中供热耗热量和集中供冷耗冷量，以及太阳能热水系统和太阳能光伏发电系统等可再生能源的应用情况。
3. 按照建筑节能不同实施阶段对居住建筑和中小型公共建筑进行拆分，具体分为1990年前（含1990年）竣工的、1991～2000年（含2000年）竣工的以及2001年至今3个阶段。
4. 按照建筑类型分类方式对居住建筑和中小型公共建筑进行拆分，其中居住建筑分为低层居住建筑、多层居住建筑、中高层和高层居住建筑3类，中小型公共建筑分为办公建筑（不含政府办公建筑）、商场建筑、宾馆饭店建筑以及其他公共建筑4类。
5. 锅炉（房）（制冷站）基本情况调查内容包括：供热（冷）面积、燃料种类和消耗量，以及供热（冷）量等。

民用建筑能耗统计数据来源方式 表2-4

调查对象			调查数据来源方式
民用建筑	各类民用建筑	基本信息	市级相关行政主管部门委托相关机构并采取以下四个方式实施统计工作： 1. 利用行政管理掌握的信息组织填报； 2. 到城市建设档案馆进行资料文案调查； 3. 组织专人进行现场调查和统计； 4. 由物业管理部门配合调查填报
		能耗信息	市级相关行政主管部门委托相关机构并采取以下两个方式实施统计工作： 1. 由电力、燃气等能源供应部门提供数据； 2. 组织专人采取抄表或询问住户等方式进行现场调查和统计
为民用建筑提供集中供热（冷）的锅炉（机）房（制冷站）			市级相关行政主管部门组织民用建筑集中供热（冷）锅炉（机）房（制冷站）产权单位或实际运行管理单位采取以下两个方式实施统计并填报： 1. 通过供用热（冷）双方确认的供用合同； 2. 相关燃料用量或供应量计量装置

《报表制度》针对不同统计调查对象分别确定了调查数据来源方式(表2－4)，在一定程度上保证了调查工作的可行性和统计数据的真实性。

《报表制度》的实施，有利于全面了解我国的建筑能耗水平、建筑终端商品能耗结构和建筑用能模式，积累建筑能耗基础数据，为国家制定能源结构、调整能源战略提供数据依据，成为我国进一步推进建筑节能工作的重要工作内容。

2.1.4 德国实例：建筑物的能源认证证书

能源证书是品质的保证

由于室内供暖和制备热水的能耗很高，建筑业成为开发节能措施和能效潜力方面最主要的领域。然而与各种家用电器和汽车不同的是，大多数人对建筑物的能耗高低仍然是知之甚少。除此之外，每栋建筑物的环境和条件各自不同，参与方也是五花八门。因此，建筑物要想节能，不能仅限于提高建筑产品的质量或是改进标准和准则，而是必须首先转变业主和建设负责人的思想观念。

为使温室气体排放量能够减少到京都议定书所规定的水平，人们必须对建筑物采取各方面的措施。其中，如果仅仅提高新建建筑的能效标准，那还是远远不够的。尤其对于像德国这样的国家，新建建筑的比例一直在逐年下降，因此必须在既有建筑领域采取相应的行动。

随着欧盟建筑物总体能效准则（EPBD准则）的颁布，欧盟于2002年在既有建筑方面提出了相关要求。该准则的一个主要目标便是大范围引进既有建筑的建筑能源证书制度。正如家用电器和灯具上的能效标签一样，建筑物的能源证书以明白易懂的刻度表方式反映了建筑物的能效标准。1995年版的《保温条例》生效后，新建建筑的能源证书已经在德国实行开来，而随着2007年《节能条例》修订版的颁布，既有建筑也有义务出具能源证书。目前，欧盟委员会正在更新EPBD准则的相关条款，然后将提交各成员国讨论。本次更新的主要目标是，使原准则的整体性和关键条款更加明确和有效。此外，还将进一步强调能源证书的地位和作用。

能源证书标明了一座建筑物的能效水平。为此，有关部门会对该建筑的围护结构（保温、窗户、气密性等）和采暖系统进行评估，并根据现行计算规定计算出能源需求量。原则上来说，在出具能源护照时也可采用能耗实测值而非计算值，然后将评估结果用一张彩色标签纸清晰明了地表现出来。能源证书中还包括一些如何通过现代化改造措施来改进该建筑物能效的注意事项和改进建议。

根据非居住建筑的计算规定，此类建筑的能源证书中也列出了空调系统和固定安装的照明系统的能源需求。此外，证书中还会列出各项需求的分配情况。这样，人们便可以一目了然地看出在哪些方面存在降低能耗的可能性。而随附的现代化改造建议会列出对该建筑而言最有效的改造措施。

在德国，当潜在的购买者和租房者到现场看房或是有意租赁时，必须向其出示该建筑物的能源证书。这样，购买者或租房者便可以很容易地对不同房源将来可能产生的能源费用进行比较。

能源证书的内容

为了能够对不同的房地产项目进行客观比较，所有建筑都必须采用统一的标准。因此，能源需求证书使用了法律规定的统一计算方法。该方法既适用于新建建筑，也适用于既有建筑的能效计算。在各版本的《节能条例》中，都对计算方法和要求达到的水平进行了规定。《条例》指出了可使用的计算标准，其中精确定义了计算的过程，比如在计算时可使用各种计算软件。DIN V 18599标准中详细介绍了有关的计算标准，允许在计算过程中结合考虑建筑物的各种能源需求因素——包括采暖、制冷和通风的能源需求以及辅助能源和照明用电。在2009年对《节能条例》重新修订时，有关部门计划进一步放宽这部原来主要针对非居住建筑的标准的适用范围，允许用它来计算居住建筑的能效。这些标准都没有规定具体的要求值，而只是描述了计算过程及外围条件。

每一次能源需求量是评估建筑物能效最主要的标准。一栋建筑物的一次能源需求量包括所有的能耗量，包括用于开采、加工及输送所利用能源的能耗量。也就是说，一次能源需求是建筑物终端能源需求加上能源载体制备费用的结果。终端能源是指使用者必须购买的建筑物所消耗的能源量。终端能源的数值要比使用能源的数值大一些。所谓使用能源是指建筑物在采暖、制冷和通风方面所需的能耗量。使用能源需求和终端能源需求之间的差额越大，那么技术设备和能源分配过程中的能源损失也就越大。在这种情况下，建筑物技术设备的能效是很低的。而一次能源需求和终端能源需求之间的差距越大，就表示在生产和开采能源载体过程中的能源损失越大，而在采用电采暖的情况下，这也表示发电厂技术设备的能效越低。

德国实行能源证书的经验

2004年，德国联邦能源署同有关主管部委密切合作，在全德范围内对能源证书进行了实地试验调研。在调研中，能源证书经受住了考验，主要成果有以下几点：

- 能源证书已经为消费者所理解，并被市场所接受
- 对建筑物进行高质量的能源认证只需投入很少的资金
- 能源证书以需求为导向，为建筑物提出改造建议，促进了节能领域的投资

德国能源署的一项调查显示：有80%～90%的房屋所有者深信，在未来，建筑的能效水平会对其市场价值起决定性的影响。能源证书中不可或缺的一个组成部分便是对建筑改造措施提出一些建议。在实地试验调研中，有70%的受访业主打算实施证书中全部或者部分的改造建议。在打算对自有建筑进行改造的自住业主及私人房东当中，大约30%的人表示是能源证书激发了自己进行改造的想法。另外还有30%的业主和房东认为证书中的建议对设计和实施自己的改造工程大有帮助。

为了检测DIN V 18599标准在实践中的适用性，同时对采集数据所需的人力物力成本有所了解，德国能源署于2005年对非居住建筑进行了一次现场试验。从众多的申请名单中，人们选出了37栋用途、建筑年代和所在地差异极大的建筑物，根据DIN V 18599及其他有关参考值的规定，为这些建筑物出具了能源证书。与此同时，一家外聘的研究所对以下重点内容进行了评估：

- 技术规则的实用性
- 检查数据搜集和计算方法是否可以进行简化
- 获取编写能源证书和搜集数据所需的费用
- 表格是否易于理解，能源证书公示后对公众会产生什么样的效果

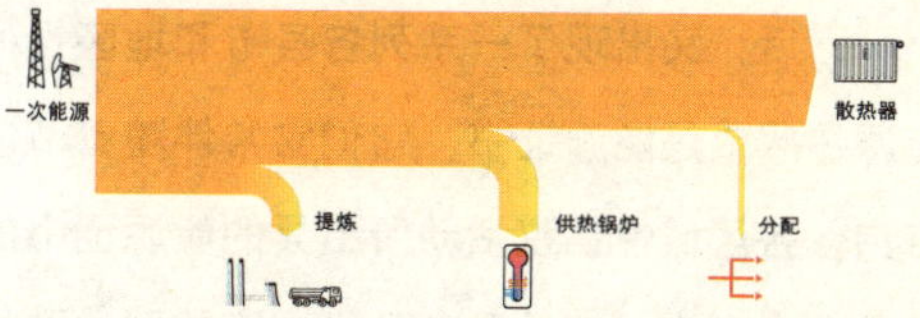

图2–2　从一次能源到使用能源

现场试验的结果直接反映在标准的修订过程中。

自2009年1月1日起，所有新建、出售或出租的居住建筑，都必须依照法律规定出具能源证书。而所有非居住建筑则，从2009年7月1日起必须实施这一政策。所有有公众固定往来以及使用面积达到1000m²的公共建筑，都必须在建筑物的显著位置悬挂能源证书。通过这种方式，可以逐步提高公众对建筑能效及建筑节能的关注度，从而对这类话题有更多的了解。

2.1.5 从保温证书到能源证书

在德国，人们经过多年的努力才最终制定出建筑物的能源证书。自20世纪90年代起，大量的热心参与者、各县市和地区性的倡议活动，都为今天能源证书的发展作出了积极的贡献。

早在1995年的《保温条例》中，就要求新建建筑必须出具热量需求证书。与其说它是一种用来迅速比较不同建筑物间能耗的手段，不如说是将与热量需求有关的计算参数和结果进行了系统化的整理和汇编。作为建筑开工申请材料的一部分，该证书首先记录了建筑物是否符合极限值的要求，并注明了更高的标准值和低能耗房屋的相关标准。作为“保温证书”，它主要针对的还是建筑物的热量需求以及保温优化措施。

之后，又出现了一系列各县市和地区性的能源护照或是能源证书，它们常常伴随着节能咨询。各区域性倡议活动所出具的能源证书的数量有多有少，有的只有几份，有的则达到好几百份。其中规模最大的且评估方法也较为科学的倡议活动包括比如萨尔州的“绿色房号”（Grüne Hausnummer）活动、汉诺威地区的能源护照以及萨克森能源护照等。与必须出具保温证书及之后的能源证书的强制性规定相比，这些地区性的方案都是建立在自愿出具的基础上，并且以既有建筑为主。不过，在申请资助或补贴时，则要求必须出具相关证书。

随着2002年《节能条例》的颁布实施，一次性能源需求被列为强制性的考评因素。暖通设备也被列入评估方法之中，人们关注的焦点从原来的建筑保温扩大到了制热设备。同样在2002年，欧盟建筑准则正式生效，其中也要求既有建筑需实施能源证书制度。

2003年，德国能源署在全德境内开展了一场能源证书倡议宣传活动。在联邦各部以及当地倡议组织的合作下，这一活动得到了蓬勃的发展。在所获取的经验基础上，2003年，有关方面针对能源证书的内容范围和样式进行了市场调研，并提出了不同的证书样本。2004年和2005年，德国能源署进行了大规模的能源证书现场试验，对试验结果进行了科学、系统的评估，并将其归纳入新版《节能条例》中。自2005年起，只要自愿，德国境内各个地区都可以出具能源证书。

2007年，《节能条例》再次进行了修订，开始针对所有的新建建筑和既有建筑，强制引入和执行全德统一的能源证书制度。在建筑物统一评估方面，目前已有进一步的发展。2009年1月，德国可持续建筑协会（DGNB）推出并介绍了一批根据新的评估方法进行认证的建筑物。除能效之外，“可持续认证”评估目录中还包括了大量生态标准。

2.2 行政管理依据

2.2.1 通过设施管理实现楼宇节能控制

设施管理的定义

建筑物及其基础设施应该为在其中生活和工作的人们提供尽可能好的环境和服务，只有这样才有可能取得最佳的工作效果，满足为用户服务的要求。随着房地产领域的全球化以及楼宇利用方面的要求愈加复杂，业主和使用者往往无法亲自对其实行高效管理。因此，就需要在专业的设施管理框架下对建筑物进行整体考察和管理。

所谓专业的设施管理是指战略性管理和设施管理的共同作用。在德国，人们将设施管理（FM）理解为向业主和使用者提供专业完善的“设备、设施和服务管理”。因而，设施管理是一套涵盖所有房地产管理领域的体系，包括在使用、咨询、设计、采购、施工和质量监控等方面的管理服务，并集商业性管理与技术性管理于一身。

设施管理的目的是将投资商和业主以及房屋使用者和建造商从房地产的商业性和技术性管理事务中解脱出来，从而使他们可以全身心地投入到自己的核心业务中去。

通过专业的设施管理和优化的能源管理可以为住宅和公共建筑开发出很大的节能潜力。

能源设施管理

房地产规划咨询

在对相应建筑物进行具体分析的基础上，通过早期的咨询和规划，将各个单独的功能合理地联系起来，就有可能在使用过程中通过变量对比优化投资费用和经营费用。由此，可以在质量相同的前提下，持续影响其使用期间的成本。例如对建筑物进行模拟，从能源角度评价各建筑构件，并在可能情况下，从光照到建筑材料等方面提出设想来优化能源消耗。

在这个阶段必须注意的是，需要了解房屋使用者与拥有者的不同需求，并使之达成一致。必须精确掌握实际成本和预期成本。一旦预算确定了，就必须注意各单独工种的整合完成情况。这样不仅可以明显地降低成本，也可以最大限度地避免成本超出预算。

能源管理

能源管理的目标是降低建筑物的能耗，从而减少成本和废气排放。

要实现这个目标，不仅要重视新建建筑的能源节约，同时也要针对既有建筑采取重大的节约措施。

在能源管理中首先要取得短期和中期的节约成果。这里主要指的是在运行和管理方面的措施。要达到这一要求，首先必须对楼宇的能耗有精确的认识。

有效的能源管理需要掌握当前最新的能耗数据，对于大型建筑项目甚至要精确到天，这样才能及时地更正误差。

对建筑物进行运营优化，可以将建筑能耗在全面改造后的第二或第三个运营年度再次降低20%，新建建筑同样如此。

无需投资的节能措施示例

在西方国家，一项重要的任务就是通过最少的能源投入使现有的暖通空调设备达到所需的能效水平。

比如说暖气调节设备。从白天与夜晚的不同时间段和温度水平来分析，就存在着巨大的节能潜能。公共建筑每天的使用时间相对具有规律，这就允许在某些时间段降低室内温度。例如冬天只需要保证学校在节假日期间不结冰就可以了，那么室内温度只要达到10℃，就可以避免霜冻的危害了，但需要注意的是在下次使用时必须及时预热。

这同样也适用于通风设备。如果人们的节能意识不强，那么生产厂家也会不思进取，而不是根据当地的特殊要求进行必要的调整。减少通风设备的运转时间，既可以节省热能也可以节省电能的消耗。

循环泵虽然大多配有变频装置，但其调节作用却经常无法满足实际需要。当转速减少时经常会因为散热器的位置不当而引起管道供水不足，导致散热器仍然是冷的。这种情况其实是由于水力不平衡而引起的，但这一点经常被安装散热器的工人忽略。

需要一定投资的节能措施示例

正如上面所描述的，能源管理的重点不是对建筑节能进行额外投资。但通过对建筑物的深入研究，我们也能发现一些技术改造的可能性。这些需要一定经济投入的改造措施同样也属于能源管理的范畴。

哪些投资措施可以长期降低能耗呢？以下是大家所熟悉的：安装优质隔热玻璃窗，采用厚度为12cm以上的外墙外保温系统，对屋面及顶棚进行保温隔热，建造冷凝式制热设备并最好能够根据需求进行调节，安装变频装置，更换传统的照明设备等。这些措施通常都需要很高的投资，而且仅从所取得的能源节省量中不一定能得到补偿，因此这类措施必须与楼宇维修保养相联系，才能得到真正落实。

设施管理能带来什么？

- 德国的经验表明，通过有效的设施咨询和管理，每月每平方米建筑面积可最多省下5欧元的运营费用。这就意味着一幢2万m^2的建筑物20年就可以省下2400万欧元。
- 以往，业主和房屋使用者都是分别请各自的工作人员为其进行房屋设施管理。在设施管理框架下，业主和房屋使用者在中心管理团队中可以请相同的专业和职责联系人，从而避免了重复工作。他们也不必再亲自处理诸多事情。
- 对于相同的服务，可通过大量购买得到优惠价格。相关各方团购可以节省在许多方面的开支，包括能源供应等。
- 通过专业化的费用透明机制，可以很快地在能耗领域发现更多的节能潜力。
- 专业化的能源管理最多可以节省20%的成本。
- 业主可以更好地规划和控制其成本与利润，并保持长期的稳定。
- 房屋使用者可以得到合理的公共区域运营费用结算。

好的设施管理不仅能够通过规划和能源管理提高能效，也能延长建筑物的使用周期：从规划到利用再到重建。不仅业主和使用者从中受益，而且由于能效提高了，环境的负担也减少了。

2.2.2 热量消耗的统计与计算：中国的现状

供热行业发展现状

集中供热发展

冬季采暖是我国东北、华北和西北地区居民的基本生活需求，保障这些地区居民的冬季采暖是关系到经济社会发展与稳定的大事。20世纪80年代以后，在中央及各地政府的政策和资金支持下，城镇集中供热事业得到了迅速发展。据统计，截止到2007年底，中国城市集中供热总面积达30.1亿m^2，占房屋总面积的15.32%左右。全国城市集中供热发展情况见表2-5。

供热体制改革基本情况

我国城镇供热采暖一直沿袭计划经济时期形成的职工用热、单位付钱的福利供热制度，随着经济体制改革的发展，这种供热体制暴露出很多问题。建设部等有关部门在1999年组织了专题调研，得出的结论是：这种福利型的供热体制必须改革，要实行供热的商品化、货币化。

2003年7月，建设部会同发改委、财政部等八部委联合下发《关于城镇供热体制改革试

2000～2007年全国城市集中供热情况表　　表2–5

年份	供热能力		供热总量		管道长度(km)		集中供热面积(万m^2)	住宅(万m^2)
	蒸汽(t/h)	热水(MW)	蒸汽(万GJ)	热水(万GJ)	蒸汽	热水		
2000	74148	97417	23828	83321	7963	35819	110766	75823
2001	72242	126249	37655	100192	9183	43926	146329	95799
2002	83346	148579	57438	122728	10139	48601	155567	107975
2003	92590	171472	59136	128950	11939	58028	188956	131010
2004	98262	174442	69447	125194	12775	64263	216266	150837
2005	106723	197976	71493	139542	14772	71338	252056	175054
2006	95204	217699	67794	148011	14012	79943	265853	187545
2007	94009	224660	66374	158616	14116	88870	300591	212288

点工作的指导意见》（建城[2003]148号），标志着我国的供热体制改革正式开始。

实行供热体制改革的主要内容是“两改一保”，即采暖费补贴改“暗补”为“明补”，改按面积计量收费为按用热量收费，一保即低收入困难群体的采暖保障。随着改革的逐步深入，采暖费补贴制度改革已经基本完成。2007年底，北方地区132个地级城市有88个完成“暗补”变“明补”改革。在加紧推进补贴制度改革的同时，各地也加强了对低收入困难群体的保障力度，目前各地已基本建立起一套针对低收入困难群体的冬季采暖保障制度。

当前，供热体制改革的核心已经由补贴制度改革转移到供热计量改革上来。2006年6月，建设部下发《关于推进供热计量的实施意见》（建城[2006]159号），进一步规范指导各地供热计量工作的开展。2007年5月，国务院下发《节能减排综合性工作方案》，要求“深化供热体制改革，实行供热计量收费。今年着力抓好新建建筑施工阶段执行能耗限额标准的监管工作，北方地区地级以上城市完成采暖费补贴‘暗补’变‘明补’改革。”6月，发改委和建设部联合下发了《城市供热价格管理暂行办法》，对城市供热价格的定义、分类、构成、制定、调整、执行和监督等方面的工作作出了明确规定。这一系列政策的出台，进一步明确了供热计量改革的方向，并且也为下一步的改革奠定了良好的基础。

供热能耗

基本情况

2000年以来，随着我国社会经济的发展和人民生活水平的不断提高以及新建建筑的增长，北方供热事业的发展也在加快。城市集中供热面积由2000年11.1亿m^2增长到2006年的26.6亿m^2，供热能耗也由6484万t标准煤增长到2006年的16205万t标准煤，是2000供热面积的2.5倍，详见表2-6。

2006年全国社会总能耗246270亿t标煤，全国建筑能耗49544万t标煤，北方城镇供热能耗162053t标煤，占全国社会总能耗6.58%，占建筑总能耗32.7%。近年来，江苏、湖北等地区也开始建设城市集中供热设施，而且这种扩展趋势还在继续向南方地区发展，预计供热面积、供热能耗总量和供热能耗占社会总能耗比例还将进一步增大。

主要原因

目前，我国城镇集中供热目前基本上处于高能耗、高污染、低效率、粗放型水平。其主要原因包括：

一是我国建筑大部分为非节能建筑，围护结构保温性能差（如表2-6）。例如，北京市在执行1995年节能标准后，仍比瑞典、丹麦、芬兰等国高出近一倍。

二是供热企业管理水平低下，系统水力失调和管网跑冒滴漏浪费比较严重。据统计，各城市系统的平均失水率为2.8%，远远超过了《城市供热系统安全运行规程》的规定数值。

三是由于目前大部分地区仍然按面积收取热费，群众没有节能的积极性。大部分用户室内没有温度调控装置，当室温过高时一般选择开窗放热。

还应特别值得注意的是，我国城市化进程正在逐步加速增长。目前我国城市化以每年1%～1.5%的速率发展。如果供热行业不进行改革的话，将很难实现可持续的发展。

实行计量供热是降低供热能耗的必由之路

供热行业的改革重点在实行按用热量计量收费，它是检验企业效益、建筑物节能水平的重要手段。各地实践证明，对用户实施热计量收费，可以提高公众节能的意识。由于用户的节能行为可以为自己带来直接的经济收益，从

2000～2006年全国集中供热和供热能耗统计表 **表2-6**

年 份	2000	2001	2002	2003	2004	2005	2006
集中供热面积（亿m^2）	11.10	14.60	15.60	18.90	21.60	25.20	26.60
北方城镇房屋面积（亿m^2）	36.14	29.30	55.37	59.65	64.26	69.99	75.17
北方城镇供热能耗（万t标煤）	7287	8016	8584	11984	12925	15136	16205

各国最近相关标准规定的围护结构保温性能　表2-7

国家和地区		屋顶（W/m²·℃）	外墙（W/m²·℃）	外窗（W/m²·℃）
中国	北京居住建筑（节能65%）	0.45（4层及以下） 0.60（5层及以上）	0.45（4层及以下） 0.60（5层及以上）	2.80
	夏热冬冷地区（长江中下游居住建筑）	0.8～1.0	1.0～1.5	2.5～4.7
英国		0.16	0.35	2.0
德国		0.20	0.20～0.30	2.0
美国（相当于北京采暖度日数）		0.19	0.32（内保温） 0.45（外保温）	2.04
瑞典（南部）		0.12	0.17	2.00

而可以激励他们真正关注供热节能，积极参与建筑围护结构节能改造。

供热计量可以对供热企业的供热效率实施量化监管，进而打破垄断，引入竞争机制，让浪费严重的供热企业退出经营，让节能工作突出的企业来供热，迫使供热企业提高效率和供热质量，形成良性循环。因此说，推行供热计量改革是降低供热能耗，促进供热行业可持续发展的必由之路。

计量方式分类及特点

实行计量供热需要一定的技术手段作保障，技术选择的标准是“此技术能否使用户按用热量计量收费”，即“多用热、多交费；少用热、少交费”，并且要以国家的标准为基础，做到有法可依、有章可循。

热力入口处的计量

以某些公共建筑为例，整栋建筑为一个业主所有，热力入口的计量可以做为热费结算的依据。而对于居住建筑，当户内的计量方式计量的是耗热比例的多少时（如热分配表），热力入口处的计量就可以作为热费收缴的依据。热力入口的定义不仅仅局限于楼栋口，可以根据实际情况，如安装地点的便易、产权的不同等选择，例如几栋楼采用同一个热力入口或换热站处安装热量表作为热力入口等。

户内计量的主要方式

目前，我国户内热计量主要采取以下4种方式。

方式1 楼栋热量表法

整个楼栋的热耗由安装在热力入口的热量表计量，并以此计算整栋楼的热费，每户按照面积分摊。本方法仅适用于一些无法实现按户计量的用户，可作为过渡的计量方式。

方式2 热分配表配合楼栋热量表

户内每个散热器的散热量由蒸发式或电子式热分配表计量，整栋楼安装热量表。每户的耗热量按照分配表的读数进行分摊。热分配表分为蒸发式和电子式两种。蒸发式分配表主要是利用计量安装在散热器上的蒸发液来计算散热器的散热量；电子式分配表则主要是采集散热器计算温度，利用散热器散热量计算公式来计量散热量，电子式分配表可以实现数据远传。应指出的是，热分配表仅可用于热传递特性已知的热水式散热器上，不能用于其他散热系统中，如地板采暖等。

方式3 热水流量表配合楼栋热量表

整栋楼安装热量表，每个住户的耗热量根据其散热器的热水流量，通过热水表计量进行分摊。由于低温热水地板辐射采暖供热系统，流量大、温差小，按热水表进行热量分摊的精度还是可以接受的。此种方法仅适用于低温地板采暖系统。

方式4 户用热量表配合楼栋热量表

每个住户的热耗通过一块热量表计量。热量表必须达到国家计量标准要求，也就是说必须得到国家认可的检测中心的认证。热量表安装在管路上，能适合各种热水采暖系统，并且计量精确性高。

总之，虽然每种方式都能计算用户的耗热量，但准确性、易用性和经济性却存在差异。计量准确度由高到低排序以及价格由高到低排序均是：方式4、方式2（电子式）、方式2（蒸发式）、方式3、方式1。

两部制价格

供热价格的制定是供热计量改革最为关键的问题之一。目前的供热价格一般可分为两类：基于耗热量或面积的单一热价和两部制热价。两部制热价包括基本热价和计量热价。基本热价主要反映固定成本，计量热价主要反映变动成本。

两部制热价使供热企业的收入决定于其产品的数量（热量），可以促进企业关心降低供热成本，以少的耗费提供更多的热量；同时使用户的支出决定于其消耗的热量，可以使用户关心热能的节约，以少的热费支出得到满意的供热服务。

制定两部制热价的理论方法

两部制价格的最基本特征是把价格分为基本价格和计量价格两部分。基本价格在固定成本基础上形成，计量价格在可变成本基础上形成。

要计算两部制价格，首先把供热总成本C分为固定成本C_{gu}和可变成本C_{ke}（图2－3）。固定成本按其定义应是与实际供热量多少无关

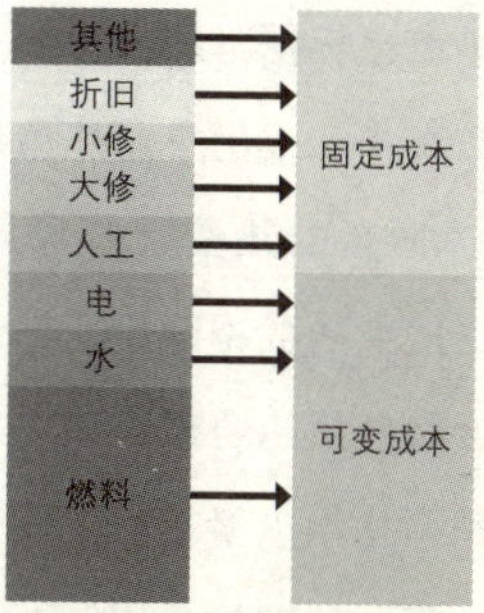

图2－3 简单不精确的成本分配法

的费用，包括折旧、薪金、退休金、管网维护费、管理费等，可变成本是与实际供热量多少直接相关的费用，如燃料费、电费、水费等费用。基本热价和计量热价的理论计算方法为：

$$P_{ro}=[(C_{gu}+K_{gu}\times r_2)/(1-r_1)]/W \quad (2\text{-}1)$$

$$P_{yo}=[(C_{ke}+K_{ke}\times r_2)/(1-r_1)]/Q \quad (2\text{-}2)$$

其中P_{ro}为基本价格，元/kW；P_{yo}为 计量价格，元/kWh；K_{gu}固定资本占用总量,元；K_{ke}为流动资本占用总量，元；r_1为流转税率或与销售收入成比例的增值税率；r_2为社会平均资本利税率，W为总容量，kW。Q为总耗热量，kWh。用户 i 所需交纳的热费：

$$P_i=P_{ro}\times W_i+P_{yo}\times q_i \quad (2\text{-}3)$$

其中W_i为用户i的容量即设计负荷，q_i为用户 i 的耗热量。

简化方法

在由按面积收缴热费向按热量收缴热费的过渡阶段，供热计量两部制热价，可采用以下简化的两部制热价制定方法：

在合理的供热成本基础上，先制定一个合理的以面积为单位的基础热价。并且对全行业供热量进行统计，确定单位面积平均供热量指标，其中供热量也根据不同计量方式统计建筑热力入口耗热量指标或用户用热量指标。根据计量方式选择适合的热费计算原则和计算基准，最后根据试点的数据确定两部制热价中的基本费用和计量费用的合理比例。基础面积热价、单位面积平均供热量指标、两部制热价的比例、供热计量两部制热价以及试点试验构成了一个相互联系不可分割的整体，应按照程序实施，具体流程见图2-4。这样，供热计量两部制热价计算公式：

$$\text{基本热价}(\text{元/m}^2)=\text{面积基础热价}\times n \quad (2\text{-}4)$$

$$\text{计量热价}=\frac{\text{面积基础热价}\times(1-n)}{\text{单位面积平均供热量指标}}(\text{元/kWh}) \quad (2\text{-}5)$$

n——供热计量两部制价格中基本部分与计量部分的比例。

综上所述，科学合理的制定供热计量两部制热价必须具备以下条件：

（1）建立科学合理的供热成本费用核算体系，明确供热成本费用的构成、测算方法等；

（2）按照供热成本费用核算办法，进行热价成本费用统计分析，确定平均成本费用；

（3）根据计量方式，确定热费计算的原则和基础；

（4）进行单位面积供热量指标的统计分析，确定合理的单位面积平均供热量指标。

基本部分与计量部分的比例

根据《城市供热价格管理暂行办法》，供热计量两部制热价中基本部分所占比例在30%～60%之间，变动部分所占比例为70%～40%之间。在供热计量起步阶段，一般基本部分所占比例较大，随着供热计量的推进，逐步提高变动部分的比例。具体确定供热计量两部制热价中基本部分与计量部分的比例应考虑以下的因素：

（1）供热成本费用中基本成本和计量成本的比例：供热成本包括供热生产成本和期间

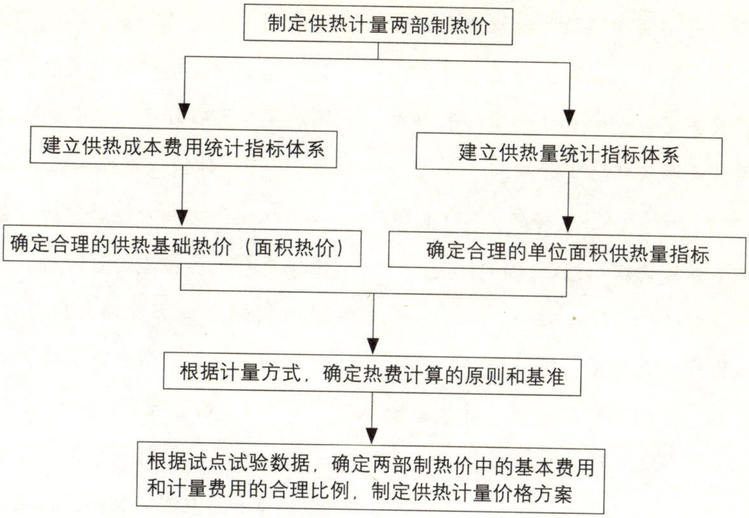

图2—4 两部制热价制定流程图

费用。供热生产成本是指供热过程中发生的燃料费、电费、水费、固定资产折旧费、修理费、工资以及其他应当计入供热成本的直接费用；供热期间费用是指组织和管理供热生产经营所发生的销售费用、管理费用和财务费用。

（2）兼顾供热单位利益和热用户节能积极性：基本热价所占比例越大，对供热单位保证运行有利，对用户行为节能动力的激励性相对较小；反之则异。

（3）通过合理确定两部制比例，可以缩小不同设计能耗用户之间（不同建筑节能标准等级之间及同一建筑不同位置、朝向、楼层之间）的热费差距。基本部分所占比例越大，不同设计能耗用户之间热费差距越小。

计量热费的确定

在确定了计量方式和相应的两部制热价后，就可以进行用户的热费即基本热费和计量热费的计算。

（1）户用热量表直接计量收费方式

采用户用热量表计量方式时，用户的热费由基本热费和计量热费两部分构成，其中基本热费是基本热价与用户供热面积(或设计负荷)的乘积；计量热费是计量热价与用户实际耗热量的乘积，计算公式为：

用户热费＝基本热费+计量热费　(2-6)

基本热费＝基本热价(元/m^2)

×用户供热面积(m^2)　(2-7)

计量热费＝计量热价(元/kWh)

×用户实际耗热量(kWh)　(2-8)

（2）采用总楼表计量并进行根据用热量(面积)分摊的计量方式

采用总楼表计量并进行按户分配计量方式

的用户，热费也是由基本热费和计量热费两部分组成，其中基本热费也可以按照公式(2-7)计算，而计量热费就必须按照不同热量分配方式进行热费分摊即按照公式(2-8)计算。

$$F_K=Q_{sum}\times P_K\times \frac{m_i}{\sum m_i} \tag{2-9}$$

其中：Q_{sum}——总楼表耗热量，kWh；

P_K——计量热价，元/kWh；

m_i——每户分摊数据，按照计量方式不同可分为每户的面积、分配表格数或数字、热水表流量。

修正问题

对于我国供热计量收费是否对计量热费修正以及如何修正，国内许多专家学者进行过大量的分析和论述。我们认为首先应明确以下问题：

（1）采用基于面积和耗热量的两部制热价，并提高基本热价的比例，实际上已经是一种修正。用户热费之间的差距只是计量热费部分，而且提高热费中基本部分的比例，则采暖不利用户和有利用户之间的热费差距会更小。

（2）建筑保温情况越好，采暖有利用户与不利用户之间差距就越小。建筑保温越好，用户之间耗热量差距就越小。特别是我国许多城市实行三步节能建筑，并采用两部制热价时，用户之间的热费差别就更小。

（3）修正系数确定的工作量和工作难度很大。为了确定修正系数，就必须要对大量的房型的不同位置、朝向、楼层进行理论计算和实际耗热量测算，工作量和工作难度都很大，不易具体实施。

综上所述，两部制价格已经在很大程度上对实际耗热量的不同进行了修正，本着价格应简单明了的原则，不建议采用修正系数。

2.2.3 热量消耗的统计与计算：德国的经验

事实证明，按实际耗热量计费不仅能够节约15%～30%的能源，而且能够提高终端用户的节能意识。如果安装了调节装置，用户会更愿意将房间温度调到适度而不是过高或过低。

另外，根据实际耗热量进行付费能够让用户对自己每月的能耗有更多主动权。详细的取暖费用账单能够让付费变得透明和公平：消耗得越多，则支付得越多。

在德国，1973年第一次石油危机之后不久，根据热量费用分摊法规的相关规定，德国推行了基于耗热量的计费方法。该规定分别在1981年和1989年作了修订和延伸。自那时起，依据供暖和热水供应的耗热量进行计费的方式就无一例外地作为一种惯例得到推广。

值得一提的是，和其他改革一样，这种基于实际消耗的强制性计费方式在一开始并不被广泛接受。在长达3年的时间里，德国经济部定期举办对物业管理公司、业主及能源服务公

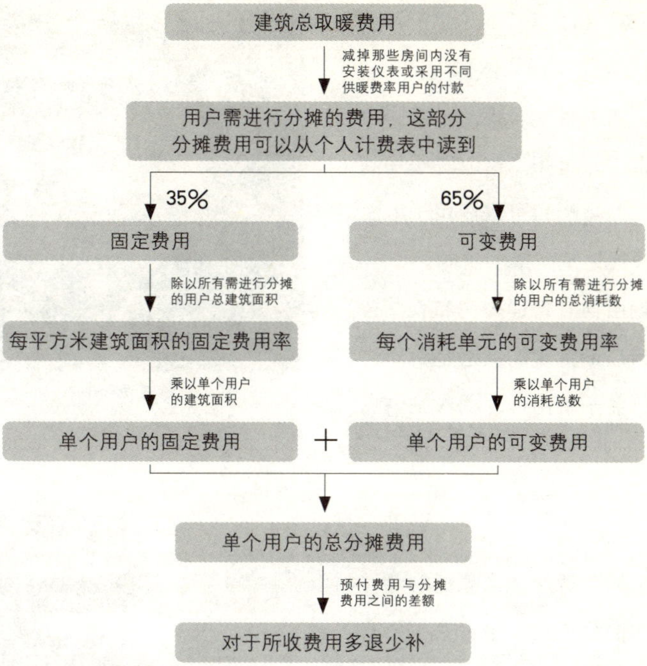

图2—5 德国供暖费用分摊过程

司的听证会，直到该规则最终被接受。

按实际消耗分摊供暖费用

一幢多户型建筑的采暖消耗绝对不能完全分摊到所有住户身上。一定量的采暖耗热量是

固定部分的单位价格	（总供暖费用的30%～50%）/ 多户型建筑的总面积
消耗部分的单位价格	（总供暖费用的50%～70%）/ 总供暖消耗量
一套房子的供暖费用	套房面积 x 固定部分的单位价格 + 消耗量 x 消耗部分的单位价格

由公共走廊和楼梯以及传输损耗所造成的。同样，一套房子也能够从旁边住户那里获得热量或者将热量传递给附近的房子。靠近没有采暖的房子的一套住房总是比靠近有采暖的房子的住房需要更多的热量。

因此，总采暖费必须被分为固定部分和可变部分。固定费用和可变费用的比例取决于当地的调整指导规范。在大多数国家，固定费用占总分摊费用的比例为20%～50%不等。

图2-5展示了德国供暖费用分摊过程，分摊过程中的必要原始数据如下：

- 核算期内该建筑（建筑物的一部分）的总采暖费用，通常根据供热公司的发票计算

■ 每个用户的消耗数，根据单个仪表上的读数

■ 单个用户采暖的建筑面积或体积

在某些情况下，如果当地有规定，某些单元的消耗数也可获得额外折扣，这取决于房间在该建筑内的位置。此类折扣可以适用于地面第一层和顶层或位于该建筑角落的房间。

分摊过程的周期由物业管理公司和收账公司在合同中加以规定。最常规的做法是每年进行一次或两次分摊。关于费用计算的详细信息必须提供给用户。

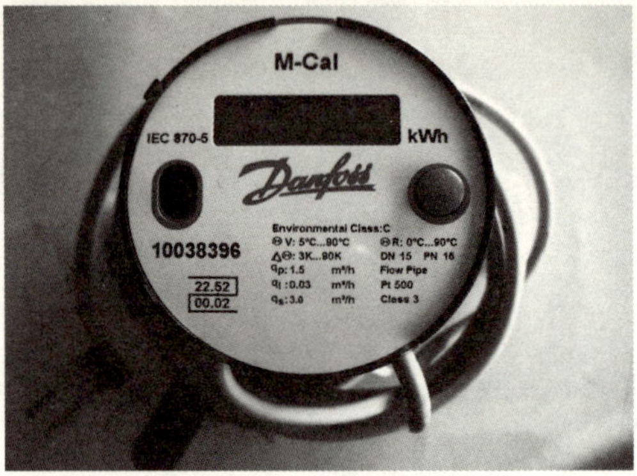

图2-6 用户热费表图示

必要设备

为了合理地分摊采暖费用，需要使用热计量设备。世界上常用的分户热计量设备主要有两种：

■ 每户安装一个户用热表(图2-6)

■ 每组散热器上安装一个热量分配表(图2-7)

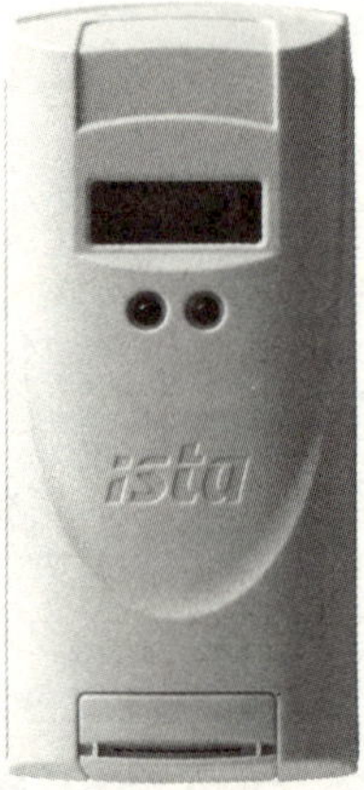

图2-7 散热器热量分配表（HAC）

只有在建筑采暖系统的进口处安装了常规的计量表后才可以使用上面两种分户热计量设备。分户计量设备不是用来直接测量单个用户的采暖费用的，而只是用于对记录在常规采暖计量表上的总费用进行分摊。

■ 户用热表应用于双管道系统中，它是一种水平管线结构。该系统在多层建筑楼梯或走廊处有共用垂直供回热立管。并且每套公寓都有与这些共用立管相连的供暖系统的单独入口。户用热表是由流量计、温度感应器和计算器组成的，并且都用来测量热介质流动值以及每套公寓采暖系统供、回热管之间的温差。随后计算器能够根据上述测量计算出耗热量。

■ 当每一套公寓中都有几个供热立管通过时，散热器热量分配表（HAC）与垂直立管一起被运用在供热设备中。带垂直管道的系统可以是单管也可以是双管，供暖费用分配表（HAC）可用于这两种情况。散

热器热量分配表安装在公寓内每组散热器的散热面上。它们可以在一段时间内记录下表面的温度。

主要有两种类型的热量分配表：

- 利用蒸发原理工作的散热器热量分配表由装有特殊液体的玻璃管、刻度器、外壳及导热板组成。一段时间后蒸发的液体量反映出这段时间内的散热器散热量。
- 带有感应器的电子散热器热量分配表安装在散热器表面。温度感应器自动记录散热器的温度，并在某些情况下记录下房间的温度。实际的散热量是参照相关读数与散热器常数得出的。

在德国，根据EN 834和EN 835标准，以下情况下不能使用散热器热量分配表：

- 地板供暖
- 辐射吊顶供暖
- 叶片控制散热器
- 带有通风装置的散热器
- 有风扇辅助的空气加热器
- 使用蒸汽散热器的供暖系统

这些例外都是有道理的，因为散热器热量分配表的主要功能是基于对散热器表面温度的测量。以上所列的所有供暖类型都不允许对表面温度进行相应地测量。

散热器热量分配表的总体优势在于：

- 可用于任何散热器供暖系统中技术成熟，有着很长的应用历史
- 热费分配更为灵活，能够对位置较差 的房间进行补偿
- 无需校准
- 比热计量器更经济

能源服务公司

在德国，物业管理公司通常雇用能源服务公司为他们作供暖与热水费用的分配。供暖与热水费用需要得到准确而专业的分配。供暖费用还必须公平地得以分配。若某些设备出现故障，需要由专家对其进行合理评估。

能源服务公司可提供以下服务：

- 热量分配表的安装
- 数据读取
- 结账
- 客户服务
- 必要时为设施进行融资

3RD CHAPTER

第3章 节能的资金筹措和经济性

3.1 中国现有的建筑节能资金筹措形式

随着中国建筑节能的发展，建筑节能资金的筹措形式也从最初仅由房地产开发商投资的单一形式发展成现今的多种资金渠道。

公共建筑节能资金筹措

公共建筑节能标准于2005年7月1日起正式施行，各种类型的公共建筑都要严格按标准建设。公共建筑节能资金的筹措由于工程项目建设资金的来源不同而分为两类：政府财政资金和社会投资。社会投资包括房地产开发商、建设单位或业主自筹资金和银行贷款。政府办公建筑由政府下拨资金进行建设。

社会公益性建筑，如学校、医院、文化建筑，多数是由国家投资建设，近年有些医院、学校的扩建、改建是利用各单位自有资金的积累和银行贷款投资建设。随着市场化经济的发展，一些民办学校、医院的建设由业主利用自有资金和银行贷款建设。

写字楼、宾馆等商业建筑大都由房地产开发企业通过银行贷款和企业自有资金投资建设，然后通过出售、出租的方式偿还贷款，获取利润。

新建的节能公共建筑和进行节能改造的既有公共建筑，因为减少了系统设备的能源消耗，每年可以节省很多运行费用，使得政府受益、业主受益。供热体制改革，实现按冷、热消耗量计量收费后，投资人会得到更多的回报，利益会得到保障。

住宅建筑节能资金筹措

中国推行建筑节能是从北方采暖地区的住宅建筑开始的，一般来说，采取节能措施增加的成本约为建设成本的10%。绝大多数的住宅工程项目由房地产开发企业经营运作，建设资金主要靠银行贷款。建筑节能增加的费用纳入建造成本，计入房屋售价，由购房者承担。由于住宅需求量一直呈大幅度上升趋势，这部分节能投资很轻易地包含在房屋售价中，为购房者所接受。北方采暖地区居民从节能建筑中首先享受到的是冬季室内居住热环境的改善。随着供热收费制度的改革，实施按计量收费，鼓励住户行为节能，在改善舒适度的同时，一些居民的采暖费用有可能还将减少；南方地区居民将从室内居住舒适性的改善和采暖空调电费支出的减少中受益。

城镇既有住宅建筑规模大，能耗高，是建筑节能工作的重点，又由于城镇住宅大多是多住户的公寓式建筑，住房改革后产权非常分散，也是实施节能改造的最难点。目前，一些地方已经开始了节能改造的试点工作，探索可行的融资运行机制，大部分采取地方政府投资与企业和居民融资相结合的办法；也有一些试点项目通过国际合作的方式，争取部分国际资金，结合居民投资进行改造；还有的是通过在节能改造的同时在楼顶加层后进行销售来筹集改造资金；北方住宅的节能改造与供热系统的改造密不可分，有的供热公司认识到建筑物的节能改造能间接地扩大公司的供热能力，从而减少公司的固定资产投资，因而，也积极地参与建筑节能改造投资。总结国际经验和国内试点的经验，既有建筑节能改造应采取多元投资方式，政府、单位和个人相结合。各级政府应采取激励政策和配套措施，积极鼓励投资方、供热企业和消费者等各方面，采取多种方式投资于既有住宅的节能改造。

建筑节能材料、设备发展的资金筹措形式

随着中国建筑节能事业的发展，市场对节能建材、节能设备的需求量逐渐增加，这些产业得到了迅速发展。截至目前为止，外保温企业发展到了数千家，外墙外保温施工面积已达到数亿平方米；节能门窗已从简单的单玻塑料窗发展成塑料中空玻璃门窗、铝合金带断桥中空窗或三层玻璃窗，甚至LOW-E玻璃窗、填充惰性气体的高性能节能门窗；屋顶保温隔热材料、空调等节能设备也在逐日增加。总之，节能材料及设备日益多样化，相应的企业不断增加，市场的需求决定了企业的投资积极性，因此，节能材料和设备的投资大都由企业自主投资。中国的建筑节能市场也吸引了大批国外先进的节能材料和设备的进入，通过中外合资引进生产线，逐步实现国产化，或者外资独资进口与经营。

中央政府从20世纪90年代开始建立了“新型墙体材料革新基金”，用于鼓励企业的新型墙体材料的开发与生产。采取减免税政策鼓励

企业生产新型墙体材料和部分节能建筑材料和产品。

国家专项资金

为了推广应用节能先进技术，国家建立专项计划用于鼓励新技术的发展和应用。例如，“十一五”期间，财政部和建设部共同开展了“可再生能源在建筑中的应用”的专项计划，对工程项目采用热泵、太阳能等技术带来的部分增量成本直接进行投资；国家发改委还启动了“十一五国家重点节能工程”，对政府办公建筑节能示范项目和一些低能耗建筑示范项目给予资金补贴。

为了贯彻落实《国务院关于印发节能减排综合性工作方案的通知》（国发[2007]15号），完成“十一五”期间既有建筑节能指标，鼓励国家机关办公建筑、大型公共建筑和北方既有建筑的节能改造，中央财政设立了专项资金，财政部印发了财政部《国家机关办公建筑和大型公共建筑节能专项资金管理暂行办法》和《北方采暖区既有居住建筑供热计量及节能改造奖励资金管理暂行办法》。部分地方政府积极响应号召，也出台了相关的既有建筑节能改造计划和经济激励政策，如：北京市颁发了《北京市既有建筑节能改造专项实施方案》，北京市建委、市财政局、市发改委、市政管委、市农委、市规划委、北京住房公积金管理中心联合发布了《北京市既有建筑节能改造项目管理办法》，明确五类改造项目可向相关政府部门申报资金：城镇居住建筑供热计量及节能改造项目，可申请中央财政拨付的既有建筑改造奖励资金；列入市或区县固定资产投资项目的节能改造项目，可向市或区县发展改革委员会申报资金；集中供热系统节能技术改造项目，可申请北京市供热系统节能技术改造财政奖励资金；城区四合院和平房的节能改造，按相关规定申报解危排险专项资金；农民自建既有住宅的节能改造项目，可按照《关于2008年北京市开展既有农民住宅节能保温改造示范项目实施办法的补充规定》申报奖励资金。此外，大型公建及普通公共建筑采用合同能源管理方式融资进行既有建筑节能改造的项目，可申请中央财政的贴息资金；城镇住宅节能改造项目（城区四合院和平房除外）申请补助资金后的不足部分原则上由业主和原产权单位各负担50%，原产权单位可使用房屋维修专项资金的售房单位上缴部分，个人可提取住房公积金。

节能服务机制

过去，中国的节能工作主要是通过政府节能主管部门、各级节能服务机构和企业节能管理部门三位一体的能源管理机制运作。随着中国经济体制面向市场的转变，原有的节能管理体制也必须随之转变；特别是对于中国的既有建筑的节能改造来说，政府资金的能力是相当有限的；为进一步推动中国的节能工作，当前最为迫切的任务是引导和促进节能机制面向市场的过渡和转变；应借鉴、学习和引进市场经济国家先进的节能投融资新机制，以克服目前中国存在的节能投资障碍。

最近几年，为培养节能的市场化机制，中国积极引进节能投资服务的模式。如：世界银行与中国政府实施的“全球环境基金中国节能促进项目”就是由专业化的节能服务公司为用能企业实施节能改造的国际合作项目。具体做法是针对客户的现状进行能源审计，根据审计结果提出节能改造方案，在能源审计和改造方案的基础上，与客户进行节能服务的谈判与合同签署，由节能服务公司负责融资（资金一般来源于节能服务公司的自有资本、银行商业贷款、政府贴息的节能专项贷款、设备供应商允许的分期支付、国际资本等）进行节能改造，在合同期(一般为三年左右) 内节能服务公司分享大部分或全部项目效益用于改造资金的回收和公司收益，小部分效益留给客户；待合同期结束，全部效益归客户所有。这种能源服务模式起源于工业节能，目前已引入到建设领域，在既有公共建筑节能改造和公用事业服务中采用。通过一些项目的实施，颇见成效。如：深圳中兴通讯科技园原有中央空调系统的运行控制及管理均为人为操作，每年使用255天，能源浪费较大。2004年6～9月，贵州汇通华城楼宇科技有限公司与其签署了能源服务合同，合同额为421600元，规定由贵州汇通负责对深圳中兴通讯科技园一幢6.5万m^2的综合楼的供冷系统实施按负荷变化运行改造，并在改造后的2.5年内分享其节能效益的80%。贵州汇通投资42.16万元引入一种带智能控制功能的中央空调专家管理系统，使中央空调系统保持高效、协调的运行，在改造后实现年节能效益96.85万元，建成节电能力149万kWh/年，折节约标准煤595t/年、并形成$CO_2$338t/年、$SO_2$11t/年、总悬浮颗粒物8t/年的减排能力。合同能源方式应用于供热系统节能改造，也取得了十分显著的节能效果。

3.2　德国在利用财政激励手段提高能效方面的经验：资助计划

概述

在德国，联邦政府出台了多项覆盖全国的财政资助计划，旨在提高建筑能效以及推广可再生能源在建筑领域的应用。其中既有针对可再生能源的市场激励计划，也有德国复兴信贷银行集团专为节能建筑和改造、尤其是居住建筑和社会基础设施的节能建筑和改造推出的多项资助计划。除此之外，各州政府以及乡镇和能源供应企业也提供各种地区性的资助计划。

以下从德国复兴信贷银行集团资助计划中挑选出几个与居住建筑领域有关的计划项目进行具体的说明：

- 居室现代化改造（标准/宜老改建）；
- 节能改造（贷款/补贴）
- 节能建筑（贷款）

此外，德国复兴信贷银行集团还为房产开发商、乡镇或拥有大量出租房屋的私人业主提供财政资助，包括帮助他们利用合同能源管理的形式改造采暖设施。

德国复兴信贷银行集团在居住建筑领域的资助计划

联邦政府CO_2-建筑物改造计划所资助的德国复兴信贷银行“节能建筑”和“节能改造”计划，主要为居住建筑的节能和CO_2减排投资项目提供长期融资。在德国复兴信贷银行的两个资助计划中，申请资助金额最高可达改造投资成本的100%，其中包括了各种附加费用。所适用的技术标准在部分领域要远远高于2009年1月1日起生效的要求更高的《节能条例》。新建项目和改造项目所适用的资助标准有所不同。其原则是：节能成果越好，所获得的资助额也就越高。这两个计划面向所有申请人，适用范围涵盖“私人建房者”到房地产企业，从旧房改造到新建住宅及公寓楼。

德国复兴信贷银行的“节能改造”计划为节能改造项目提供十年以上的长期固定利率低息贷款，并且在最初数年中可以免偿本金，或为单户和双户住宅楼和住宅提供投资补贴。个人、房产开发商、住宅建筑合作社、乡镇、区县、乡镇联合体以及其他国家机构都可以通过其开户行提出贷款申请。投资补贴应直接向德国复兴信贷银行提出申请。资助范围包括按照“德国复兴信贷银行节能房屋”标准所进行的全面改造项目或是高效节能单项措施，如建筑保温隔热、供暖系统或窗户的更新等。

“节能建筑”计划专为新建的高效节能的“德国复兴信贷银行节能房屋”提供资助。由联邦政府提供资金，德国复兴信贷银行可提供10年期以上的低息贷款，需要者可通过自己的开户行提出申请。

除此之外，联邦政府的CO_2-建筑物改造计划还为地方性基础设施的节能改造项目提供资助。比如德国复兴信贷银行的“节能改造——乡镇”和“社会福利投资——建筑物节能改造”两项基础设施资助计划，可以为中小学校、学校的运动场馆和游泳馆、日托幼儿园以及青少年机构办公楼的节能改造项目提供低息贷款。乡镇、乡镇直属企业、区域性合作组织以及公益机构（包括教会）均可以提出申请。

德国复兴信贷银行的“居室现代化改造计划”所资助的改造措施

德国复兴信贷银行的“居室现代化改造”计划有两种形式：

其中，“居室现代化改造”计划的标准形

式是由德国复兴信贷银行自有资金资助的（非联邦财政资金），主要为居住建筑的简单改造及维修、公寓楼室外设施改善以及长期无人居住的空置租赁住宅的拆除等工程提供资助。其中还包括建筑物的保温工程、采暖系统工程（可再生能源、热电联供及区域/集中供热）以及有关的直接而必要的改造措施。每套住宅的最高资助金额（贷款限额）为10万欧元。

另一种资助形式是"居室现代化改造——宜老改建"计划，该计划由联邦政府资助，旨在帮助住宅和房屋的业主对居室进行打通改建。目的是为居住在祖宅和熟悉的社会环境中的人们（主要是老年人）提供一个尽可能无障碍的、起码是少障碍的居住空间。比如，通过改建，避免入口处和住宅内出现台阶和楼梯，或是通过在卫浴间内设置必要的扶栏和把手，让住户更便于活动。每套住宅的最高资助金额为5万欧元。

德国复兴信贷银行的"节能改造"计划所资助的改造措施

自2001年起，在联邦政府的"CO2-建筑物改造计划"的框架内，德国复兴信贷银行推出了节能建筑与改造计划。这两项计划被确定为"学习中的计划"，因此会定期根据最新的技术发展和市场现状进行调整。2006年，有关部门对两项计划进行了重新规划，采用了一套新的要求更高的改造标准（在《节能条例》新建建筑节能水平的基础上降低30%），同时通过低息贷款，对单项节能措施提供资助。从2007年开始，除了贷款资助方式之外，还增加了投资补贴。从那时起，人们便可以利用德国复兴信贷银行的低息贷款，帮助社会性基础设施（尤其是青少年机构和教育机构）开展节能改造工作。2009年10月1日起，相关的能效要求又根据新版《节能条例》进行了调整和提高。

德国复兴信贷银行的节能建筑和改造计划受到广泛的欢迎。这也反映在联邦政府提供的资助额上。从2006年到2009年，联邦财政共为此拨付了60亿欧元。2008年底，随着经济振兴一揽子协议I（"促增长、保就业"）的推出，联邦政府决定在2009~2011年间将计划资金增加到每年约15亿欧元。而在2009年夏，由于申请量太大，为了避免计划实施受阻，联邦政府又不得不追加了7.5亿欧元。

1.德国复兴信贷银行"节能改造"计划

资助款项主要用于

- 所有旨在达到"德国复兴信贷银行节能房屋"标准的措施（如保温隔热、更换采暖系统和窗户、安装通风设备），
- 符合最低技术要求的单项措施，以及房屋业主自由选择的单项措施分组（如保温、更换采暖系统和窗户、安装通风设备）。

资助金额最高可达改造投资金额的100%，其中包括附加费用（建筑师的酬金、节能咨询的费用等），凡是1995年1月1日之前提出建筑申请的居住建筑改造项目，都可以获得资助。

(1)德国复兴信贷银行节能房屋改造——贷款和投资补贴

在对既有建筑进行全面改造时，或是首次购买经过改造的德国复兴信贷银行节能房屋（或一套经过节能改造的住宅）时，资助计划对其一次能耗以及建筑物围护结构（传热损失）的能效改善水平都提出了相应的要求。根据自2009年10月1日起生效的《节能条例》（EnEV2009版），共有四种不同的节能标准可以获得资助：德国复兴信贷银行节能房屋85，德国复兴信贷银行节能房屋100，德国复兴信贷银行节能房屋115和德国复兴信贷银行节能房屋130。在这里，德国复兴信贷银行节能房屋100的能效水平相当于《节能条例》2009版中对一栋具有可比性的新建建筑能效要求的100%。近期内，资助计划中将取消德国复兴信贷银行节能房屋130标准。

如果能获得贷款资助，申请人在贷款期的前10年内都能享受联邦贷款优惠利率。如果申请人能证明自己的确达到了资助申请中所确定的改造标准，则可以根据改造标准的不同，额外再享受最高5%到15%的分期还款补贴。每套住宅最多可获得7.5万欧元的贷款。

此外，德国复兴信贷银行还以投资补贴的形式为单户/双户房屋和产权房住宅的改造提供资助。这方面的资助额也是根据不同的改造标准有所不同。每套住宅可获得的最高补贴金额为改造投资成本的20%，每套住宅的补贴总额不超过1.5万欧元（按目前的最高标准，即德国复兴信贷银行节能房屋85）。

例外情况：文物保护性建筑或其他有特殊保留价值的建筑物。

在根据德国复兴信贷银行节能房屋标准进行改造时，如果需要遵守相关的文物保护规定，或是需要存留其他具有特殊保留价值的建筑物，从而导致建筑措施的实施被迫受到局限，那么可以申请破例，不按规定的技术要求来施工。

(2)节能改造——单项措施及单项措施自选分组——贷款和补贴

以下单项措施可获得资助：

- 外墙的保温隔热
- 屋面和/或顶层楼板的保温隔热
- 采暖房间与土壤接触的墙面和地面的保温隔热，采暖房间与非采暖房间之间隔墙的保温隔热，非采暖地下室顶板的保温隔热
- 窗户的更新
- 安装通风设备
- 更换采暖设施，包括安装A级循环泵和/或高效循环泵。

对于这些措施，资助计划也可以提供改造投资成本最高100%的资助。资助形式为低息贷款，每套住宅的贷款金额最高为5万欧元。不过，在实施单项措施或措施分组时，不再有额外的分期还款补贴。如果不申请贷款，也可以申请相当于改造投资成本5%的投资补贴，每套住宅可申请的补贴金额最高为2500欧元。上述单项措施可以进行自由分组（措施分

组）。

(3)节能改造——特殊资助

除了上述资助计划之外，以下情况也可以申请补贴：

■ 如果在改造过程中，聘请了一名有资质的节能专家对施工进行指导

补贴：施工指导费用的50%，每个项目最高可补贴2000欧元；其目的主要是为了确保大规模建筑措施的施工质量（业主必须实施至少两项单项措施或按照德国复兴信贷银行节能房屋标准进行改造）

■ 更换夜间储电式采暖系统

补贴：每套拆除的设备可获补贴200欧元

■ 只有当更新了采暖系统时，才会提供补贴。如果未对采暖设备进行更新，但对现有采暖系统内的热分配管网进行了优化

补贴：为采暖系统优化费用的25%，补贴金额最低为100欧元

2.德国复兴信贷银行“节能建筑”计划——对新建建筑措施的资助

德国复兴信贷银行的节能建筑计划由联邦财政资助，可为新建或购买一栋符合资助标准的新建住房（或一套住宅）提供低息贷款。目前有两种资助标准，即德国复兴信贷银行节能房屋85和70（指能达到2009年版《节能条例》中规定的新建建筑一次能源特性参数的百分比），每套住宅最多可申请贷款5万欧元。

以下方面可获得资助：

■ 建造、设立和首次购买居住建筑（或住宅），包括宿舍、养老院和护理院

■ 对既有建筑进行扩建，增建封闭式住宅单元

■ 将迄今为止未租售的建筑物改建为居住建筑

评判是否属于“德国复兴信贷银行节能房屋70”，必须满足两项能够反映建筑物能耗的标准。根据《节能条例》的规定，这两项标准应被列入每座新建建筑必备的能源证书当中：

■ 标准之一是能够反映出建筑能耗的指标值，即年一次能耗（QP）不允许超过2009年版《节能条例》附录1表1中参考建筑计算值的70%。

■ 标准之二是新建建筑围护结构的热工性能应符合一定的要求：即建筑物传热围护结构的单位传热损失（HT'）不允许超过2009年版《节能条例》附录1表1中参考建筑计算值的85%。

建筑是否属于被动式房屋，同样要符合两项评判标准（根据被动式房屋项目一揽子协议PHPP中的计算方法进行证明）：

■ 根据《节能条例》，年一次能耗（QP）不得超过每平方米使用面积（AN）40kWh。

■ 年采暖热耗（QH）不得超过每平方米居住面积15kWh。

德国复兴信贷银行的“节能房屋85”采用与“节能房屋75”相同的评判标准，只是标准要低一些。

■ 年一次能耗（QP）不允许超过2009年版《节能条例》附录1表1中参考建筑计算值的85%。

■ 建筑物传热围护结构的单位传热损失（HT'）不允许超过2009年版《节能条例》附录1表1中参考建筑计算值的100%。

3．通风设备和质量保证

对于上述德国复兴信贷银行节能建筑和改建资助计划，建议接受资助者安装带热回收装置的通风设备，此外还建议进行气密性测试（风门测试）和红外成像检测，以确保施工质量。

已完成的节能措施简介

2005～2008年的一份书面问卷调查抽样评估显示，绝大多数接受资助的现代化改造项目都采取了保温隔热措施。在所调查的2005～2007年三个年度，大约分别有67%（2005年）、75%（2006年）、88%（2007年）和89%（2008年）的项目都对屋面及顶层楼板进行了保温隔热处理；而在60%、66%、82%和86%的贷款资助项目中，对外墙进行了保温隔热处理，另外有不到50%（2005年和2006年）及64%（2007年和2008年）的项目在地下室顶板及底楼地板上安装了保温隔热层。在超过70%（2005年和2006年）及85%（2007年）和86%（2008年）的项目中对窗户采取了更新改造措施。

2008年，在抽样贷款项目中，各有大约四分之三对制热系统的主发热设备进行了更新，2007年，有27%的抽样建筑在2007年的改造过程中安装了太阳能供热装置，而这个比例在2008年增加到了34%。其中，利用太阳能设备辅助采暖的建筑物比例也翻了近一番。

对德国复兴信贷银行计划的评估及经济性分析

德国复兴信贷银行的节能建筑和改造计划取得了巨大的成功和认可。从2006年到2009年11月，德国复兴信贷银行计划所批准提供的低息贷款和补贴总额达到了264亿欧元，相关项目的投资总额将近526亿欧元，利用这些资金，人们以节能建筑方式新建或改造了德国的近140万套住宅。而这些住宅在上述时期内所累计节约的采暖费达到了14.6亿欧元左右。在德国，因各项资助措施而产生的CO_2减排量每年超过370万t。此外，节能计划对就业市场也产生了重大的影响：自2006年以来，资助计划每年为德国的手工业和建筑业提供了25万个工作岗位。其中，建筑行业中得到资助的中型企业所占比例达到了83%，远远超出了67%的平均水平。

人们可以利用德国复兴信贷银行的各种资助计划来消减节能项目面临的财政困难。在向德国复兴信贷银行提交贷款申请时，建筑物所有者必须对其建筑物能耗情况进行详细描述。这样，德国复兴信贷银行通过自己的项目计划便达到另外一个不可忽视的积极作用，那便是唤醒了房屋所有者的节能意识。

原则上来说，低息信贷这种资助手段的优点在于：每个房屋所有者在项目开始之前就获得了必要的资金，不再需要自己掏腰包，或者只需自掏少量资金来进行房屋改造。这样，一方面可以确保有限的国家财政资源得到负责任的使用，另一方面也适当地刺激了房屋所有者进行建筑改造。

从贷款总额来衡量，德国复兴信贷银行计划项目是目前住宅领域全德国规模最大的新建节能住宅和旧房节能改造资助计划。其优点在于每个人都能够获得资助。所有这些计划都打破了州和乡镇的界限，实行统一规划和管理，申请贷款和投资补贴的手续也非常简便。除此之外，这些计划还可以很好地与各州和乡镇的资助计划相互补充。如果没有德国复兴信贷银行的这些计划项目，人们在建筑物环境保护方面所作的努力恐怕会遭受沉重的挫折，而且会对建筑行业的就业形势产生负面影响，既有建筑的朽坏状况也会加剧。

3.3 考虑建筑物相关生命周期成本，对建筑物能效提高措施进行经济效益分析

概况

要想在建筑和房地产行业贯彻落实可持续发展的理念，首先迫切需要对建筑物进行可持续的设计、建造和运行。这就意味着，必须描述和评估一栋建筑物在其全生命周期内生态、经济、社会文化、技术以及工艺过程等方面的各种因素，并对其相互间的影响进行权衡。很久以来，当人们谈论到建筑领域的可持续性时，关注的往往是能源效率、资源利用、对环境和用户健康及满意度的影响等，而如今，人们也开始越来越多地关注经济方面的问题。其中，不同参与者眼中的经济效益，建筑物价值的稳定性和发展趋势，对风险和全生命周期费用的评估等，都是非常重要的因素。在描述一栋建筑物的经济效益水平的时候，可以将与建筑物相关的全生命周期费用视为地产在生命周期中所产生的部分支付流，将其作为一项参考标准。

通常而言，与建筑物相关的全生命周期费用由以下部分组成：

- 设计费用
- 建设成费用（尤其是建筑结构和技术设备）
- 运行费用（如能源供应、使用、检查和维护）
- 维修费用（建筑结构和技术设备），以及
- 拆除费用

除此之外，在必要时还需审视一下是否可以申请优惠的融资条件或资助金用于节能及可持续建筑。如有此类投资计划，有时更容易获得国有或公有土地。

事实表明，一栋建筑物的能效质量会对建设、运行和维修费用的高低产生较大的影响。在德国，有部分研究项目对已竣工的节能建筑进行了跟踪分析，结果显示，经过能效优化的办公建筑所产生的额外投资成本比常规建筑最高只会多出5%，而大多数情况下会低于后者。前提条件是，要将设计规划与节能真正地结合起来。虽然要聘请专业设计师，制定节能方案，并从能效、生态和经济等多个角度对多种方案进行详细的比较，但设计费用只会略微增加。

除了纯粹从技术角度探讨是否有建筑物节能优化措施之外，还有一个需要考虑的问题就是，这些措施在经济效益方面是否具有优势。不过，如果不对各个利益相关方的目标、利益和框架条件进行分析，那么就不可能回答这个问题。主要的利益相关方包括：

- 开发商和承包商开发并实施建筑项目，住宅或建筑物建成后再卖出并获利。他们代表的是建造商和卖家的利益
- 自行使用房屋及建筑物的业主和买方代表自行使用房屋居住权的用户。作为业主，他们也代表委托方的观点。作为用户购买者，他们也维护自己的使用权益
- 出租房屋及建筑物的业主和买方代表出租方的利益。作为业主他们也代表委托方的利益。作为买方他们也代表出租方的观点
- 承租人代表用户利益

总的来说，在大多数情况下，对经济效益的分析建立在利益相关方对收益（比如收入、增值、舒适度的提高）与消耗（比如支出）的权衡基础之上（图3-1）。不论是收益还是消耗都将直接或间接影响建筑物的舒适度、质量的稳定性、风险、时间跨度等，这种影响或者一次性或者逐渐体现在建筑的全寿命周期过程中。所谓的经济效益分析，既可以从全生命周期的角度来考虑，也可以针对某个特定的时间段进行考察。在选择采用哪种投资计算方法时，需考虑要符合各个利益相关方的利益和各自关心的问题。通常而言，我们建议要计算出建筑物的资本价值，并考察其在一年内的变化情况。

在对收益和消耗进行评估或者对建筑物进行经济效益分析时，作为基础前提和影响因素，要注意当前的环境和框架条件。它们首先受到建筑市场的状况、目前及未来能源、供水排水以及建筑材料价格的发展、同时还有法

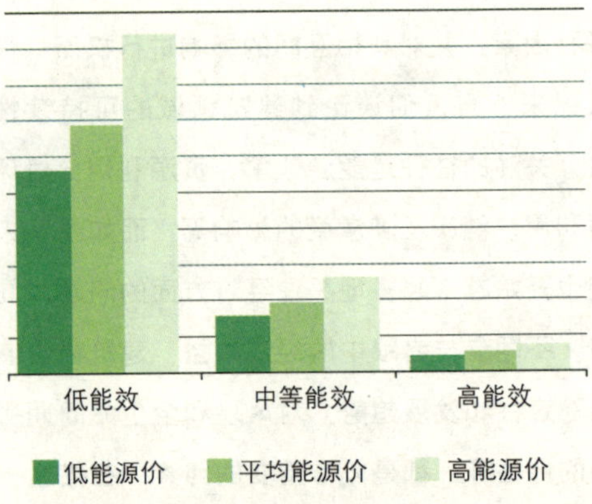

图3-1 不同能源价格水平和不同能效水平下的采暖费用比较，以此可确定能源价格变动风险会带来哪些风险（质量水平）

律、法规以及社会人口状况的影响。尤为重要的是利益相关方所追求的建筑物使用寿命和观察角度（短期角度、中期角度、长期角度）的理解。包括经过一段时间后想要将房地产进一步转让的房主以及正在考虑的潜在购买者在内的各利益相关方必须彼此独立、不受牵制，因为房地产的预期售出价格及其保值和市场风险等问题最终还是取决于是否能够满足买方需求。

影响建筑物节能投资经济效益的外部因素

总的来说，首先无法预见三个利益相关方的主要发展趋势，而这种趋势会影响节能投资的经济效益分析。

- 首先可以预见的是，未来几年各类能源服务的价格，尤其是化石类能源载体的价格将继续上涨。化石类能源载体的能源成本上涨使得能效低、对化石类能源载体依赖性高的建筑物的运行费用远远高于节能建筑的运行费用。除此之外，由于目前非可再生能源载体的能源价格波动很大，非可再生能源能耗大的建筑物为此承受着巨大的运行费用风险。
- 影响经济效益的另外一个主要因素是目前和未来房地产市场的发展状况以及房地产的出租率和销售率。只要利益相关方打算在将来的某个时期将房子卖掉，房地产市场就会受到影响。尤其在住房需求量下降的时候，除了各自的地理位置优势之外，建筑物在建造以及能效方面的质量对于房产价值的波幅有很大的影响。德国的经验证明，高质量房屋比普通房屋的价值稳定性更高。
- 可通过立法进一步加强并完善对市场的宏观调控。

以下动机可以不断提高人们对于节能建筑质量的要求：

- 爱惜本土资源（能源载体）
- 减少能源进口，降低对进口的依赖性
- 减轻能源供应结构的负担
- 通过减排二氧化碳保护全球环境
- 通过降低有害气体排放保护当地环境
- 创造工作岗位
- 建立针对节能技术和产品的科学体系
- 发展节能技术与产品市场

立法者可以通过强制性的能效标准，同时还可以通过资助建筑节能来干涉利益相关方纯粹基于经济的考虑，进而达到支持国民经济发展的目的，而上述积极影响使将来实现这一目的成为可能。因此，对于房产供应商来说，现在就开始为日后的改变作准备并且在建筑节能方面积累经验十分重要。而与此同时，这也会在客户那里建立积极正面的形象。

对全寿命周期费用的观察

投资建筑物的消耗与收益并不是在某一时刻产生的，而是分配于整个使用寿命的过程中。

■ 在开发阶段，即从未开发的土地到建筑物落成这一过程，所产生的基本上都是建筑物的建造费用。它包括购买土地、道路交通建设、建筑物本身造价以及建筑附加费用如设计、咨询费等。在设计过程中，还要定期进行费用估算，以便进行经济效益分析。

■ 在使用阶段，即依据建筑物的使用功能对其进行使用的阶段，产生进一步的费用。建筑物的长期运行费用首先包括如：给排水费、能源的供给与输出费用、清洁费、因检测所产生的维修费用、日常的维护维修费等。根据建筑物的类型和施工情况的不同，其中能源费用的差别可能十分悬殊。因此，在德国一幢没有采取节能优化措施的建筑物可能比一幢经过节能优化改造的建筑物的能源需求高出最多10倍。比如，一般的既有居住建筑的室内采暖能耗为油20L/m²，而被动式房屋的能耗则仅为油2L/m²。不过，能源费用占整个运行费用的比例及其相对重要性在很大程度上取决于当地的大环境，尤其是气候条件，以及具体的费用水平有多高。这里，还要再加上资本费和管理费用。除此之外，在较长时间段内还会产生构件及设备更换和现代化改造等费用。所以，进行投资决策时也要考虑各个构件的使用寿命及其更换费用或修复费用。

■ 在回收利用阶段，建筑物或者被拆除或者主要部分被重建和现代化改造，产生拆迁费用或回收费用。如果在设计阶段就注意使用易于回收和循环的建筑结构、构件和系统，这一费用也可以得到控制。

此外还需要注意的是：在使用阶段的不同时间区域内所产生的费用占整个全寿命周期费用的比例最高。因为在对建筑物进行设计时，使用阶段的费用基本上就已经定下来了，以后也只是在优化运行或现代化改造措施等方面能有所作为。因此，在设计过程中涉及投资决策

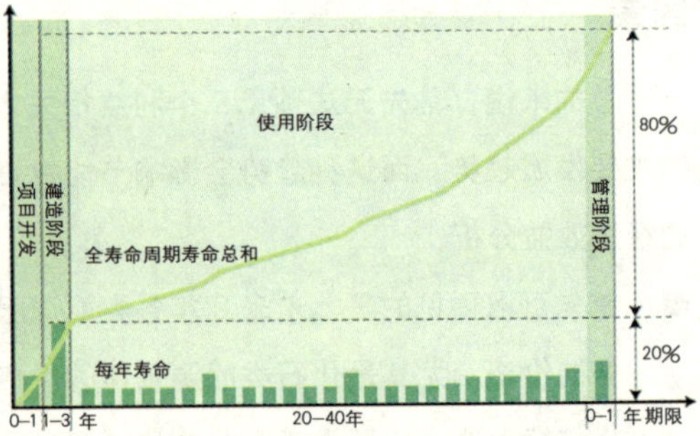

图3–2 全寿命周期费用量化曲线

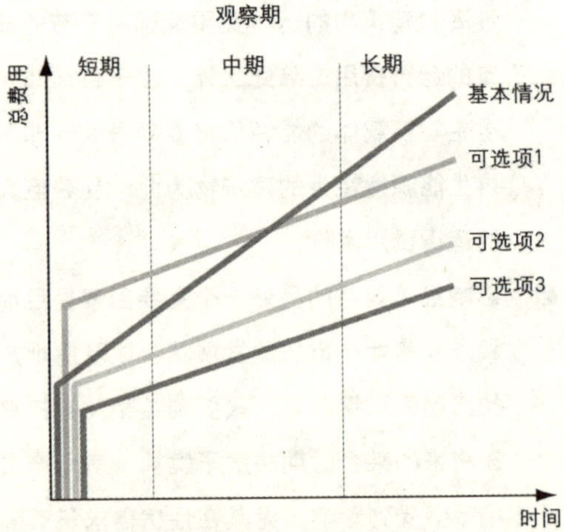

图3–3 全寿命周期费用图例（质量水平）

时便把后期费用考虑进去十分重要。

如果在设计阶段把后期费用考虑进去的话，共有三种不同的优化方案（图3-4）。这里，基本代表的是中欧地区没有采取特殊节能措施或全寿命周期费用优化的普通建筑物。

在可选项1中，为了降低使用费用（相对于基本情况），需要额外的投资，使得建造费用增加。总体来说，与基本情况相比，可选项1的费用至少没有增加。在可选项2中，建造费用虽然和基本情况相当，但其后期费用却降低。据此，与基本情况相比，可选项2的全寿命周期费用降低。在某些情况下，不仅建造费用降低，使用费用也随之降低。适用于这种情况的例子便是：放弃复杂而维修频繁的房屋技术设备。图中的可选项3描述的就是这种情况。

提高经济效益

如下三点可以提高建筑物全寿命周期内的经济效益并降低年平均费用。

■ 在经济性允许的情况下延长建筑物的使用寿命：它首先可以降低每年的费用，因为建筑物的建造费用被分配到更长的时间段内。一方面，建筑物各构件和系统的技术寿命可以影响整个建筑物的使用寿命；另

可选项1

第一个图代表的是一幢没有采取特殊节能措施的建筑物或建筑物的一部分。因为建筑物在建造的时候就不符合当时的技术水准，所以建筑物的质量很低。但由于整个房地产市场不断发展并且呈现供不应求的局面，所以还是有足够的潜在购买者愿意支付相对较高的价钱。如果未来对节能建筑的需求不断增加并建造出越来越多的节能建筑，那么被观察建筑物的相对质量就会进一步下降，需求也会跟着降低。这里用“气泡”的收缩代表建筑物或建筑物的一部分的相对质量的下降。

可选项2

第二个图代表的是一幢节能建筑/建筑物的一部分。因为建筑物在建造的时候就采用了当时先进的技术，因此建造之初建筑物的质量就很高。但由于它所占的市场份额毕竟非常小，对于这样的房产，买方并没有明确的购买需求。然而可以预见的是，随着能源价格的不断上涨和这类建筑所占市场份额的不断增加，买方对节能建筑的需求会不断增加甚至只想购买节能建筑。由于该建筑物在今天就能满足未来买方的需求，预计建筑物无需进行进一步改造便会升值。

可选项3

如同第一个图，这个图代表的仍然是非节能建筑。正如我们所提到的，进行现代化改造能够提高建筑物的标准。这里所描述的就是这种情况。通过现代化改造，建筑物的质量提高了并相应完成了二次投资，当然这里需要额外的投资。改造后的建筑物能够满足买方更高的要求，因此也适应市场的需求。所以，建筑物是升值而不是像第一个例子那样贬值了。

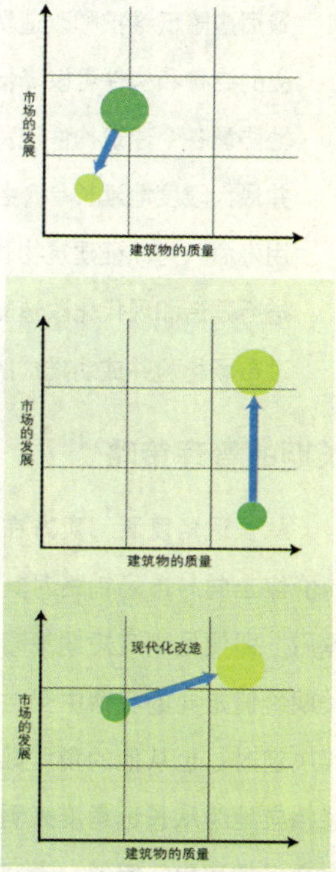

图3—4 建筑寿命与现代化改造

一方面，要确保建筑物的长期接受度和可用性。只有当一幢建筑物被用户和公众所接受并能够随机应变的时候，才可能拥有较长的使用寿命。同时，节能建筑具有更高的保值性，由于热舒适度得到了改善，可以提高用户满意度，同时由于其运行费用一般而言更低，因此为应对将来房地产市场的变化作好更加充分的准备。

- 降低不断产生的运行费用：这里节能建筑同样具有优势。此外，通过外部因素可以降低运行费用大幅变动的风险。然而需要注意的是，这种正面影响不是通过提高对复杂房屋设备的维护与修理费用实现的。
- 最后应降低维护和改造费用：通过选择相应的结构和构件可以降低破损的几率，更好地协调各个建筑构件使用寿命之间的关系，并最大限度地延长单个各建筑构件的总体使用寿命。为保证建筑物长时间经济运行，在进行建造和现代化改造时应运用最新的、经过市场检验并成功推广的技术。

长期的管理策略

从长远角度看，卖方在出售房屋时房地产的价值走向与市场销路对其经济效益起决定性作用。即便是制定短期策略的投资商也会从对长期价值走向的观察中受益，因为购买者作购买决定时，也从他的角度做出类似的考虑并愿意相应地为从长远角度来看更具市场竞争力的房产多掏腰包。因此，考察经济效益一定要考虑建筑物的相对质量的发展趋势及其市场情况(如图3-5)。除此之外，可以通过其他标准——如能否供第三方使用以及在建筑物使用范围内是否可以改变用途，来描述房地产是否具有保值性。

建筑物的相对质量描述的是被观察建筑物与其他建筑物或与当时技术现状相比之下的质量。市场发展描述的是房地产市场的发展情况。其目的是为了表述在不断增长的市场环境下具有较高建筑物相对质量的房地产状况。对应的是右上栏的位置。圆的直径代表建筑物的质量。

因此，现在作投资决策的时候就把未来房地产市场的发展趋势考虑进去并投资节能建筑意义非凡。能源需求量大的建筑物将会贬值，市场对这类房产的需求也会下降。现代化改造可以使既有建筑保有或提高其所占市场份额。

利益相关方的经济效益观察

收益与建筑节能投资息息相关，一定要从各利益相关方的角度对其进行考察。在此需要注意的是，房地产在其全寿命周期内通常被数次转让，特定的利益相关方也只出现在某个特定的时期。卖方只有将买方意愿考虑在内，才能确保其房产的市场销路和价值。

下面从各利益相关方的角度对消耗与收益加以详细阐述。

- 对建筑物进行全面改造的卖方，他们既可以是开发商也可以是承包商。这样，有可能更高的建造费用、设计费用和质量控制费用便为卖方带来了额外的支出。反过来，他们也期待更高的售出价格，以覆盖或者补偿他们用于建筑物节能改造的投资，从而获取更高的利润。为了实现更高的市场售出价，买方的市场需求十分重要，它向卖方传递着建筑物质量的信息，例如对建筑物的能源需求进行认证或出具设备能效水平证明。长期来看，高质量的建筑物会使卖方声誉不断提高，从而赢得潜在购买方更高的信任，其知名度也会因而上升。而且，卖方据此获得了一系列间接收益，诸如：市场风险降低，打开市场更加便捷等。除此之外，还要考虑到对建筑节能的资助。

■ 自行使用房屋及建筑物的业主或买方从节能建筑中受益。一方面，建筑物在能源方面的运行费用降低；另一方面，建筑物对能源价格上涨的抗风险性显著提高，同时舒适度一般来说也会提高。还有一点也很重要，节能建筑的保值能力增强，市场风险降低。根据对德国投资者和承租人的调查结果，预计未来市场对此类建筑的需求将不断增加，与此同时，尤其是能耗大的建筑将面临停滞不前或萎靡的市场，只能十分困难地或者只能以很低的价格卖出。这里，确保建筑市场的规范运营将产生积极影响。

■ 出租房屋及建筑物的业主或买方的直接收益是可以在一定程度上提高租金。在德国，租金的高低主要依据当地的租金水平。对于租金，有关方面逐步开始根据建筑物的能效水平来收取房租附加费。此外的好处便是在“正常”的市场经济条件下，房屋更易出租并且出现出租空档的风险减少。和自行使用房屋及建筑物的业主或买方类似，当他们出售房产时，将会从房产更佳的保值性能和较低的市场风险中受益。对于消耗，除了建造和购买建筑物的投资及融资费用增加外，在某些情况下有可能还要对楼宇设备的维修以及能源的管理支付额外的费用。

■ 一般情况下，运行费用的降低对承租人是有利的。但另一方面，从费用支出来看，承租人又必须考虑到这会导致冷房租的提高。而从使用角度来看，那些经过节能优化改造的建筑物由于能确保达到一些关键的舒适性要求（比如冬季保温和夏季隔热、自然光的优化利用、遮阳技术装置等），因而可以提高居住舒适性，并提高使用者的满意度。

利益相关方的直接与间接收益汇总在图3-5中。

经济效益评估

为了分析建筑节能投资的经济效益，必须把一次性和分期的消耗与收益汇总成一个参数表示出来，这样才能够使不同情况具有可比

利益相关方	消耗（直接/间接）	收益（直接）	收益（间接）
开发商 承包商 （卖方）	－有可能的更高的建造费用[1] －有可能的更高的设计费用 －有可能的更高的质量控制费用[2]	－更高的售出价格 －更高的利润 －有可能得到政府资助 －有可能得到税收政策上的优惠	－降低市场风险 －更易于开发市场/营销更快捷 －形象上获胜，从而建立起长期的更加稳定的市场地位
业主 买方 （自行使用者）	－有可能的更高的建造费用[2] －有可能的更高的设计费用 －有可能的更高的质量控制费用 **或者** －有可能更高的买入价 **使用过程中** －有可能的更高的维护费用	－用于采暖和热水供应的费用更低 －有可能得到政府资助 －有可能得到税收政策上的优惠 －更高的利用率（日后有需要的情况下售出）	－能源价格风险降低 －更好的建筑物保护 －更加舒适/更高的居住舒适度 －更加保值 －更高的利用率（日后有需要的情况下售出）
业主 买方 管理者 （出租方）	－有可能的更高的建造费用[2] －有可能的更高的设计费用 －有可能的更高的质量控制费用 **或者** －有可能更高的买入价 **使用过程中** －有可能的能源管理费用 －有可能的更高的维护费用	－更高的租金	－更易出租 －出现出租空档的风险降低 －更好的建筑物保护 －更加保值 －更高的利用率（日后有需要的情况下售出）
承租人	－租金更高	－用于采暖和热水供应的费用更低	－能源价格风险降低 －更加舒适/更高的居住舒适度 －通过避免黑色霉斑，减少对健康的危害 －有可能简化寻找合适住所的过程

1.建筑物的节能或节能优化并不会自然导致建筑造价的增加。通常情况下，能够在整体预算内部得到重新分配或者与单个建筑构件或房屋设备所产生的额外费用相平衡。

2.对建筑物进行密封性检测以及对外围护结构进行冷、热桥检测。

图3－5 建筑节能投资的直接与间接收益和消耗

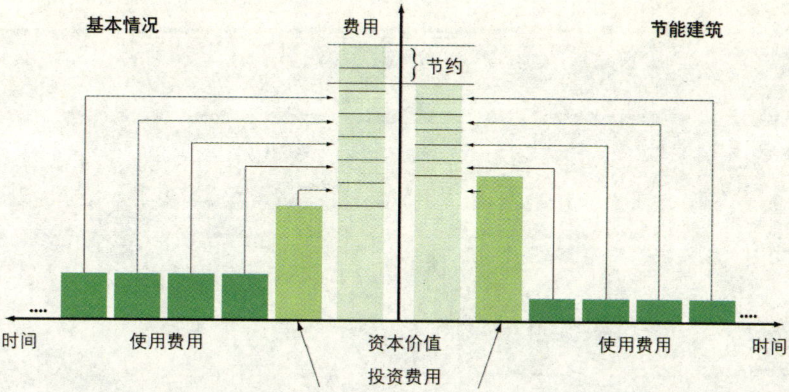

图3-6　没有采取特殊节能措施的建筑和节能建筑（基本情况）的经济效益比较（贴现现金流法）

性。这里采用的是贴现现金流法。该方法的核心问题是：什么是“现值”。“现值”即所谓的现金或资本价值—— 一笔或多笔即将支付的费用。其中，支付期越远，该值越低。通过累加各自消耗与收益的资本价值，可以归纳得到总的资本价值。贴现现金流法的优点是：说服力强、高度灵活③，并且通过运用表格计算软件使应用变得十分方便。也正是这个原因，贴现现金流法作为评估投资的工具越来越多地被应用到房地产经济领域。

图3-6中根据纯量化数据对没有采取特殊节能措施的建筑物（基本情况）和节能建筑进行了比较。虽然节能建筑的投资更高，其使用费用与基本情况相比却明显降低。如果用资本价值来表示各阶段所产生的费用总和，如图示橙色矩形柱部分，那么汇总后可以看出，节能建筑是更加经济的优选项，因为在上例中按照贴现现金流法所评估得出的总费用更低。如果得出的资本价值差不多，那么还是应该优先选择节能优化选项，原因是当经济支出相当时，节能优化可以产生保护资源和降低环境负担的效果。

总结

对建筑节能投资的经济效益进行评估需要考虑诸多因素。这里最为重要的是当前和未来能源价格以及房地产市场的发展趋势，他们对建筑物或住宅的运行费用及其价值影响甚大。今天的节能建筑能够适应未来买方和承租方的需求，因为与高能耗建筑相比，它具有如下优点：

- 一般而言，居住舒适度更高
- 使用寿命更长
- 全寿命周期费用更低

而这些优点又会产生一些联带效应：

- 保值性能更好或升值潜力更高，尤其是面对萎靡的房地产市场更能发挥积极作用
- 树立形象：从长远角度来看，提供这类建筑物和住宅单元的承包商、卖方和出租方将会拥有更好的市场地位
- 增加了利益相关方的利润上升潜力

③在评估中可以包括任意多的消耗与收益部分。除此之外，未来支付金额的不确定性也被考虑在内。

4TH CHAPTER

第4章 建筑节能设计与质量控制

4.1 中国新建建筑的节能设计现状与问题

建筑设计是保证新建建筑达到节能设计标准、实现建筑节能的重要环节。设计部门提出城市规划、区域规划、单体建筑的方案，由业主选定方案。设计部门在城镇建设中起着关键作用。设计院在建筑节能方案制定、材料技术选择中起主导作用。人们已认识到实现城市的总体节能必须从城市规划、区域规划做起，但我国目前对建筑节能的要求上只体现在对建筑的单体设计上，城市规划和区域规划并未涉及节能的要求。从新建建筑设计控制建筑能耗主要体现在两个方面：一是力求实现建筑物本身对能耗的需求降低；二是可再生能源在建筑上的应用，前者有强制性标准要求，后者是由业主自由选择（图4-1）。

4.1.1 新建建筑节能设计现状

建筑节能技术标准是开展建筑节能设计的基本依据。为了推行建筑节能，多年以来，建设部加强标准规范的研发和编制，基本上建立了民用建筑节能设计标准体系，涵盖了规划、建筑、结构、暖通空调、电气与智能、造价等各个专业与节能相关的技术内容，且很多

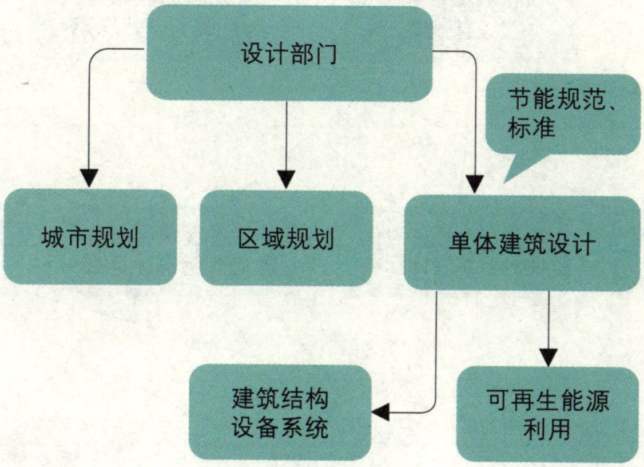

图4-1 建筑设计部门涉及的专业范畴

标准都规定了强制性条文，必须强制执行，对既有的建筑设计单位以及设计模式产生了强有力的推动。以全部为强制性条文的《住宅建筑规范》为例，节能单独作为一章，与结构消防等处于同等重要的地位。

按照建设部《民用建筑节能管理规定》，新建民用建筑应当严格执行建筑节能标准要求，设计单位应当依据建设单位的委托以及节能标准和规范进行设计，保证建筑节能设计质量。按照现行的建筑节能标准，对各类民用建筑提出了明确的节能指标规定，设计人员必须按照相关设计标准满足各项指标的要求。其中包括：建筑保温、建筑物隔热、围护结构内部冷凝受潮验算、热桥部位内表面温度验算、建筑物遮阳设计等。

为了严格执行建筑节能设计标准，提高标准的执行率，建设部于2004年下发了《关于加强民用建筑工程项目建筑节能审查工作的通知》，对建筑节能设计文件的审查提出要求。2005年下发了《关于新建居住建筑严格执行节能设计标准的通知》、《关于认真做好〈公共建筑节能设计标准〉宣贯、实施与监管工作的通知》，将对建筑节能设计标准的监管进一步延伸至施工、监理、竣工验收、房屋销售等环节。2005年和2006年分别组织开展了建筑节能专项检查，严格按照节能标准抽查部分住宅和公共建筑的设计和施工（图4-2）。

节能在建筑设计各环节中已经不仅仅是一种理念，掌握基于节能理念的技术措施与设计手段已经成为建筑设计人员必须具备的基本职业素养。

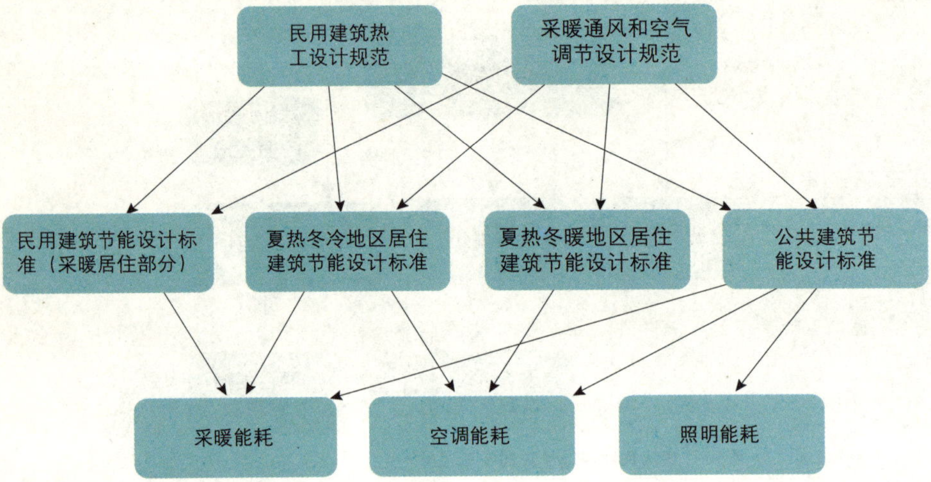

图4—2 规范、标准与节能目标

4.1.2 新建建筑节能设计存在的问题

技术标准体系不够健全

(1) 目前的建筑节能标准被分散到了不同专业的标准体系中，尚没有形成独立的体系，无法做到统筹规划部署相关节能标准的制定和修订。建筑节能涉及各专业学科和建筑物建设及使用等环节，要达到总体的节能目标或某一方面的节能目标要求，其标准技术内容必须统筹部署并充分利用各专业技术，才能实现最大的节能效果，目前实际参与建筑节能设计的专业主要有建筑、暖通空调等专业，其他像结构、智能以及施工等对于节能真正有效执行起着至关重要的作用，还缺乏完善的技术支撑；另外，建筑师参与从事建筑节能的科学研究还不够，导致节能标准在各专业间缺乏连贯性，执行效率有待加强。

(2) 缺乏建筑节能标准的技术配套文件（如技术导则、指南、图集、产品手册等），无法为标准的实施提供强有力的技术支持，从而无法为建筑节能工作的开展适时提供全面的、必要的技术依据。

(3) 标准编制的相关研究工作薄弱，工程实践缺乏，影响了标准的质量，同时标准实施缺乏相关技术和产品支持。

(4) 缺乏建筑节能过程控制和最终的认定、评价与检测标准。由于缺乏权威部门对房屋节能性能的客观评价和能效标识，老百姓自己无法判断房子的节能效果，无法买到想要的节能住宅；政府也没有裁定的标准和依据，导致“节能”成了一些开发商炒作的概念。

规划设计缺乏“节能”意识

目前，建筑节能设计主要是按照建筑节能标准设计，突出体现在单体建筑采取节能措施方面，而规划设计中引入“节能”概念不够，缺乏这方面的技术和人才。规划设计包括城镇总体规划和小区规划。规划设计是源头，从规划设计入手，采用先进的规划设计理念、方法和技术措施，可以降低节能投资，减少能源消耗。例如，通过小区自然环境的合理利用、小区绿化、建筑物朝向和整体布局的合理安排、空气流的有效组织等等，即可达到一定的节能效果。如果在小区规划设计中没有考虑到“节能”，那么在后期的建筑设计中，特别是在施工图设计审查阶段再采取技术措施，以满足节能标准的要求，将增加设计、施工难度，增加工程造价，从而阻碍了建筑节能的推进。

建设部关于贯彻《国务院关于加强节能工作的决定》的实施意见（建科[2006]231号）中提出，要提高城乡规划编制的科学性，从源头上转变城乡建设方式，在城乡规划编制和实施中要充分体现节约资源的基本国策，从规划源头控制高耗能居住建筑的建设。

建筑节能标准执行率偏低

我国各区域气候经济条件差异较大，而目前的节能标准还没有细化考虑各地的经济条件，导致各地标准的执行过程中存在很多问题。总体来讲，过渡地区和南方地区新建建筑执行建筑节能标准的比例相对较低。目前由于建筑节能设计审查制度的严格执行，大部分新建建筑施工图设计都能够达到标准要求，但是竣工后达到节能标准的比例依然不高。

建筑节能标准执行率不高的原因有：一是我国能源价格偏低，业主对能源浪费的危机感和经济方面的压力还没有完全释放出来；二是监督机制不完善，开发商无力承担节能的增量成本（主要是经济落后地区，节能增加的造价可能达到20%），或单纯怀着投机取巧的思想，为了实现投资利益最大化，设计单位在节能方面的考虑和理念也仅成为空想；三是设计人员对标准的理解不深入，或由于结构原因或由于节能产品缺乏导致节能设计不达标。

建筑节能设计存在误区

建筑节能的内涵包含两个层面，一是减少能源消耗，二是科学高效用能。首先，建筑节能作为一种开发理念和政策取向，它不是、也不应该以牺牲建筑物的舒适度和降低其综合性能为代价，而是在保障和提高人民基本生活权益，并满足不同消费群体对建筑的多元化需求的条件下，不断减少对能源的消耗，提高能源利用率。

一方面，不少建筑设计人员认为，建筑节能与建筑创作是对立的，建筑节能必然会成为建筑创作与思想自由的枷锁。产生这种观点，部分原因在于设计人员还在沿用传统的设计模式，对于性能化、精细化的设计方法认识与掌握不足。实际上，建筑节能不会也不应剥夺建筑师对建筑造型、建筑空间的塑造追求，相反要求建筑师不断探索和采用新技术、新材料和新手法，提高自身的技术修养，满足城市形象的要求和人们审美的要求，并赋予建筑以新的内涵。建筑节能不应成为建筑创作的枷锁，而应成为建筑创作的一个新的切入点，应成为一个新的灵感来源。

另一方面，最近几年内节能成为各个开发商热炒的概念，一时间地源热泵、热电联产、雨水回用、中水利用、光伏发电、零能耗等技术成为耳熟能详的词汇，一大批建筑师摇身一变成为绿色、节能、环保建筑的“专家”，节能也逐渐进入建筑设计的主流，不少产品供应商也四处推广其节能产品。但他们对于节能技术基于气候、地域以及经济条件的适用性缺乏充分考虑，导致出现了大量高技术、高成本堆砌的“节能建筑”不节能的案例。目前无论在房地产开发领域，还是在建筑节能的研究领域，存在将节能视为“标签”、“装饰”的浮华之风，而使真正意义的节能建筑失去了发展空间与潜力，也对节能产业的长远发展产生了较大的负面影响。

随着科技的发展和节能实践的深入，各种节能技术、节能设备、节能材料会不断涌现。因此建筑师应保持清醒的头脑，一方面要不断学习、探索先进的技术，另一方面要本着实事求是的精神，采用适用为先的策略。

4.1.3 重视农村住宅的节能设计

农村的住宅，基本上是由农民自主建设，一般不需要由设计部门设计，这部分建筑完全不受国家相关标准规范的约束。农村住宅一般都是坐北朝南的平房，夏季靠门窗自然通风。在北方采暖地区，冬季采暖主要是用小燃煤炉或者火炕，室内舒适性很差，能耗也非常低。随着农村经济的发展，农民收入的增加，对室内舒适性的需求也不断提高。城市周边农村和富裕地区，很多农民家庭夏季使用空调或电风扇，冬季使用散热器或空调采暖，农村住宅的能耗将有较快增长。在农村推广建筑节能，既可以改善农村住宅的居住舒适性，还可以有效控制农村建筑能耗的增长，应该给予关注。农村住宅是否节能取决于业主对建筑节能的认知程度。由于农村住宅的建筑用能完全由业主自己负担，业主主观上有使住宅尽量具备保温隔热功能的动机，关键是做好建筑节能知识的宣传和普及工作。

4.2 建筑物全生命周期环境影响评价方法

4.2.1 建筑全生命周期概念

随着对可持续发展的深入认识，人们希望建立一些方法来更好地认识和评价产品对于环境的影响。根据联合国环境规划署可持续发展的定义,可持续发展是指既满足当前需要，但又不因为满足自己的需求而损害后代人的利益。换句话说，就是指经济、社会、资源和环境保护协调发展，它们是一个密不可分的系统，既要达到发展经济的目的，又要保护好人类赖以生存的大气、淡水、海洋、土地和森林等自然资源和环境，使子孙后代能够永续发展和安居乐业。可持续性涉及的概念非常复杂并有待进一步研究，目前尚没有确定的方法来测定可持续性或确认它的实现。生命周期评价是目前较为合理的判定可持续性影响评价的方法。它的核心理念是对产品系统中前后衔接的一系列阶段，从原材料的获取或自然资源的生成，直至最终处置进行评价。人们可以对各种产品和服务建立生命周期评价（Life Cycle Assessment，简称LCA），即研究产品或服务系统的生命全过程（即从摇篮到坟墓）的环境因素和潜在影响。

LCA方法基本上已为世界科学工作者所接受，成为世界通行的材料环境影响评价方法，并已在ISO 14000国际环境认证标准中规范

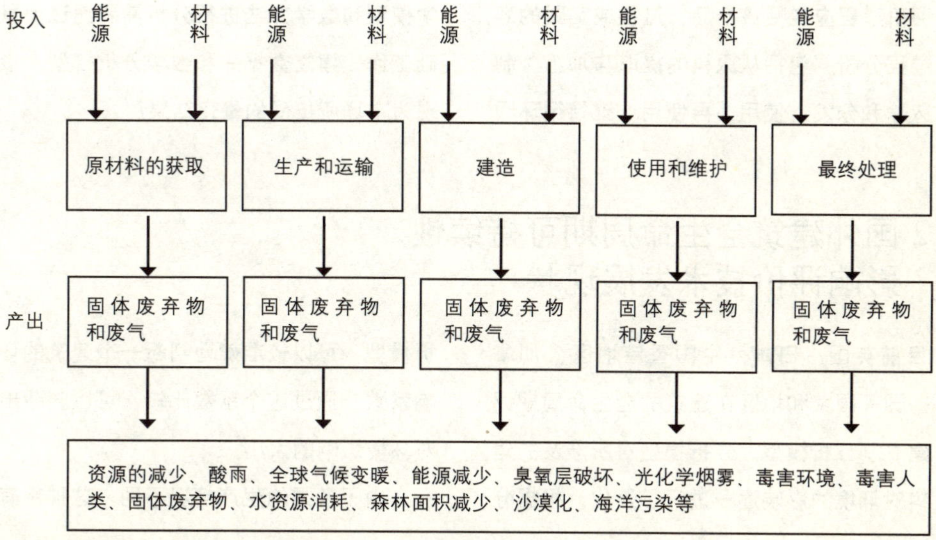

图4—3 建筑全生命周期环境影响评价

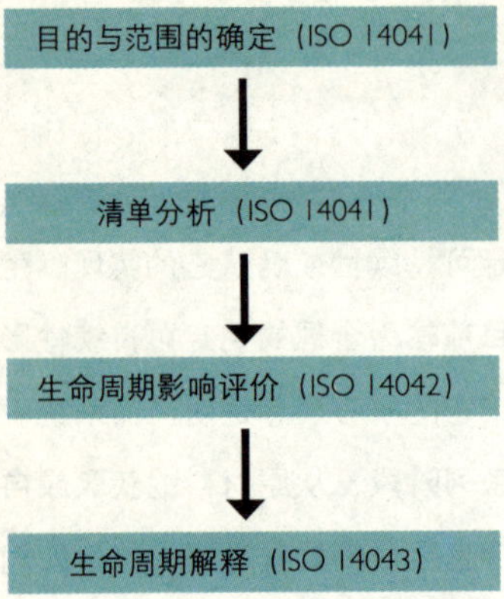

图4—4 全生命周期分析的四个步骤

化，是ISO 14000的系列标准之一。LCA评价体系中采用了数学模型和数学方法。ISO 14040对生命周期评价体系的定义是：通过确定和量化相关的能源消耗、物质消耗、废弃物的排放等来评价某一产品、过程或事件对环境造成的影响；通过分析这些影响，寻找改善环境的机会；评价过程应包括该产品、过程或实践的寿命全过程分析，包括从原料的提取与加工、制造、运输和分发、使用、再使用、维持循环回收直至最后废弃的整个生命循环过程。建筑的全生命周期应包括五个阶段：原材料的提取、生产和运输、建造、使用和维护以及最终处理。

国际标准化组织（ISO）在1997年颁布了国际标准ISO 14040：1997《环境管理——生命周期评价——原则与框架》，随后颁布了ISO 14041：1998《环境管理 生命周期评价 目的与范围的确定和清单分析》、ISO 14043：2000《环境管理 生命周期评价 生命周期解释》以及ISO 14050：2002《环境管理 术语》。我国颁布了相应的国家标准GB/T 24040－1999、GB/T 24041－2000、GB/T 24042－2002、GB/T 24043－2002和GB/T 24050－2002。

我国学者基本上认可LCA方法，并以之作为绿色建材的评价方法，但是使用LCA中的数学模型和数学方法进行分析需要通过大量的基础工作，建立数据库和数学分析模型，最终实现为市场所接受的量化结果。

4.2.2 国外建筑全生命周期可持续性影响评价技术发展现状

目前英国、日本、中国香港地区、加拿大、德国等国家和地区在建筑的全生命周期评价中建立了分析模型。分析模型对所涉及的建筑材料对环境的影响逐一进行了量化。根据分析模型，可以较准确地判断一个建筑的环境影响系数。通过这个系数比较，可以判断出建筑对环境影响的大小。

由于各国的生产情况不同，这种带有温室

气体排放量化性指标的数据库并不能为其他国家所用。如水泥每吨熟料烧成能耗是173.5kg标煤，而世界先进水平的水泥每吨熟料烧成能耗是117.5kg标煤，前者比后者高出50%的能耗量；我国卫生陶瓷每吨综合能耗是400～1800kg标煤，而世界先进水平是238～467kg标煤，前者比后者高出200%能耗量。

英国、日本、我国香港地区、加拿大、德国经过多年研究，已经建立了建材LCA评价评价体系和应用软件。利用软件，用户输入相应的参数，就可以得到建筑的环境影响指标，并以此可以定量判定出哪栋建筑更绿色、不同建筑之间"绿色"的差别是多少。

4.2.3 我国建筑全生命周期可持续性影响评价的意义

建立建筑的全生命周期评价方法，可以比较合理地评价建筑物环境影响。我国现行的建筑能耗评价方法或是评价建筑使用过程中的能耗，如《采暖通风规范》或是《民用建筑热工规范》所提供的计算方法，或是对建筑物作出定性的规定，如《绿色建筑评价标准》，而不是指明一个建筑物全生命周期中究竟用了多少资源、多少能源，排放多少吨CO_2，排放了多少有害气体、有害固体废弃物，用了多少水，排放了多少废水等等。

建立建筑全生命周期可持续性影响评价方法，可以推动整个建材行业的技术进步。由于这种方法涉及建材产品的综合能耗和环境影响指标，对于最终的评价结果有非常重要的影响，它引导建材行业向能耗较低和环境影响较小方向上发展，缩短我国在生产过程中能耗与发达国家的差距。

建立建筑全生命周期可持续性影响评价方法，可以为建筑的选材提供可靠的依据，引导人们选择使用环境影响低的材料，避免使用对环境影响较高的材料产品。这种评价方法可以指导人们选择能耗和环境影响指标较低的材料。

建立建筑全生命周期可持续性影响评价方法使各国在国际标准下对建筑作出比较可信的可持续性影响评价成为可能。各国有多种评价建筑的方法，这些方法出于不同的目的，采用指标五花八门，但是建筑全生命周期可持续性影响评价方法的指标应该是一致的。

建立建筑全生命周期评价可以促使开发商选择对环境影响较低的材料，使建筑物满足合理的建筑性能，引导建筑形式向更符合环境可持续发展方向发展。

4.2.4 建筑全生命周期可持续性影响评价环境影响

由于人类活动造成的环境影响很多，如资源的减少、酸雨、气候变化、能源的减少、臭氧层减少、光化学烟雾、毒害生态环境、毒害人类、固体废弃物、水资源消耗、森林面积减少、沙漠化、海洋污染、生物多样性减少，某些生物物种泛滥等。用于进行建筑全生命周期可持续性影响评价的因素，各国多有不同。我们建议采用香港大学的方法，将环境影响因素设定为10种，它们分别是酸雨、气候变化、能源的减少、臭氧层减少、光化学烟雾、毒害生态环境、毒害人类、固体废弃物、水资源消耗。这里的建筑全生命周期可持续性影响评价涉及正效应和负效应。

正效应

吸收有害物质，如利用燃烧化石能源而产生的SO_X制成脱硫石膏和混凝土碳化过程中从空气中吸收CO_2。

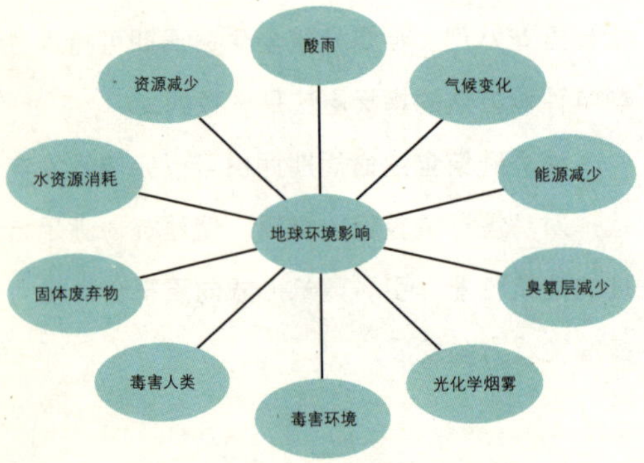

图4—5 建筑全生命周期影响因素

负效应

人类生产活动的影响有很多方面，香港大学的研究成果将之归纳为10个方面。

资源的减少

包括消耗矿物原料、砍伐森林等。资源的减少可以直接导致生物多样性的减少和自然环境的破坏。

酸雨

由于燃烧化石能源而产生的SO_X和NO_X会产生酸性化合物，如硫酸和硝酸类物质，包括氨气、盐酸、氟化氢、氮氧化物和硫化物。它们造成在有雨、雪或雾的天气条件下产生酸性降水。酸雨造成的主要危害是使淡水湖泊的水酸化，使湖水中的鱼类数量减少；可能影响土壤的理化特性，从而影响土壤中小动物和陆地绿色植物的生长发育；可能影响森林的生长物质，粮食减产；酸雨会造成建筑物、文物、金属材料的腐蚀和人体健康的危害。

气候变化

气候变化是由温室气体造成的。温室气体主要包括二氧化碳、甲烷、臭氧、氮氧化物、CFCS等。这些气体的产生可能是由于化石能源的使用、土地用途的变化等引起的。全球气候变暖与荒漠化、海平面提高、传染病的传播机会增加、暴风雨、洪水、飓风等灾害相关。

能源的减少

我们使用的能源如火电、煤、城市煤气、汽油、液化气等属于不可再生能源。它们都是由石油、煤炭、核能、天然气等一次能源提供的。主要的一次能源像石油、煤炭等化石原料，是由地质时代动植物的残骸形成，当然就不是用之不竭的。能源的枯竭会给人类生存造成巨大影响。能源的减少还会破坏森林、影响生物多样性。人类开采矿物能源会对自然环境造成不同破坏。

臭氧层减少

臭氧层可以吸收太阳紫外线。臭氧层减少是由人类制造的化学品引起的。这些化学品主要是氯化物和溴化物。含有氯化物和溴化物的不稳定气体到达大气平流层，造成了臭氧层的减少。我们使用的冰箱、空调、喷雾剂、溶剂、CFCs、HCFCs、包装材料、保温材料等含有这些物质。臭氧层减少会造成皮肤癌、破坏草木，也会造成全球气候变暖。

光化学烟雾

光化学烟雾是在城市污染大气中特定天气条件下发生的一种特殊现象，是大气中气一粒转化过程，是气相物质经过光化学反应急剧地向颗粒物质转化的结果。光化学烟雾的主要成份是NH_4NO_3、有机硝酸酯和复杂有机化合物。气相反应物主要是氮氧化物和碳氢化合物。

污染大气先要经过光化学反应产生高浓度的O_3或是OH自由基，然后产生光化学烟雾。光化学活性成分有NO_X、CO、氧硫化碳（COS）等，它们可能引起O_3浓度增加和产生过氧乙酰硝酸酯（光化学烟雾的主要成分，英文简称PAN，分子式为$CH_3COO_2NO_2$）。不同的碳氢化合物产生臭氧的水平不同，NO_X和挥发性有机物（VOC_S）能够控制光作用下的氧化过程。

低空臭氧对局部或是区域甚至全球范围内有着重要影响。光化学作用产生的臭氧、氮氧化物、过氧化氢和醛类与谷物欠收、哮喘病及呼吸道病症状有关。

毒害生态环境

某些物质排放对生态环境产生了负面影响。如排放到水或是空气中的磷酸盐造成了土壤或是水体的富营养化，可以导致水华现象，直接造成对生物多样性的破坏，影响人类或其他生物生存，甚至造成动植物种群的灭亡。如近几年太湖发生的藻类暴发，直接影响到了周边人们饮水供应困难，鱼类死亡。

毒害人类

由于人类活动造成对空气、水和环境的变化而形成对人类健康的有害影响。譬如暴露在水银中可导致人体健康在多方面受影响：视力模糊、丧失听力、说话含糊不清、四肢麻木、肾衰竭。

固体废弃物排放

材料失去了经济利用价值，一些低价值的产品被浪费掉了。

水资源消耗

地球中饮用水是有限的。水资源的减少会对周边环境产生巨大的影响。人类取水可以造成对地质结构的破坏和对水源的污染。

4.2.5 我国建立建筑全生命周期可持续性影响评价所面临的困难

没有建筑材料环境影响数据库

由于没有可靠的建材能耗和环境影响指标，几乎不能实现对建筑的全生命周期的评价。我国建材产品中的水泥、玻璃、陶瓷、钢材有行业统计的生产能耗，而更多的建筑材料没生产能耗统计。

建立建筑构件环境影响数据库困难

我国尚未建立完整的建筑材料或构件生产环境影响数据库，不能直接选取某一厂商的数据作为行业数据。为了建立某种建筑材料或构件的数据，必须进行统计，选择合理的数值。

4.3 德国在节能与可持续性设计方面的经验(居住/非居住类建筑)

随着保温法规的引入和节能法规的进一步发展，在过去的几年里，新建建筑的供热需求和随之产生的供热能耗大幅降低。如今，节能法规框架下的低能耗建筑标准已经成为几乎所有居住建筑的标准。并且，出于对经济和环境等方面的考虑，实际的实施情况甚至远远超过了标准的规定。除此之外，还发展了诸如被动式房屋等新的房屋类型，即全部利用被动式能源（太阳能和余热）进行供热。锅炉或其他供热源在此只作为漫长严寒期的储备系统。

期间，良好的保温措施和楼宇设备对室内的热量贡献使得非居住建筑尤其是办公类建筑在热量方面的需求几乎可以忽略不计，而这些房间的制冷需求相对却越来越高。制冷与空调用能占建筑物总能量需求的比例不断加大，这种情况急待改善，而这一发展趋势也将推动节能规范的进一步完善。

节能建筑除了运用新技术，还需要配合一种新的设计过程。这需要对建筑物的所有组成部分进行整合式设计，即把建筑物作为一个整

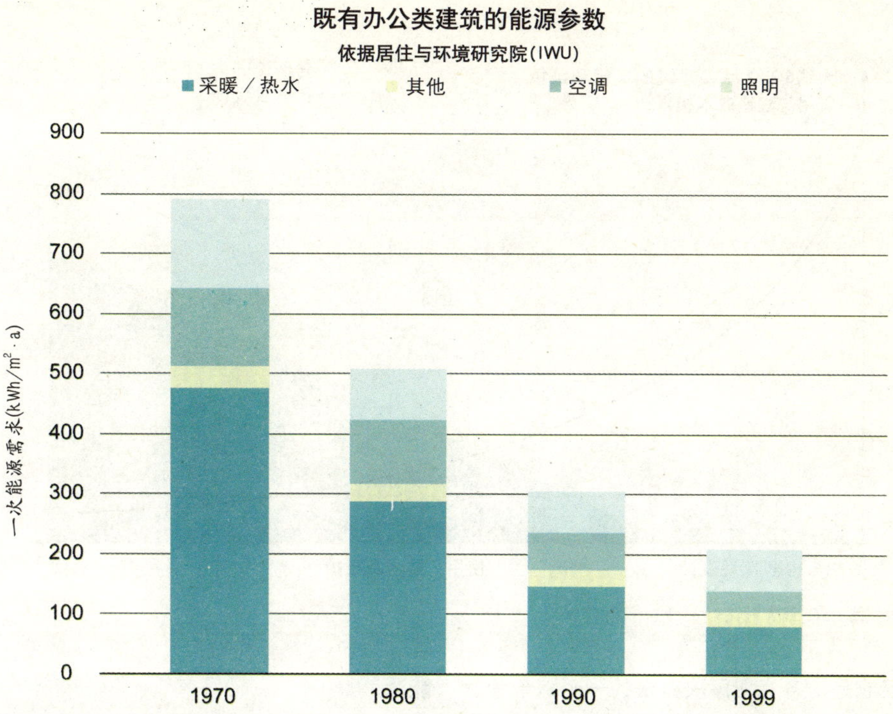

图4—6 过去40年办公类建筑一次能源需求的发展历程

体来考虑并进行优化。只有这样才能够实现建筑物的整体节能。

具有团队精神的整合式设计

设计绝不是各不同工种的简单叠加，它对不同专业、业主和使用者之间的配合提出了更高的要求。在此，业主起决定性作用，因为他为经济和能源定下了目标。业主和项目管理者必须定义和分配设计团队的工作。

在此，要从建筑物的全寿命周期来观察未来的建筑。建筑物各不同阶段（从设计到回收/处理）的经济和能源因素都将影响决策。

团队式或整合式设计的重点与传统设计有所不同。其初步设计阶段的设计工作明显比传统设计要复杂得多。设计的第一阶段就要考虑到建筑物的全寿命周期并进而影响决策。

图4-7 显示了受影响度和项目发展过程所产生的各种费用之间的关系。细线表明总费用的走向，即各阶段所产生费用的总和。单个填充面积分别代表各不同阶段所产生的费用总和。

用整合式方案代替独立的解决办法

在整合式或团队式设计过程中，需要了解截然不同的专业之间解决办法的相互关系。这里，决策是在设计过程接近尾声的时候才作出

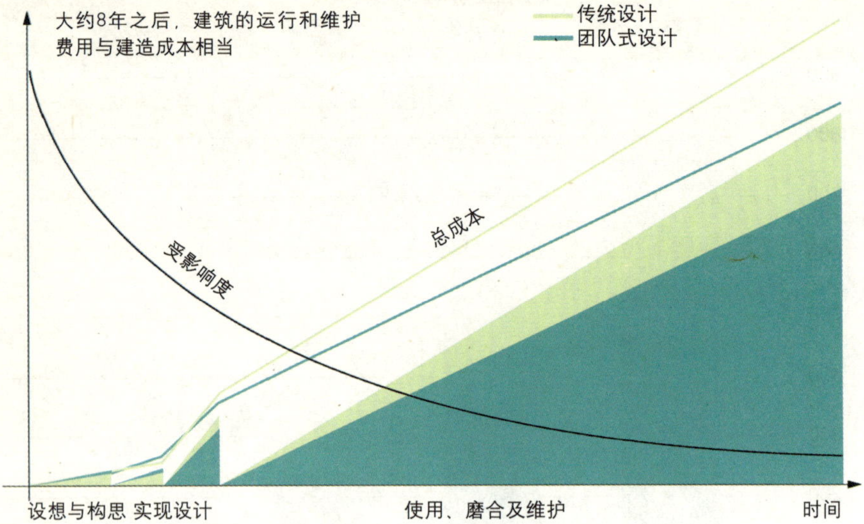

图4-7　团队式设计／传统设计比较

的，并且它是对各专业解决办法的一个综合考虑。与此相反，在传统的设计过程中，通常很早就忽略或否定了各种解决办法。而事实上，在整合式设计过程中，完全可以将这些解决办法综合地考虑进去，进而很有可能找到最具价值的解决方案。

项目说明书作为主要实施方法

整合式设计最重要的方法即明确定义项目的目标（说明书）。要结构分明并清楚地定义出具体要求，以便让项目所有参与方都有一个明确的概念（图4-8）。

说明书在设计过程中也要适应进一步的发展需求。它应该包括如下内容：

业主的意图

实现业主目标所涉及的功能、能源、生态和经济性等问题

能源

确定热量、冷量、电和水的能量参数

环保材料

材料与建筑结构的选择标准

对未来建筑的要求

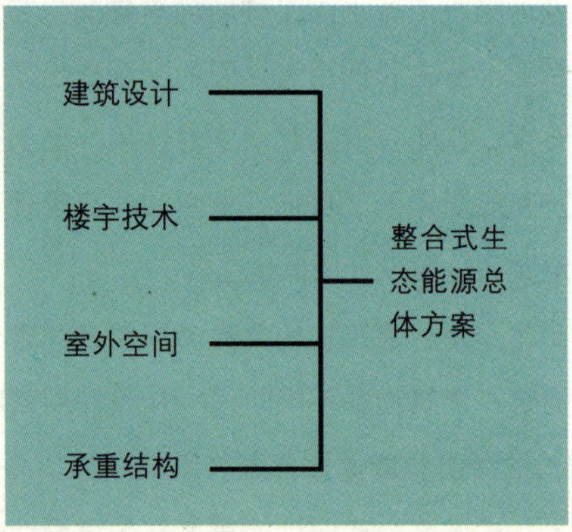

图4-8　以生态和节能整合理念为目标

建筑设计

面积权衡、冬季保温与夏季隔热、日光的利用、室内气候环境、技术及实施要求

楼宇技术

采暖设施的要求及说明、空调设备、制冷系统、厨卫设备、电器、楼宇自动化技术

空间

对土地开采、地下水、渗透、种植绿化等方面的要求

运营

楼宇管理说明（如能源管理、建筑物保洁、给排水等）

说明书作为一种整合式设计方法，把相关要求和决定总结起来。最后它也是质量管理和工程立项的重要途径。

对说明书不断进行更新与控制并在贯穿整个施工直至竣工过程中贯彻落实至关重要。在工地上，即便是小小的突发奇想的决定，如果不了解它们之间的关联性，其整体理念也将受到严重削弱甚至完全无法得以实施。

节能建筑的一个基本步骤是对业主提出的设计任务给予明确定义。任务提出越精确，越容易达到最佳节能效果。在使用（室内空间设计、运营）或目标制定方面的任何模棱两可都将削弱节能优化效果。改变设计任务意味着重新确定设计过程或者降低节能效果。

全球范围内经济与生态间的紧密联系使得未来的建筑必须向着“少即是多”的方向发展。这里，对生态与经济的要求同等重要。因此，为了降低能量需求、保护环境，既要考虑运用成熟和传统的材料与技术，又要运用新材料与新技术，这一点十分重要。并且从新建城市空间的方案设计阶段就要开始考虑，一直到选择节能技术设备为止。

首先，节能要求一定要符合当地气候条件和城市空间的要求。目的是最大限度地积极利用当地气候条件，使之服务于城市空间，将消极影响降至最低。这里，要因地制宜地发展不同的系统和解决方案，因为各地情况迥然不同。

需要考虑如下影响因素：

- 为解决城市空间通风问题，要考虑当地的风向系统（山区和峡谷风、平原风和海风），无需重建道路（图4-9）
- 城市空间的自然通风，避免夏季的炎热堵塞
- 尽可能利用太阳能，避免建筑物间的遮蔽
- 设置绿化带，以缓冲城市空间的升温，对建筑物和空地进行绿化

以上因素需要互相权衡并根据不同情况进行评估确定。

对设计资料进行评估需要借助风向分布、阳光照射参数、夏季及冬季的室外温度等作为确定热量需求和冷量负荷的基础。借助阴天照明强度的日走向和年度走向优化城市空间的日光。

以上信息有部分包含在设计标准中，或者可以从当地具体的气象数据库中调出。

这些参数在建造设计/规划设计过程中就需要加以考虑。彼此靠近的建筑物一方面可以互相遮阳，另一方面却阻碍了城市空间的通风，进而导致环境升温。这里需要认真权衡不同的影响因素。哪种建筑形式最适合当地气候条件，典型的历史性建筑物是一个明显的启发。

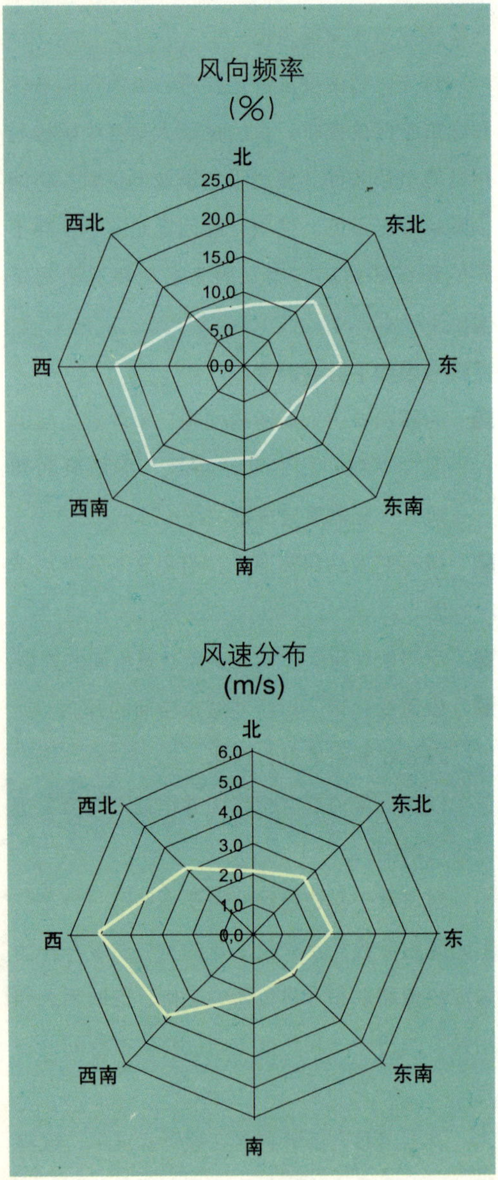

图4-9 德国慕尼黑风向分布与风速实例

过去的世界建筑大师们因地制宜地发展了当时的建筑形式。这种建筑形式和建筑物使用功能可以进一步发展，古为今用。这并不意味着应该复制过去的建筑风格，但是气候条件在今天的多数情况下没有变。通过集中研究与分析，能够设计出符合当今状况的优化建筑物。

基本上，通过建筑形式就能确定建筑物的热量需求和冷量负荷。

建筑形式

在城市建设的概念设计阶段就必须注意到一些主要的生态因素，以实现城市自然通风和降低城市空间升温的目的。因此，热量需求或冷量负荷的取值在一开始就得到了限制。

图4-10 显示建筑物位置与建筑形式对热量需求的影响。同样也可以看出它们对夏季热量获取的影响。

通过建筑物的房间布置以及改变建筑物外表面积和其所包围的体积之比就可以降低热量需求而节能。建筑物朝向尤其是外墙窗户的位置和面积对被动获取太阳能和夏季太阳能辐射产生根本性影响。

图4-11表明建筑物外表面积与其所包围的体积之比和各简单几何图形及其图形分割的热量需求之间的关系。各图形代表相同体积的建筑体块。根据不同的建筑形式和建筑物外表面

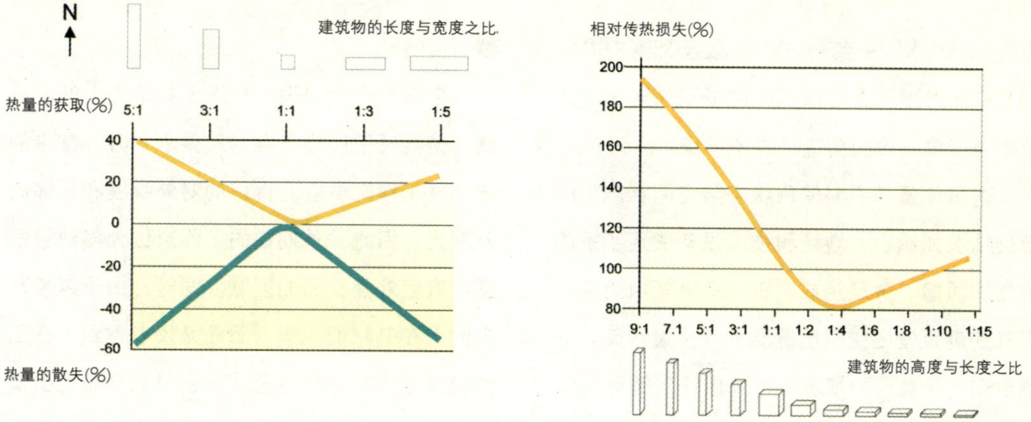

图4—10 建筑物位置与建筑形式对热量需求的影响

积，可得出热量需求的相对百分数值。

热舒适度要求

建筑物主要用于解决人们的居住问题和工作场所问题。因此，如何达到室内的热舒适度进而提高人们的工作效率十分重要。

当室内的人们对其周围的空气温度、湿度、气流和热辐射等感到舒适的时候，也就达到了热舒适度的要求。

热舒适度和室内空气质量受到如下几个因素的影响：

- 室内的人们
- 空间及表面结构
- 采暖和空调装置

其中，居室区域里的空气流速十分关键。在办公室内，应尽量避免座位区域出现穿堂风现象。这就要求通风口的位置和样式都应合理，并尽量使用空气流动速度较低的系统，如风源系统，这类系统可以将新风直接输送到使用者逗留的区域。空气湿度不

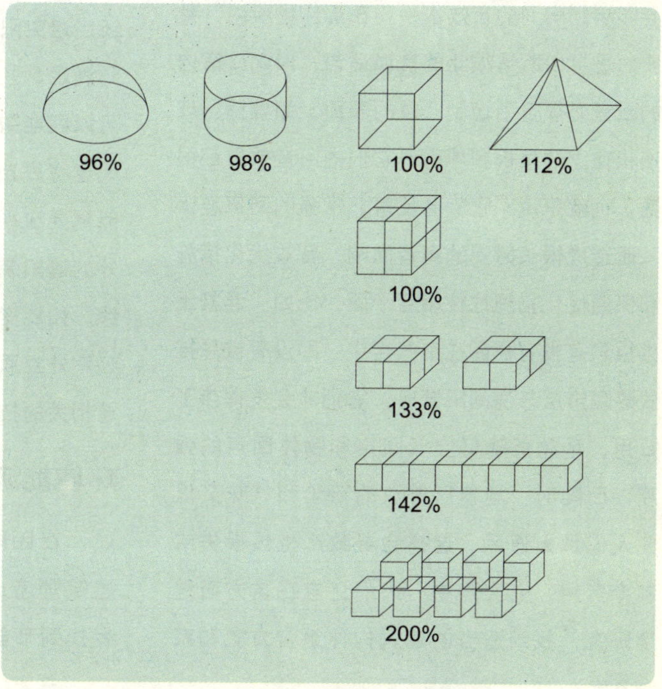

图4—11 在体积相同情况下，各种建筑形式的不同热量需求

应超过11.5克水/（千克干燥空气）以及65%左右的相对空气湿度，在冬季则不应低于30%～35%的相对湿度（否则会造成嗓子干燥）。

进风质量和不同使用状态与空间状态下的污染情况如织物、地毯和技术设备决定了室内空气的质量。进风组成应该以室外新风为主。只有在满足室内空气质量要求（少量污染）并需要引入热负荷的情况下，才应使用循环风。

其他评定舒适性的标准

■ 音效

室内的音效状况会极大地影响到用户的舒适感和工作效率。除从窗户或通风道传入室内的室外噪声之外，房间的大小、形状和表面也会影响到房间的音效水平。在工作场所内，重要的是可以听清彼此的言谈话语。因此，室内的回音必须得到控制。硬的表面，如墙壁、玻璃和独立的楼板和地面，它们的回音效果都很强，也就是说，它们会反射非常强的回声波，从而造成很长时间的声音回响。音效优化措施和保温优化措施往往相互矛盾。比如，混凝土楼板只有当它裸露在空气当中，即没有被悬挂式的隔声层与房间隔开时，它们才会发挥热工效用。地毯能降低空气回声和物体回声的强度，而同时，地毯所排放的粉尘和气味又促使人们加大通风，这样会导致产生热损失或制冷费用。在实践中，人们还应在这方面继续研究，找到适当的建筑构件组合方式和系统方案。

■ 自然光

自然光也会在很大程度上影响到人的舒适感。德国《工作场所准则》要求，办公室中的长期性工作岗位应有良好的对外视线和足够的自然光。因此，长期性的工作岗位大多数被设置在靠近外墙立面的区域。同时，由于越来越多的人在电脑前工作，因而必须考虑到人在工作岗位上不能有炫目感。光密度的分布也要适度，这样才能确保不会导致工作疲劳。如果外立面的光密度和电脑屏幕的光密度相差过大，人就不得不持续调节自己的眼睛，从而迅速产生疲劳感。在这种情况下，一般都应设置防眩目装置。应尽可能充分利用自然光，这可以减少人工照明的电能需求。而与此同时，在夏季还应避免阳光直射，以减少制冷负荷。要想找到满足这些有些相互矛盾的要求的解决办法，可以因地制宜地设计外立面的布局，比如安装天窗将日光导入室内，即使在这种情况下有可能需要在视觉范围内安装防眩目装置。设在室外的遮阳装置在关闭时也不会阻断室内人的视线。如能安装固定的遮阳装置，同时避免将办公室外立面设置成东向或西向，那么便无需安装相关的技术设备。

环境能源的使用

在团队式设计过程中，要求工程师和建筑师考虑全面，共同为业主及日后使用者找到节能解决方案。

总之，当今的设计要对影响建筑物内

外部所有因素的关联性有精确的了解，并能更好的分析和实现业主的愿望。分析包括对外部空间的准确检测，并使其向着对建筑物有利的方向发展或降低其对建筑物的消极影响。

通过对土壤、绿地、水和空气的有效利用，可减少建筑物楼宇设备的使用，从而节约能源费和运行费。

室外空气

如果室外空气质量与空气温度满足要求，应尽量自然通风。

土壤与地下水

地下水是非常理想的冷热源。利用地源热泵可以实现对建筑物供暖。夏季，地下水可以直接用于建筑物制冷。

如果没有足够的地下水或温度不适宜，应检测通过地源埋管、地热探头和空气源埋管等间接方式利用地热的可能性。

室外绿化

如果室外绿化设施设计得当，将在夏季为建筑外墙提供自然遮阳。这样，外墙表面升温缓慢，制冷负荷降低。为了能够利用太阳能在冬季对建筑物供暖，秋天要对绿化设施进行修枝剪叶。

除此之外，树木与灌木的优势是，它们在挡风的同时，也提高了建筑物的保温性能。

4.4 建筑施工过程中质量控制与项目管理对于节能的意义

在能源价格不断上涨和资源日益稀缺的今天，高质量项目管理的一个突出特点是：在项目开发阶段就向业主阐明高效节能项目必须既要考虑可持续性、也要讲求经济效益，并向业主指明如何实现建筑物的高效节能。

从初步设计到竣工交付的每个项目阶段，质量保证工作都非常重要，一般由项目经理专门负责。在建设过程中，如要确保质量保证切实可靠，下列工作步骤尤为重要：

计算建筑物的特性数据

第一项工作步骤是测算和汇总建筑物在能源经济方面的特性数据，作为考量能源效率的基础。

通过对建筑物特性数据与能源效率设计参数进行比较，能够做到提前采取有力措施，或者视具体情况对已经开始的设计步骤加以修正。

决策

由于业主在所有的项目阶段都拥有决策

权，所以项目经理应当事先找到快捷的决策途径。这对于质量保证工作也大有裨益，因为快速而明确的决策可以保证设计流程快速、高效并具有连续性，从而实现尽早开工。

条理化的决策过程

良好的准备工作是进行决策的前提条件。所以项目经理必须设法完整和及时地准备多个决策备选方案，与决策建议一起及时书面提交给委托方。其后，项目经理要督促委托方及时作出决策，并告知决策太晚可能引发的后果。为此，需要对决策过程进行管理（图4－12）。

为了对决策过程进行分类和分析，人们研究出一种包含以下要素的六维决策机制：

- 决策类型
- 设计范围
- 设计阶段
- 决策层面（比如建设委员会理事会、理事会主管成员、项目主管、子项目主管）
- 决策优先次序
- 建筑物构件

每个具体的项目都按上述要素将决策的事实情况进行归类，其中不仅涉及设计范围，而且涉及DIN 276中规定的建筑物构件。要按规定的标准对数据进行选择和分类。

关于在使用、设计和结构类型等方面的决策，可采用以下简化的条理化决策过程：

- 对项目参与人（目标设计员和专业设计员）提出书面要求，以便编写决策草案，并提出草案的提交期限
- 检验决策草案是否与项目目标和特殊规定相符
- 分析和评价备选方案，并向委托方提供决策建议
- 规定委托方作出决策的期限
- 检查委托方遵守期限的情况
- 在项目会议中公布委托人的决策结果，并记录在纪要、措施目录和决策目录中

所有的决策方案对待建筑能源效率的影响都应事先检查。

同时还应检查决策对施工进度的影响。在施工阶段和运营过程中，如果仅凭主观臆测进行节能，很可能会由于使用了错误的或者复杂的建设工艺而导致建筑物的质量下降，反而造成能源浪费。

施工进度

施工进度设计

项目经理应提前规划好施工进度，要特别注意施工速度、效率和质量之间的平衡。

如果施工进度过快，常常会导致施工缺陷，因为在短时间内无法达到必要的质量水平，而大量的返工会耗用其他资源。

施工时，必须为吊车、照明设备和建筑工地其他设备供应能源，如果施工进度太慢，会不必要地提高此类能源的供应成本，同时也会不必要地提高占用设备和材料的费用。

而最佳的施工进度不仅应关注业主的利

益，还要在施工阶段注意能源消耗，同时考虑设计流程，从而使项目设计不仅符合当时的需求，而且具有较高的建筑质量和施工可行性，并充分利用施工单位的各项资源。

利用检验清单进行质量保证

在施工过程中，项目管理人员应定期进行和督促质量检查。只有这样才能做到全方位的质量保证。

此外要对与能源相关的建筑部件进行专门的质量检测，检查和记录是否符合设计中的质量规定。要尽早发现施工错误或缺陷，以便用较小的代价对其加以纠正。

在相关专业设计师的支持下，项目经理提前为特定建筑物和客户编制质量检验清单(图4－13)。

参与各方都能通过颜色标记迅速对施工质量得到全面了解。

质量特征：

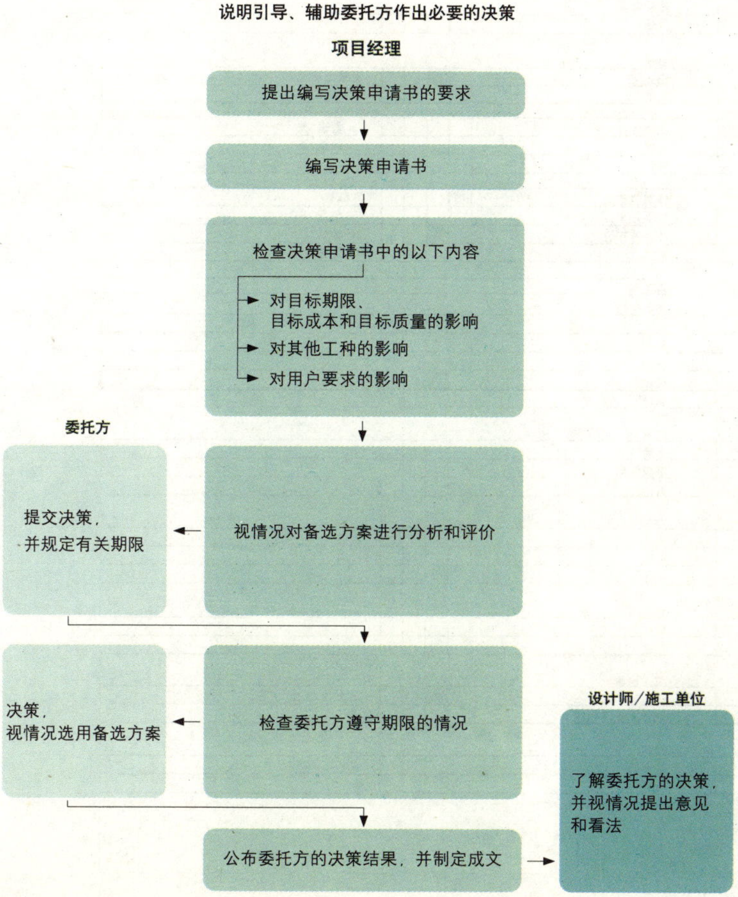

图4—12 流程图：条理化的决策过程

项目名称、地址：举例		
建筑部件的状况	良好 合格 差 不合格	质检日期：年月日
1	建筑部件：xxx	

		建筑部件的状况				备注
		良好	合格	差	不合格	
2	**建筑围护结构**					
2.1	楼层数量					
2.1.1	地上					1
2.1.2	地下					0
2.2	结构		■			砖混结构
2.3	外墙立面和饰面			■		灰泥
2.4	外墙清洗设备					无
2.5	窗户					
2.5.1	铝/塑钢		■			铝
2.5.2	防眩装置					无
2.5.3	遮阳装置					无
2.5.4	其他					无
2.6	屋顶					
2.6.1	描述		■			混凝土石屋面
2.6.2	其他					
2.7	电梯数量					数量 无
2.7.1	货梯					数量 无
2.7.2	其他					无
2.8	停车位数量					22数量
2.8.1	地下停车位					数量 无
2.8.2	地面停车位		■			22 数量
2.8.3	其他					2 数量 无
3	**竣工**					
3.1	公共区域					
3.1.1	描述		■			
3.1.2	其他					
3.2	房后					
3.2.1	描述		■			
3.2.2	其他					
3.3	内墙					
3.3.1	石膏板			■		
3.3.2	墙壁涂料			■		
3.3.3	其他					
3.4	地板					
3.4.1	描述				■	瓷砖
3.4.2	描述					
3.4.3	描述					
3.5	天花板					
3.5.1	描述			■		
3.5.2	描述					
3.6	卫生设备					
3.6.1	描述		■			男士 6 女士 卫生间
3.6.2	残障人士卫生间					无
3.7	厨房设备					
3.7.1	茶水间					无
3.7.2	餐厅					无

签字：

图4-13 施工质量检验清单

- 绿色：良好，无需返工
- 蓝色：合格，必须稍作返工
- 黄色：差，必须作大量返工
- 红色：不合格，需拆除并新建

总结

质量保证工作在前期设计研究阶段就已经开始，并越来越多地考虑使用节能高效的建筑材料和部件。

在设计阶段就应考虑如何提高施工过程的效率，从而提高建筑物的质量。

在这方面，项目经理起着举足轻重的作用，因为在所有的设计阶段，都需要仔细研究和检查能效的各个方面，只有这样才能实现质量和能效的结合。

5TH CHAPTER

第5章 节能技术手段

5.1 中国现有的主要建筑节能技术及存在的问题

建筑物的建筑节能技术内容主要涉及：建筑外围护结构节能技术、建筑供热制冷系统和建筑设备节能技术、可再生能源在建筑中的应用技术。而建筑外围护结构节能有：外墙保温隔热技术、门窗节能技术、屋面节能技术和地面、楼板及楼梯间隔墙节能技术等等；建筑供热制冷系统和建筑设备节能有：热电冷联产技术、供热系统调节控制与热计量技术、空调系统变频控制技术、热回收技术；可再生能源有：太阳能（包括光热、光电）利用技术、浅层地源热泵（包括土壤源、地下水源、地表水源、污水源）和太阳能源热泵技术。

5.1.1 建筑外围护结构节能技术及存在问题

外墙保温隔热技术基本情况

外墙保温隔热技术应用

我国建筑以混凝土结构、砌体结构及混合结构体系为主，由于这些结构形成的建筑自身特点，在实施建筑节能时通常采用外墙附贴保温隔热系统构造的方式。在20世纪90年代，为了满足节能50%的建筑设计标准要求，国内企业引进国外节能技术或对其进行改造后组织生产用于建筑物的节能，这方面的技术有EPS薄抹灰外墙外保温系统、机械固定EPS钢丝网架板外墙外保温系统等，还有国内独立研发的技术，如胶粉EPS颗粒外墙外保温系统、EPS现浇混凝土外墙外保温系统。这些技术系统的应用工程已达上千万平方米，有的应用已超过上亿平方米，技术比较成熟，标准配套，代表了我国当今技术主潮流。

随着我国部分先进地区开始执行节能率达65%的建筑节能标准和公共建筑节能标准，最近几年国内研发了挤压聚苯板（XPS）外保温技术、胶粉聚苯颗粒复合外保温技术以及聚胺酯（PU）高效外保温技术，这些技术正在日益成熟；但是应该注意的是：在工程应用挤压聚苯板系统时不能使用普通挤压聚苯板和再生板，应该使用墙体专用板；而聚胺酯技术目前仅以现场喷涂和专用板薄抹灰粘贴技术比较成熟。

目前部分技术系统正在进行提高系统防火性能研究和系统装配化做法的研究，有些研究已经完成并实施了工程试点示范，完善后的新系统将在公共建筑节能和既有建筑节能改造方面有很好的应用前景。还研发了以矿（岩）棉、玻璃棉、膨胀玻化微珠、泡沫玻璃保温系统为代表的无机保温材料外保温系统，现正在开展工程试用和推广。还有一些企业正在研究解决外墙外保温系统上贴瓷砖的技术难点。这些技术还需要进行更多的研究工作才能可靠地应用于工程。

与外墙内外保温系统同时存在的还有以加气混凝土墙体、保温夹心墙系统、现浇砌模墙体为代表的结构墙体保温系统（又称为自保温技术系统）。

工程应用中常见的技术质量问题

我国的外墙保温技术发展迅速，但是在质量保障和规范管理方面，还刚刚起步。管理部门、生产、设计和施工应用单位在认定技术时存在注重控制材料产品性能,忽视进行系统性能控制的倾向；生产、研究、施工的技术理论研究薄弱、工程经验缺乏、实验和验证方法不统一，到目前为止我国没有组织外墙保温技术系统的工程实际验证工作，所有的质量、耐久性能都依赖于实验室条件下的实验验证；同时相当数量的开发商对待建筑节能仍然抱应付和消极的态度，使得质次价低的产品在低价中标的做法下占有市场；最突出的问题就是各环节不能严格按标准生产、销售、施工。

- 统一检测标准、检测方法　目前在国内能够进行大型耐候性试验的单位并不多，而且进行试验的方法、条件和工作程序不统一，导致试验结果和认定不一致，这就为不成熟技术产品进入市场开了方便之门。
- 规范设计　设计、施工单位对保温隔热技术缺乏了解，对相关技术产品标准缺乏培训，出现设计不合理、施工质量低下的保温隔热工程。
- 完善防水隔潮性能　随着建筑节能要求提高，在低能耗和超低能耗建筑设计中现有外墙保温隔热系统可能会出现露点，因此外墙保温隔热技术产品下一步应研究隔潮层的设置。

- 改变目前保温隔热材料以有机材料为主、以石油化工产品为主的局面 建筑节能的最终目的是为了节约石油、煤炭资源，但是目前大量使用的外墙保温隔热材料、门窗材料、屋面材料都来自石油化工产品，对石油化工依存度高和大量使用又反过来占用了能源资源的消耗；因此应该关注、支持无机保温隔热材料的研发和应用，而现阶段更应该关注、支持有机石油化工保温隔热材料的循环利用、替代利用技术的研发和应用，例如植物多元醇生产技术。
- 组织科研力量，认真研究适合我国国情的外墙保温隔热技术与产品 组织国家和地方科研力量进行研究开发，最终形成性能高中低档搭配，形式有外墙外保温、外墙内保温、外墙结构自保温，拥有多种材料、多种性能的，能分别适合我国北方寒冷干燥气候和南方温暖潮湿气候的房屋工程特点的外墙保温隔热系统。

门窗技术基本情况

节能门窗技术应用

(1)窗户

建筑外窗由多种不同材质组装而成，其热工性能也各不相同；由于窗户的生产及应用技术、密封技术、遮阳技术和安装技术水平的不同，受窗框型材材性、断面设计、玻璃的选用、两玻间空气层厚度及窗框比等因素的影响，建筑外窗的保温性能差别很大。根据选用型材的不同，建筑外窗分为木窗、钢窗、铝合金窗、PVC塑料窗、玻璃钢窗、彩色钢板窗、不锈钢窗和钢塑复合窗、木塑复合窗、铝塑复合窗等；根据选用玻璃的不同，有单玻窗、单框双玻窗、中空玻璃窗和LOW-E中空玻璃窗等。

木窗的保温性能较好，但耐燃和耐潮湿性能差。受原材料的限制，目前国内生产的木窗均为高档木窗，价格昂贵。

彩色钢板窗和不锈钢窗具有物理性能较高，耐久性与密封性能好，色彩选择余地多，装饰效果好和使用寿命长等特点，但保温隔热性能比较差。

断热铝合金窗具有轻质、高强、耐久、装饰效果好、较好的保温隔热性能等优点，但价格比较高。

PVC塑料窗窗框型材为PVC塑料内加钢衬，其最大优点是保温性能好，价格合理，缺点是强度及刚性均较低，水密性、抗风压性和采光性能较差，颜色单一且易变色，尺寸稳定性较差，这是目前在大量使用的节能窗。

玻璃钢窗是近年来研发的新型窗，具有较好的热工和物理性能，但价格较高。

钢塑、木塑和铝塑等复合窗兼顾了两种不同材料的优点，有综合的保温性能和装饰效果，但目前国产的这类窗的物理、工艺性能还需要改善。

双玻窗、中空玻璃窗和双层窗的保温性能明显优于单玻窗，在工程中广泛采用，但双层玻璃窗存在易进尘土、水蒸气的问题。

玻璃对整窗的热工性能影响很大，PET双中空玻璃、LOW-E中空玻璃、真空玻璃和U形玻璃的热工性能比较好，应在条件具备的项目上优先采用。

平开与推拉窗，窗的开启形式对其热工性能有极大的影响，推拉窗由于密封性能差应该尽量避免使用；平开窗有优良的热工和物理性能,但价格比较高,因此推荐平开与固定窗组合使用,性价比高。

(2)单元、阳台和户门的节能技术

经过多年的发展，我国现在应用的单元、阳台和户门主要有木质、钢质或木质、钢质复合保温门，另有少量在阳台使用的塑料门，其技术与产品性能基本能够满足工程实际需要。

节能门窗技术应用中存在的问题

随着实施建筑节能率达到65%的第三步节能标准，应该采用气密性良好的更为先进高效的节能门窗（包括单元、阳台和户门）；目前我国已经能够自己生产各类门和窗，包括所需要的主要门窗框型材、玻璃、门芯板，品种、性能基本满足需要。

但是大量使用的PVC塑料窗存在强度及刚性均较低，水密性、抗风压性和采光性能均较差，颜色单一且易变色，尺寸稳定性较差的缺点；而综合性能比较好的玻璃钢窗，钢塑、木塑和铝塑复合窗、断热铝合金窗等由于价格偏高，影响了使用。门的产品技术中存在内衬保温材料不达标、门构造不合理、长期稳定性差的问题。

屋面节能技术基本情况

屋面节能技术应用

我国屋面建筑节能技术主要有：结合进行屋面防水处理的EPS、XPS倒置屋面保温隔热技术、PU屋面防水保温隔热技术、干铺加气混凝土块屋面保温隔热技术、以及若干种既有建筑屋面节能改造的技术；由于这些技术比较适合屋面部位的受力状态，技术相对成熟，应用后工程反映保温隔热效果比较好，处于稳定发展之中。

屋面节能工程应用中常见的技术问题

工程应用中出现的问题主要是某些屋面防水保温工程的生产、施工单位没有严格按照标准进行产品生产、工程施工造成工程质量问题。

另外由于EPS板受潮后保温效能将大幅度下降，因此在实际应用时，尤其在南方地区应注意EPS板用于倒置式屋面以及冷库、空调等低温管道保温时，要分别设置透气构造和隔气层。

有些企业推广的屋面“保温隔热涂料”经测试，只有减轻热辐射的功能，能起到一定的隔热作用，并没有明显的保温作用。

地面、楼板及楼梯间隔墙节能技术情况

节能技术的应用

地面建筑节能技术主要有：结合外墙面节

能技术施工将保温材料埋设至基础设计深度的EPS板、XP板地面保温隔热技术。

楼层地板的建筑节能技术经过发展后现在已形成有：比较成熟的楼层地板和架空楼板反贴EPS、XPS板，抹EPS颗粒浆料型楼面保温隔热技术。采暖地区采用地板辐射采暖可以很好地解决楼板的保温隔热。

楼梯间隔墙节能技术主要有：胶粉聚苯颗粒保温浆料系统、满足性能要求的轻质保温砂浆技术。这些技术比较简单，容易掌握，应用后工程反映效果比较好，处于稳定发展之中。

工程应用中常见的技术问题

目前存在的问题主要是不按设计要求和规范施工，不按产品标准生产问题。

另外，节能的多层或高层住宅的公共楼梯间，如果安装有常闭且性能满足节能标准要求的单元门和楼梯间窗户，楼梯间内墙不作保温也能满足楼梯间的热工要求。

5.1.2 建筑供热制冷系统和建筑设备节能技术及存在问题

热电冷联产技术基本情况

热电冷联产技术应用

热电冷三联产是建立在能源梯级利用概念基础上，将制冷、供热(用户采暖和供生活热水)及发电三个过程一体化的多联产综合系统，其主要目的是提高能源利用效率，减少碳氧化物及有害气体的排放，提高环保效果；它把常规火力发电厂做功后变成的低温低压蒸汽，即废气中仍含有的热量利用起来，因此应该大力发展三联产系统。

热电冷联产技术通过大型建筑自行发电，解决了大部分用电负荷，提高了用电的可靠性，同时还降低了输配电网的输配电负荷，并减少了长途输电的输电损失（在我国此损失约为输电量的8%～10%）。我国实现“西气东输”后，这种方式可以作为东部大城市的天然气应用的一种形式。尤其对于具有大型公共建筑和住宅小区的居住区，如果对用电可靠性要求高、全年存在稳定的热负荷或冷负荷，电热可实现较好的匹配，这种方式具有较好的节能效果和经济效果，优化系统配置可在3～5年收回投资。

热电冷联产技术在我国发展中出现的问题

由于技术、经济效益等原因，我国三联产的发展存在的主要问题在于：

（1）设备陈旧，技术水平不高

影响三联产节能效果的主要因素有供变电损耗、机组热负荷率和供热机组的容量、锅炉热效率以及吸收式制冷机的热力系数等。我国现有的43万台燃煤锅炉中，热电厂锅炉强调的是“以热定电”，机组容量往往选得偏小，会因输送距离的延长和负荷的不稳定性而造成不必要的浪费。

(2) 热经济指标计算不合理

计算指标时，把总的耗热量合理分摊到热、电两种产品上。目前我国通常采用的方法是热量法。热量法又称为效益归电法，即把热电联产的效益全部归电。由于热量法把热电联产的好处全部归电，电能生产的煤耗率和成本就很低，但此法没有反映热、电两种产品质量上的不等价和不同参数供热蒸汽的质量差别，很难调动热用户使用低品质热蒸汽的积极性。

(3) 三联产建设资金融资困难

2000年由国家发展计划委员会、国家经济贸易委员会、建设部和国家环保总局联合下发的[2000]1268号《关于发展热电联产的规定》为大力发展三联产提供了政策支持，但是由于热网管径大、主干线长且地下铺设，初投资很大，由市政部门负责投资建设经营，投资融资难度大，很难与热电厂同时完成。中小城市的热电厂，机组规模小，融资更困难。此外，不合理的热电价格也影响了投资资金的来源。

(4) 环保节能意识不强

热电厂初期改造需增加设备，延长热网管线，投资较大，部分热电企业和个人只片面追求自身利益和眼前利益，不顾各项节能要求，也从侧面阻碍了我国三联产发展。

供热系统温控与热计量技术基本情况

供热系统温控与热计量技术在我国的发展现状

随着对供热节能研究的深入，热计量与温度控制已经成为当前我国暖通行业关注与研究的热点，国内许多部门做了大量有效的工作，在居住建筑建立适合热量计量的供热系统以及热量计量方法方面做了一些示范工程，进行了有益的探索，取得了一定的成效。但由于我国热计量与温控方面的研究处于起步阶段，存在一定程度上的盲目性与试探性，研究中出现了一些问题与争议。比如，国外的热计量方式与推广经验是否适合中国国情，国外的温度控制与热计量产品能否在中国完全适用，什么样的系统能够应用计量与温控……面对我国如此大的市场需求，开发什么产品、采用什么系统方式能够经济、简单、可靠，在达到节能目的的同时，满足舒适需要，等等。这些都需要我们进行更深入的研究和探讨。

供热系统温控与热计量技术存在的问题

(1)温控与热计量的关系

目前，有些地方只重计量以达到收费的目的，而不考虑给用户提供控制手段，或者只提供最简单的开关控制，完全流于形式。实现温控才能够节能，温控应是实行热计量的先决条件。供热单位应首先提高经营管理水平，提高供热质量，也就是提高服务质量，再合理地向用户收费，促进节能事业的发展。

(2)户内系统与户外系统的关系

目前有一种趋势，忽视户外控制；如果户内采取了节能手段，而户外没有配合措施，一方面会引起管网水力热力工况的失调，另一方面室内节省的能量不能体现在热源的节省上，节能这一根本目的就没有实现。所以，户内控制一定要和户外控制相结合。

(3)末端热计量方式

目前热计量方式中户用热量表受到普遍关注，发展较快，而热分配表的研究开发少，恰恰是采用热分配表更适合既有建筑进行热计量，应该探索其他行之有效的计量方式。

(4)热量表的精度

对于热量表，现在一味追求高精度：温度传感器从PT100到PT500，直到现在的PT1000；流量计耐温越来越高；误差越来越小；积算仪的功能也越来越多。热量表的精度越高，造价就会越高，其投资费用最终要转嫁到用户身上；但是应用于采暖系统中，由于水质、腐蚀等因素造成的系统误差远大于热量表的误差，这种高精度就失去了意义。

(5) 温控与热计量设计、计算方法和技术措施

从全国范围来讲，这个问题还没有得到解决，针对各地区的方法措施还需要发展，设计与计算方法还有待规范和统一，还有很多基础性工作需要补充完善。

(6) 政策、技术标准、产品开发的相互关系

过去几年里，温控与热计量事业发展很快，但总体规模不大，没有形成一个产业。产品供应商经常抱怨国家政策不到位，没有强制措施，政府又考虑到技术方案和相关标准不完善，可操作性差，设计部门往往无章可循，缺乏标准指导，开发商在无强制措施的情况下，不愿增加温控与热计量投资，存在侥幸心理。三者之间相互依存，又相互制约，影响温控与热计量技术发展。

空调系统变频控制技术基本情况

空调系统变频控制技术的应用

通常空调设备只能按设计的额定功率运行，当负荷降低时，设备仍然按照额定功率全负荷输出运行，这就必然造成能量的浪费。而使用变频技术能够使冷水机组、风机、水泵等空调设备的输出功率随负荷的变化而变化，可起到节能的效果。实际证明，冷水机组变频控制可节能20%～30%，风机水泵类变频控制节能40%～50%。

根据空调负荷的变化来相应改变水流量或风流量可有效实现节能。变风量空调系统（VAV）是通过末端装置来补偿室内负荷的变动，调节房间送风量以维持室温。变风量和定风量系统相比，一般情况下可节能50%。变水量系统（风机盘管）是通过水量控制的方法来调节温度的，比定流量系统要节电。随着工业变频器的推广应用，通过对水流量、风量及主机等的变频控制调节，可实现其同所需空调负荷的实时匹配，从而产生显著的节能效益。

空调系统变频控制技术存在的问题及应用中需注意的问题

（1）变频器产品存在的问题

主要是由于在变频器内部电路中，整流器、滤波器与逆变器3部分之间进行的“交－直－交”电流变换，使变频器不可避免地成为一个谐波源。谐波会引起部件局部发热，降低

输出功率，引起振动与噪声，导致电动机毁坏，造成断路器损坏，发生电气事故。

（2）变频器额定功率大小的选取

变频器的功率越大，其产生谐波的效应越强，而且价格越高。因此变频器额定功率不要选配过大，但也不能低于电动机的额定功率，否则变频器的保护装置动作，影响变频器与电动机正常运转。因此要合理选配变频器的额定功率。

（3）变频器调速范围的选择

通常风机和泵类配用的都是普通交流电动机，当转速过低时，其冷却风扇几乎失去通风降温的作用，会造成电动机过热。变化范围不大的电动机转速就会引起电动机的转矩、功率发生很大的变化。因此变频器的调速范围即调速比不宜选择过大。

热回收技术基本情况

热回收技术的应用

（1）排风冷热量回收

热回收系统是回收建筑物内、外的余热（冷）或废热（冷），并把回收的热（冷）量作为供热（冷）或其他加热设备的热源而加以利用的系统。空调房间一般设有供新风系统，同时有许多房间设有排风系统，由于排风的空气参数接近空调房间的室内参数，排气的温度相对大气温度有一定的温差，直接排入大气就会造成能量损失。因此，在送入新风时，可以回收利用部分排风中的能量（包括冷量和热量），达到节能效果。

（2）冷凝热的热回收

水冷制冷机组的冷凝热通常是通过冷却塔放到大气中，造成环境的热污染。冷凝热的回收，可用来加热生活用水。冷凝热分为两部分：一部分是来自于温度较高的过热蒸汽，另一部分为较低温度的来自制冷剂两相相变热量和过冷热量。根据两种热量性质的不同，可以采用直接回收和间接回收两种方法。

（3）冷凝水冷量的回收

从冷凝水中回收余能的潜力很大，特别是当环境空气湿度高、系统湿负荷大时，冷凝水量相当可观。中央空调产生的冷凝水量较多，可以将冷凝水引入蒸发式空气加湿冷却器中对室外机进风进行冷却，降低进风温度，从而减少压缩机能耗。

热回收技术存在的问题

（1）理论、技术不完善

我国对于有些热回收技术如冷凝排热热回收系统的研究现在仅限于理论的分析,且处于初步探讨阶段,缺乏实际的、深入的系统研究。从国内的研究状况来看,还存在着一系列的问题，在直接加热自来水的回收系统中不仅存在空调系统运行时段与热水使用时段的时间差问题，而且还存在生活热水的用量与冷凝热量之间不匹配的问题。

（2）设备部件需优化

我国的热回收设备在开发中，还很少对于整个设备部件进行优化匹配设计、进行计算机模拟方面研究。

（3）冷凝排热回收要注意工况

热回收取决于主要设备的工作情况,有时可能得不到预期的效果。就冷凝热热回收来讲，其效果取决于空调系统的运行工况，其目的也只是从节能和环保的角度考虑回收余热，而不能本末倒置为获取热量去随意改变空调的工况。

（4）热回收系统初投资大

暖通空调系统中热回收设备的使用需要增加初投资，同时国内好的产品较少,国外的设备由于运输费用、关税和利润等因素价格较高，导致回收周期较长。

5.1.3 可再生能源在建筑中规模使用技术及存在问题

在建筑中太阳能利用技术基本情况

太阳能技术应用

太阳能在建筑中利用分为：生活热水、采暖，制冷空调、光伏电池提供电源和太阳导光照明几种形式。具体运用技术类型分为：光热利用、光电利用和光利用。光热利用按不同利用方式又可分为被动式光热利用和主动式光热利用两类。

（1）光热利用

被动式采暖太阳房　被动式采暖太阳房是被动式光热利用最常见的形式,其形式多样，投资少、实用，但受太阳能不稳定影响大，适合边远、贫困地区的学校、乡镇住宅的冬季采暖；经过改进，太阳能采暖与常规采暖系统相结合的新型被动太阳能采暖建筑将在改善北方农村的冬季室内热环境条件方面继续起重要作用。

随着我国经济实力的提高、建筑围护结构保温隔热性能的提高和节能意识的增强，被动太阳能采暖技术将在城市建筑中得到采用。

供热水与采暖　利用太阳能作为建筑物供热热源的太阳能供热综合系统主要解决人们生活所需的生活热水和采暖。对于这种应用形式，提高太阳能系统的性能、解决太阳能系统与建筑协调结合的技术是关键；太阳能热利用和产业已经非常成熟，目前正在组织解决与建筑结合的技术和产业发展，目前适合建筑应用的规模化技术和产业发展还比较缓慢，需要有关方面积极支持才能加快发展。太阳能与浅层地源热泵技术结合供暖可提高太阳能集热系统的效率。

参与城市集中供热　太阳能连片集中集热，提供区域供热的部分热源。

太阳能空调　利用太阳能产生中高温热水作为吸收式制冷机运行时所需要的热源，太阳能空调的应用需求和太阳能的供给量保持很好的一致性，天气越热，越需要用空调时，太阳辐照量也较高；难点是需要的太阳集热器数量多、面积大，工程初投资偏多。而太阳能供热-空调综合系统由于能全年综合利用，可提高系统节能经济效益，降低回收期。

（2）光电利用

太阳能光伏发电技术在建筑的应用 可作为建筑材料和装饰材料的光伏电池产品技术用于建筑，可提供空调及照明、供电的主要能源，近年来已成为世界太阳能利用的热点，是太阳能光电技术的重要发展方向。

（3）综合利用

太阳能光热、光电综合、甚至太阳能光热，光电与其他可再生能源或常规能源综合利用，既解决建筑的生活热水、空调热源，又解决家用电器、照明供电的需要。

（4）利用形式

太阳能的热利用技术形式除被动式采暖太阳房形式外,按系统循环方式分为自然循环系统、直流式系统、直接式机械循环系统、直接式排回系统、间接式系统。

这些技术系统各有优缺点，有各自的适用范围；但是要实施与建筑结合应用，循环方式应该采用承压（机械循环）式间接双回路系统，这种系统便于实施与建筑外观协调配合的设计施工，便于实现高质量的控制和计量，便于保证全日稳定可靠供水。

按集热器形式分为平板式集热器系统、真空管式集热器系统。

真空管式集热器是我国独立研发的技术，具有低温下集热效率高的特点；而平板式集热器系统由于自身结构轻、薄、寿命比较长，比较容易与建筑结合实施，并且随着生产工艺提高、高效太阳能吸收涂层技术引进，其应用范围还将扩大。

工程应用中常见的技术问题

（1）热利用产品技术问题

大部分太阳能企业生产的太阳集热器产品质量和性能参数，特别是系统及其主要部件的安全性、可靠性差，不能满足建筑规范的抗风、抗雪、抗震、防水、防雷等要求；系统的集成和系统外观，还不能适应与建筑结合的要求。

市场的主流产品仍是直插式真空太阳热水器，产品特别是真空集热管寿命比较短，系统应用范围窄，不利于在城市规模化应用；比较适应与建筑结合应用的平板式太阳能集热器技术与产业发展缓慢。

（2）热利用工程技术问题

房屋建成后才购买安装，是后置部件；大量太阳热水器在建筑上的不和谐安装，造成对建筑的毁容、使用功能的破坏乃至城市风貌的损坏。

太阳热水系统的设计大多依据太阳能企业的经验，基本上未做到优化设计，建筑设计院的参与较少，不利于大规模使用时对技术应用、施工设计规范的要求。

对太阳能利用的认识有误区，片面追求高太阳能保证率，而不是进行最佳投资效益的核算。

长期以来被动太阳能采暖建筑局限于在农村、乡镇和常规能源匮乏的边远地区应用，没有系统地研究在城市发展被动太阳能采暖应用技术。

太阳能光热光电技术在建筑中应用，除了技术方面存在的问题，由于工程建设初投资高，还需要政策支持。

浅层地能利用技术基本情况

应用与发展

地源热泵是一种利用地下浅层地热资源（也称地能）的既可供热又可制冷的高效节能空调系统，主要有：土壤源热泵技术、地下浅层水源热泵技术、地表淡水源热泵技术、污水源热泵技术及海水源热泵技术。地源热泵通过输入少量的高品位能源（如电能），实现低温位热能向高温位转移。地能分别在冬季作为热泵供暖的热源和夏季空调的冷源，即在冬季把地能中的热量“取”出来，提高温度后，供给室内采暖；夏季把室内的热量取出来，释放到地能中去。通常地源热泵消耗1kW的能量，用户可以得到4kW以上的热量或冷量。从科学用能的角度看，热泵是合理利用高品位能的典范。

由于地源热泵的热源温度全年较为稳定，一般为10～25℃，其制冷、制热系数可达3.5～4.4，与传统的空气源热泵相比，要高出40%左右，其运行费用为普通中央空调的50%～60%。因此，地源热泵空调系统在北美、北欧等地区取得了较快的发展，中国的地源热泵市场也日趋活跃，可以预计，该项技术将会成为21世纪最有效的供热和供冷空调技术。

工程应用中常见的技术问题

在节约能源的大背景下，地源热泵技术得以在短期内在我国快速蓬勃发展起来，但也存在许多问题有待解决，主要存在的问题如下：

（1）系统能效比偏低

（2）项目管理空白

（3）缺乏切实可行的设计规范

（4）施工工艺有待于总结

（5）初投资偏高

（6）系统的运行模式不尽合理

5.2 居住和非居住建筑的不同技术要求(德国观点)

住宅楼和办公楼的区别体现在舒适度、空气质量、制冷、热水、照明、隔声、光线、外观和房屋设备等方面。

由于人们的工作效率受到工作环境舒适度的影响，所以办公类建筑的设计要考虑到一定的舒适度。这里的舒适度是指空气质量好、温度适宜、没有反光以及隔声效果良好等。基于这些要求，会在照明、通风、空调、采暖和辅助工作等方面增加电能消耗。

相比之下，办公楼的人员密度更大，同时办公设备不断地散发热量，在冬季，室内人员及设备所散发出来的热量能够减轻建筑物的供暖负担。然而在夏季，则可能需要采取额外的通风、空调及制冷措施。这些因素使夏季的能源成本明显增加，因此必须在节能建筑设计中加以考虑。同样，没有采取遮阳措施的玻璃幕墙也常常导致建筑物在制冷方面的能耗增加。

在居住类建筑中，居民可根据自身舒适度对温度、新鲜空气和照明实行自行调节，而办公类建筑则必须实行自动调节，因为办公楼内的人员多，情况复杂，人员自行调节增加难度，这就要求对能源进行统一的优化调整。

建议对办公楼的运营性能进行计算、记录和分析。这样，一方面可以了解房屋技术中的不利设定和故障，另一方面能够分析出建筑物的潜在优化可能。其结果是，不仅舒适度提高了，而且运营成本也降低了。在国际上，为了对建筑物实行有效的管理监控，引入了“设施管理”的概念。负责设施管理的经理必须能够将能耗控制在必要的限度内。

在居民拥有自主产权的居民楼中，如果居住者不进行有效的节能，产权人就会为此付出较高的代价。但这一条并不适用于整体计算能源成本的居住区。能源效率的本质在于每个用户必须支付他本人所造成的能源成本，按能耗来付账。

大多数办公楼在夜间几乎都不使用。这就为夜间利用通风监控装置驱除夏季炎热提供了可能。通过该系统可以冷却建筑构件，同时运转时无需消耗额外的制冷能源。

某些建筑物的能源需求白天和夜间差不多，例如医院等，昼夜不停使用的建筑物。因此，能源消耗越均衡，制能设备就越有效，这些燃油设备不仅可以生产热量，同时还可以生产电能。这种热电联供的设备由于具备双重功能，其利用率最为有效。热电联供的应用范围很广泛：游泳池、体育大厅、宾馆和饭店等休闲场所都可以使用。游泳池在温度相对较低时需要很多的热量，而在溜冰大厅中制冷设备会散发出大量的余热。休闲场所规模越大，能源需求量也越大，所以这些建筑物常常直接位于其他建筑物的附近，这样它就不必只为自己生产热量和冷量，而可以通过建立一个各楼间的互补联合系统来获取热量及冷量。这里就可以充分利用小区或远程集中供热网的优势达到目的。

5.3 建筑围护结构的能效

5.3.1 保温隔热层的性能

相比于宇宙广袤的温度变化范围，人类的热舒适度变化范围非常之小。在这个范围之外，温度稍有变化，我们就会立即感觉到太冷或太热，身体也会感觉不适，甚至生病。作为应对措施，我们会对建筑物进行供暖或者给建筑物穿上“保温隔热外套”。

也许每个人都曾有过这样的经历，瑟瑟发抖的同时思考着这样的问题：究竟是该打开暖气还是干脆多加件衣服。从能效角度出发，答案显而易见：请多穿上一件毛衣。换言之：请进行保温。

为避免室内热量或冷量的散失，我们要么就不惜耗能以不断补充热量或冷量，要么就果断采取措施防止热量或冷量的逃逸，也就是争取将它们都留在建筑物的围护结构之内(图5-1)。

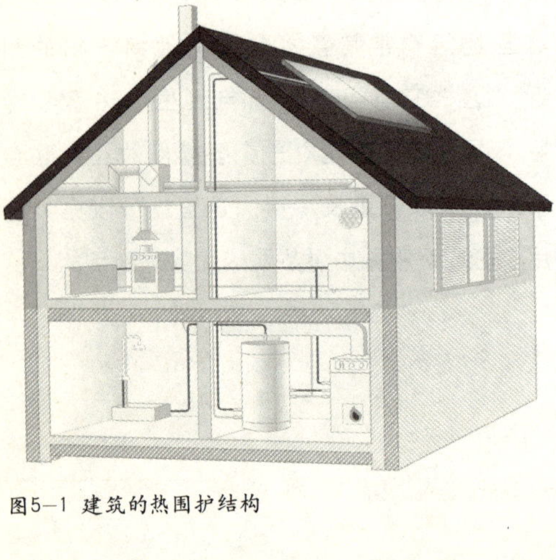

图5—1 建筑的热围护结构

虽然严格说来一般要区分热量和冷量，但为方便起见，以下我们只会提到“热量”这一概念，用以代表这两个不同的概念。

热量总是从高温区流向低温区。热交换原则上有三种途径：传导、对流和辐射。所有三种热交换形式都会对于建筑物的热损失产生影响。

要做到有效的保温，首先需要认识3条热损失途径：

热传导

热传导发生在建筑体之间，例如它导致了热量从内墙向室外的流失。某些物质，如空气，它几乎不导热，而另外一些物质如金属，则几乎是最理想的导热体。

对流(此处称“空气运动”)

对流的作用是让内墙的热量散失不会止步于外墙，而是从外墙处继续释放到室外空气中去。如果能够阻止空气运动，那么也就可以避免对流。在这方面，表面粗糙的墙面或者有附着物的外墙立面比光滑的墙面要好些，因为风在光滑的墙表面会更快地擦肩而过。

热辐射

即使在真空室内，由热辐射引起的热量损失也是巨大的。而某些特定表面或颜色的辐射能力

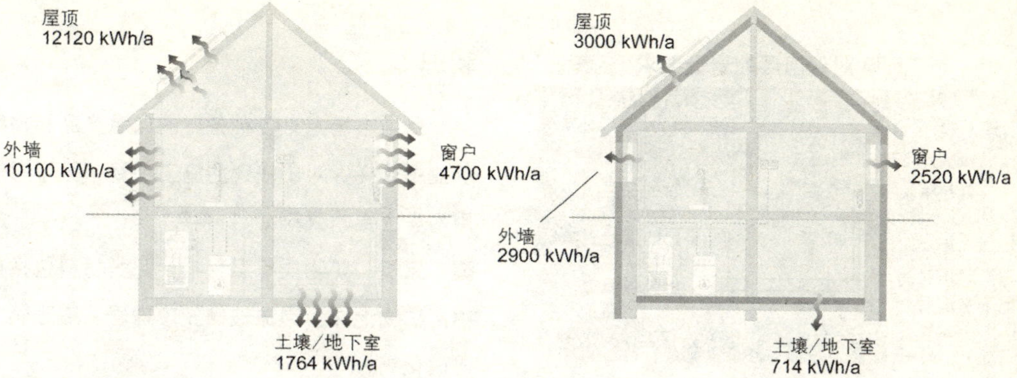

图5-2 没有保温隔热层的情况下每年的热量损失（左）和有保温隔热层的情况下每年的热量损失（右）

更强，在进行保温结构设计时尤其要考虑到这点。冬天从散热体表面产生的热辐射，通常使人们感觉非常舒适。但如果中间隔着一件家具，则辐射将受到阻碍，热量就辐射到家具上了。

要做好建筑物的保温工作，就要有效地阻止热量通过以上3条路径流失。由于绝大部分热量都通过热传导方式从建筑围护结构流失，因此采取保温措施、防止热传导就别具意义了。所以保温材料通常都是由微孔隔离材质构成。

而绝热玻璃内层玻璃的外侧附有一层极薄的透明镀银层，它可以几乎使热辐射完全被阻断。此外，玻璃夹层中注入的惰性气体也可以减弱热传导所产生的热对流效果。而对于室外对流，也就是建筑物的温度被风吹凉，最有效的应对方法是合理设置建筑物的布局，并建在防风的地点。

图5-2显示了一栋单户住宅在采取和未采取保温措施条件下每年的热损失量。

5.3.2 重要的材料特性

导热系数

保温材料最重要的特征值是它的导热系数“λ值”（亦作热导率）。它表示当两侧表面温差为1个开氏温度时，穿透1m厚材料的热量（瓦特，W）。λ值应该尽量低，普通保温材料的λ值在0.045～0.025 W/（m·K）之间。

传热系数

评价材料保温性能的另一个重要参数是U-值，也称传热系数。它表示当两侧表面温差为一个开氏温度的时候，通过1m^{2}面积所传递的热量（瓦特，W）。U-值越低，通过该建筑构件的热量就越少。同时一个建筑构件也可以由多层结构组成。如果可以选择，应尽量选择U-值较低的材料。

EnEV对保温层的最低要求　　表5-1

建筑构件	U-值参考建筑[W/(m²·K)]	实现方式（保温材料导热组别040，无结构形式）
外墙	0.28	14cm 厚的保温隔热层
屋顶	0.20	19cm 厚的保温隔热层
与土壤接触的地下室地面	0.35	11cm 厚的保温隔热层
窗户	1.3	双层保温隔热玻璃

材料

目前市场上有各种各样的保温产品和材料供业主选择。对于较大的施工项目，可考虑使用两类主要的材料：

■ 无机和矿物质保温材料：此类材料包括矿棉、矿物泡沫、泡沫玻璃、珍珠岩、膨胀黏土或硅化钙。

施工监督要求	附加要求		根据欧洲分类标准 DIN EN 13501-1
	无烟	无燃烧残余物 / 滴落	
不可燃	X	X	A1
	X	X	A2 – s1，d0
难燃	X	X	B – s1，d0 C – s1，d0
		X	A2 – s2，d0
		X	A2 – s3，d0
		X	B – s2，d0
		X	B – s3，d0
		X	C – s2，d0
		X	C – s3，d0
	X		A2 – s1，d1
	X		A2 – s1，d2
	X		B – s1，d1
	X		B – s1，d2
	X		C – s1，d1
	X		C – s1，d2
			A2 – s3，d2 B – s3，d2 C – s3，d2
一般可燃		X	D – s1，d0 D – s2，d0 D – s3，d0 E
			D – s1，d1 D – s2，d1 D – s3，d1 D – s1，d2 D – s2，d2 D – s3，d2
			E – d2
易燃			F

图5-3 包括施工监督要求在内的欧洲建筑材料燃烧性能分类标准（无地板）

缩写代码	指标	应用范围
R	承载力	用以描述建筑构件的防火性能
E	房间的密闭性	……
I	保温隔热性能（燃烧状态下）	……
W	透光性	……
M	对墙体的机械作用力（撞击要求）	……

图5—4 分类标准与附加防火分类说明(节选自DIN EN13501—2)

■ 从石油中提炼出来的有机保温材料：比如聚苯乙烯泡沫(PS/EPS/XPS)或聚胺酯泡沫（PUR）。

消防

欧洲的建筑材料与建筑构件分类系统

欧洲统一了建筑产品技术法规，欧盟各成员国以该法规为指导方针，完善了自身的法规与行政管理体系。这里，除了产品标准和欧洲技术规范外，还统一了建筑产品的等级。为此，一套全面的欧洲分类系统应运而生。

期间，欧洲分类标准DIN EN 13 501-1 (燃烧性能) 和 DIN EN 13 501-2 (耐火性能)被引入德国体系，在过渡期可以和德国分类标准并行适用。

建筑材料

新的建筑材料分类见图5-3。与目前的德国标准体系DIN 4102不同的是，这里还要考核一些附加标准。其中涉及燃烧时产生烟的状况和燃烧残余物/滴落等性能。按燃烧产烟状况分为s1～s3等级，按燃烧残余物/滴落状况分为d0～d2等级。

建筑构件

欧洲制定了统一的建筑构件考核标准，其分类体系便以此为基础。欧洲建筑构件分类体系包括一些新增的“缩写代码”，从“缩写代码”中可以直接看出该建筑构件的各种重要性能。由于建筑构件有很多重要性能（如承载力、保温隔热性能、防烟特性等），因此欧洲的分类体系中引入了很多描述建筑构件各方面性能的“缩写代码”。图5-4节选了该分类体系的一部分“缩写代码”。

根据保温隔热材料的燃烧特性可将其划分为不同的等级，主要分为可燃和不可燃的建筑材料。只有经过现行标准认证的保温隔热材料才能用于建筑施工。例如矿棉是不可燃的保温隔热材料（欧洲分类标准A1），其熔点超过1000℃。由此就能确定该保温隔热材料的应用范围。

如何选择适当的保温隔热材料，应该视应用范围、建筑形式和防火要求而定。

在德国，防火要求由联邦各州自己制定。对高层建筑而言，则要注意参考指导方针中给出的标准高层建筑防火要求。

5.3.3 保温隔热材料

除了热导率和燃烧特性外，还有其他一些重要的材料特性值得关注，如防潮性能、稳定性、重量和生态和谐性，还有价格。在德国，保温材料或其包装上都印有不同的标识，要求在任何情况下都必须能够让人对材料的热导率和防火等级一目了然。就德国而言，Ü是一个典型标志，它表示产品符合德国国家标准。

以下对最常用到的保温材料以及其他相关材料进行更加深入的介绍:

人造矿物纤维

矿物纤维或矿棉即是人们通常所说的玻璃棉、岩棉和陶棉。它们是从玻璃、岩石或烧结的矿渣中提炼出来的，部分含有很高比例的废旧玻璃和再生材料。如今人们应用的材料的导热系数在0.035 ～0.041 W/（m·K）之间。陶棉主要用于工业设备制造和防火。而岩棉和玻璃棉的用途十分广泛，可以用于保温、隔声和防火。在生产矿物纤维保温材料的过程中，含有微细纤维的粉尘会被人吸入肺中，较大的纤维也可能会刺激人的皮肤、黏膜和眼睛。

在屋顶保温、楼板踏步隔声、外墙外保温以及后通风墙体等部位均可使用矿物纤维。矿物纤维由于其优秀的防火性能、较长的使用寿命，防潮性能、抗霉及防虫害等特性而得到了广泛的应用。

玻璃棉主要是从硅、酚醛树脂和废旧玻璃中提取而来。岩棉是从玄武岩和人造树脂中得来。虽然所有这些原材料都大量存在，然而将原材料加工成矿物棉的过程则只有在高温条件下耗费大量能源才能进行。加工过程中产生的灰尘和严格的劳动保护技术要求让专业的生产企业都望而却步。

聚苯乙烯

该保温材料在中国已经很普遍，可划分为EPS（聚苯乙烯泡沫板）和XPS（挤塑泡沫板）两种。它们的导热系数λ在0.032～0.040W/（m·K）之间，相对较低。

EPS的推荐应用范围是既可用于墙体的内外保温，也可用于屋面和地面保温。EPS同样可用于楼板的踏步隔声。做此用途时，零散铺设EPS板即可。

硬质挤塑泡沫板XPS特别适合于边界部位的保温，即与土壤接触的墙体部位以及地下室和地板等部位的保温。硬质挤塑泡沫板不易变形，因此承压能力强。不易发霉，尤其是防潮性能非常好。不过其生产过程的耗能量同样相当巨大。

聚胺酯

硬质聚胺酯泡沫板的导热系数λ在0.024～0.030W/（m·K）之间，保温效果非常好。这表明，在保温厚度相同的条件下，相对于其他材料，它的保温效果更佳。夏季的隔热效果欠佳，湿度调节能力也比较弱。

由于它具有良好的隔声效果，因此聚胺酯多用于楼板踏步的隔声。在其他领域的应用还包括屋顶保温和管道保温。聚胺酯由石油和天然气提炼加工而成，借助膨胀多孔剂形成泡沫。硬质聚胺酯泡沫板的生产同样耗能巨大。

泡沫玻璃

泡沫玻璃以良好的冬季保温和夏季隔热性能而著称。它的导热系数λ在0.040～0.055W/（m·K）之间。这种玻璃是防蒸汽和防水的，因此尤其适用于湿度较大的环境。泡沫玻璃同样可用在压力负荷较大的环境中，因为它的机械承载能力相当强，不易变形。而且不会腐烂，不招引害虫和啮齿类动物。泡沫玻璃板通常与沥青粘接在一起，用于平屋顶和边界部位的保温。用作地面底板保温的时候，通常与砂或砂浆混合在一起进行铺设。另外还有一种泡沫玻璃碎石，通常装在散装袋内供应，直接将它们倾倒在需要进行保温的表面上，然后压实即可。泡沫玻璃在加热条件下可以从大量存在的硅和循环再利用的玻璃中获取。

纤维素和木质保温隔热材料

这种保温隔热材料包括取自废旧纸张的纤维素纤维、取自木材肥料的软质纤维木板以及木丝板。通过添加化学物质如硼酸盐，保温隔热材料的可燃性会降低到正常可燃水平。大多数的纤维素纤维中掺杂了具有疏水性能的材料。纤维素保温材料的导热系数在0.045到0.040 W/（m·K）之间。木丝板的保温隔热性能不高，在改造时往往用作抹灰层底板或隔声板。其他一些可重新生长的保温隔热材料，像软木、可可纤维或亚麻纤维、芦苇、羊毛或木棉，目前在德国使用得还较少。不过，根据因地制宜的原则，它们可以为我们提供价格低廉、易于开发的替代保温隔热材料。

真空

真空保温是保温的最有效形式。当前的真空材料的保温特性比传统的保温材料要好上10倍之多。正因为如此，比起常规材料，只需要铺上薄薄的一层真空保温层就能达到很好的效果（图5-5）。

对真空保温的效果起决定作用的因素是：超低的气压（十分之一巴到毫巴）和嵌板内极

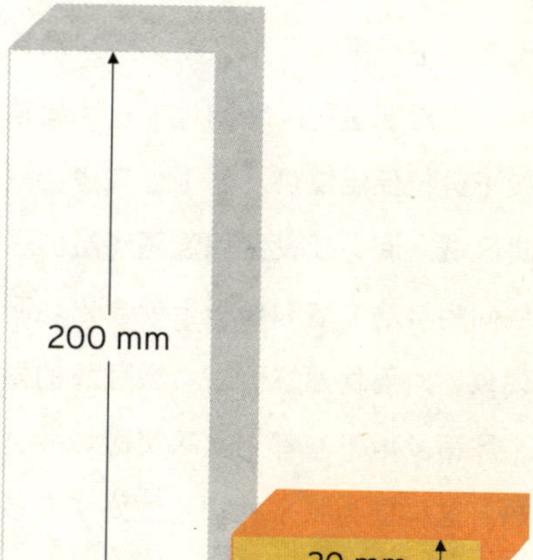

图5－5 相同保温隔热效果下保温隔热层的不同厚度
左为苯板(传统保温隔热材料)，右为真空保温隔热层

小尺寸的微孔。真空保温层通常采用微孔硅酸作为支撑核心，硅酸表面包裹一层薄膜，由此构成了真空保温板（VIP）。真空保温板借助滑道或者粘结灰浆进行固定。

真空保温板由于极易受损，而且需要进行现场质量控制，因此相对于其他保温材料而言，制作费用更高。机械承载能力更好的是一种内部填充微孔材料的不锈钢嵌板。另外在预制的立面模板和三明治结构中加入真空嵌板也可以提高机械承载能力，因其敏感性可以更好地在建筑工地上进行加工。

真空保温板由于几年前才刚刚面市，价格要远远高于传统的保温板。如果现有地基面积不大并且成本很高，那么真空保温板能够节省宝贵的空间，这样在技术上，特别是在费用上真空保温板都将别具吸引力。

5.3.4 保温隔热层的施工

需要对建筑物的哪些部位进行保温？

为了达到节能目的，保温隔热层必须尽可能完整地将采暖区域包覆起来。那么在规划设计阶段就要及时考虑将采暖与非采暖区域隔离开来，以便将所有相关部位都完整包覆起来。

如果地下室或顶楼同样作为起居室利用起来，也需要进行采暖，那么就必须采取保温隔热措施。不需要进行采暖的地下室和屋顶空间则可以不进行保温隔热。原则上来说，采暖和非采暖区域之间必须设置保温隔热层，否则两个区域间相接的内墙和顶板上便会出现凝露和霉斑现象。对居住建筑而言，最理想的做法是将整个屋面及地下室都划入采暖区域并进行保温隔热。这样便为将来的扩建做好了准备，可以确保所有的连接处都能做好保温隔热。内墙与顶板和地面之间的连接处由于易于损坏，在施工时尤其需要重视（图5-6）。

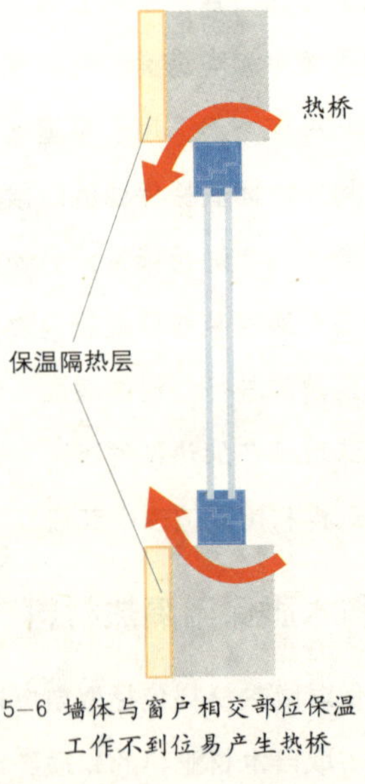

图5-6 墙体与窗户相交部位保温工作不到位易产生热桥

多厚的保温层才是有效的？

保温隔热层是值得的。至于保温隔热层多厚才是最佳的，首先对比一下需要额外支付的材料费用和建筑物运行期间的节能成果，看看是否合理。根据目前的保温材料市场和能源价格的发展状况，外墙保温隔热层厚度如能达到18～24cm之间，则是比较合理的，而屋面保温隔热层的合理厚度应在22～30cm之间。保温隔热层应该多厚，还要看保温材料的质量如何。保温材料都被划分为所谓的导热组别（WLG）。导热组别是依据保温材料的λ值来划分的。导热组别越小，保温效果就越好。市场上常见的普通保温材料的导热组别一般都在035～040之间，相对应的λ值在0.035～0.040 W/（m·K）之间。

当前现行的《节能法规》在有关参考建筑法的描述中，对于居住建筑规定了保温材料的标准参考值。U-值表现了建筑构件的保温隔热特性，反映了各层建筑构造的保温材料厚度和质量：

《条例》中对U-值没有规定最低值，只要能不超出年一次能耗的允许值，即可证明已达到能效要求。

从经济角度来看，早就可以使用更高的保温标准，就算不考虑可预见的燃料价格的上涨，这样做也是值得的。原则上来说：哪怕保温层厚度仅仅增加几厘米，也能明显感觉到更好的保温效果。

具有防寒和隔热双重功能的保温隔热层

早在多年前，工业界就开始提供冬季能够防寒、夏季能够隔热的墙体保温材料。一栋建筑物的附加保温层厚度即使很小，其年平均能耗也能降低超过一半。今天，保温技术如此发达，德国的某些建筑物甚至可能会全年无需额外供暖，仅靠室内热源的余热就足以满足其全年的热量需求。

夏季隔热的节能效果最明显。一般来说，将温度降低一度所需能耗是将温度升高一度所需能耗的4倍，最主要的原因是制冷需要耗电，而燃烧燃料发电的能耗损失要比直接燃烧燃料进行制热的能耗多得多。因此，夏季制冷是很昂贵的，需要作好隔热处理。

由于隔热系统能够有效阻止热量的传递，使得墙体不容易热起来，空调设施也就无需耗费很多的电量进行制冷，便可以将室温调节到

建筑构件	参考建筑的U值 [W/(m²·K)]	可采取以下措施（保温材料 WLG 040，无其他结构）
外墙	0.28	14 cm 保温层
屋面	0.20	19 cm 保温层
接触土壤的地下室	0.35	11 cm 保温层
窗户	1.3	双层保温隔热玻璃

舒适的温度。

外墙保温隔热系统具有双重功效：夏季能够防止墙体过热，冬季则可以防止墙体过冷。这样室内舒适度大大提高，因为墙体在夏季不再辐射令人感到不适的热量，而在冬季不再辐射冷量。

在中国，瓦克化学股份有限公司联合中国知名大学，如清华大学、同济大学和华南理工大学，在2002年10月到2003年10月期间进行了一项针对不同气候区域的保温隔热研究。研究项目在北京、上海和广州设立了6组试验建筑，每组各设一个采取和未采取保温隔热措施的房屋（图5-8），结果证明所有6组试验对象都节约了大量能源。研究结果尤其证明，保温隔热措施在任何气候带都值得推荐。

具体做法是：在每座城市各建两组完全相同的试验建筑，墙体材料因地制宜。其中，一组建筑被5cm厚的EPS保温隔热层包围，另一组不采取任何保温隔热措施。6组建筑都采用中国典型的电力空调进行全年的温度调节：冬天将温度控制在20°C，夏季控制在25°C。这样，在一年的试验期内，可以对三个气候区内采取和未采取保温隔热措施的建筑物的能耗数据进行比较。由参与该项研究的高校提供的几组测量数据表明：建筑物采取保温隔热措施不仅能够在寒冷地区节约大量能源，在温暖地区同样可以节约大量能源。其节约的电能总量见图5-9。

在寒冷地区，采取了保温隔热措施的建筑物的节能效果在冬天尤为明显，而没有采取保温隔热措施的建筑物内部的热量都经由墙体散失到室外去了。这里，采用哪种制热设备（空调、锅炉等）对试验结果没有影响。

在夏热冬冷和夏热冬暖地区，保温隔热层的“夏季隔热”效果十分显著。这里，保温隔热层阻止了建筑物外部的热量进入室内，从而降低了空调的制冷需求。

图5-8 不同地区的试验建筑

在三个不同气候区外墙外保温 系统均能大量降低采暖与制冷能耗
耗电量平均减少的百分比（2002年10月～2003年10月）

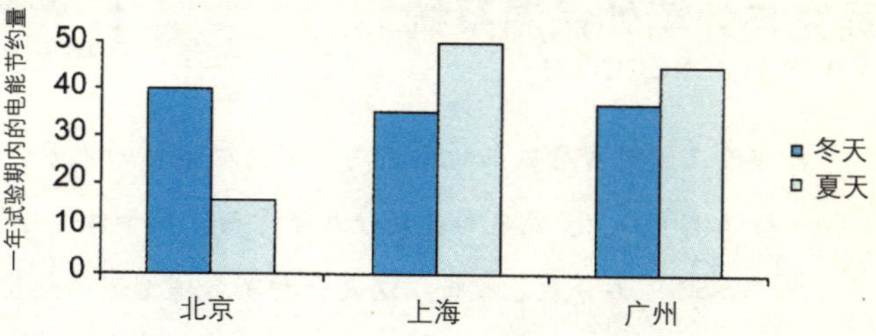

图5-9 各试验区的节能效果

何时采取保温隔热措施？

不能等到建筑物主体完工之后才开始规划保温隔热层。如果在选择建筑材料时就有所考虑，那么就能够将以后的热量损失降低到最低。优秀的建筑师总会找到墙体材料与保温隔热材料之间的最佳搭配，同时能够迅速地计算出这种搭配所能够节省的能源总量，以及哪种解决方案最经济。

保温层的质量是否重要？

建筑保温隔热层的施工至关重要，只有专业的建筑公司才有资格进行保温层的安装工作，当然它们选用的材料也必须为合格产品。否则，即使是极小的错误，如保温板之间有空隙或者保温板没能与墙体完全粘合，都将极大程度地降低保温效果。虽然在墙体贴面或墙面抹灰完成后，专家还可以通过专业评定发现这些问题，但事后处理这些错误所要付出的代价远比当初选择貌似价格低廉的公司或产品所节省下来的钱要高得多。

此外，保温材料的任何一个空隙都会产生热桥，而这些部位又很容易引起结露和发霉。

保温层的质量可以通过热敏相机（红外线热敏）进行评估。不同的颜色显示不同的表面温度，这样通过热敏图便可对不同部位的保温质量一目了然（图5-10）。

5.3.5 外墙与立面系统

如今，仅有石材、灰浆和涂料都不足以构成外墙，因为如果外墙不保温，房屋将损失太多的

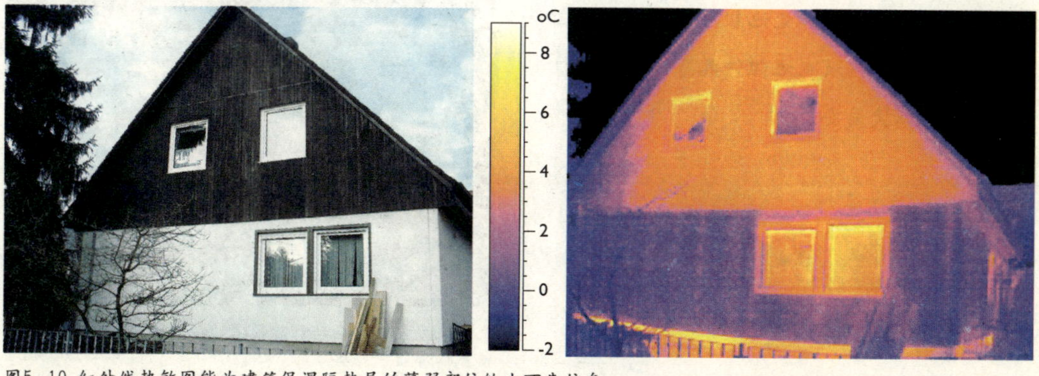

图5-10 红外线热敏图能为建筑保温隔热层的薄弱部位给出可靠信息

参考阅读

瓦克与外墙外保温系统

www.wacker.com

WACKER

总部设在德国慕尼黑市的瓦克是一家全球运作的化学公司，业务主要集中在有机硅化学、聚合物、精细化学品、多晶硅和超纯硅片等方面。用于外墙外保温系统的主要产品有：

VINNAPAS®可再分散乳胶粉：这是一种不含增塑剂的热塑性聚合物，其主要成分是醋酸乙烯酯和乙烯。它们是外墙外保温系统专用砂浆的关键组分。此外，它们还能降低吸水性，使得整个保温系统具有极强的耐候性和耐机械性。瓦克是可再分散乳胶粉的发明者和全球市场领导者。

SREP® 硅树脂涂料：由纯硅树脂乳液制成的SREP® 硅树脂涂料使得外保温系统不必担心因涂料防水、透气不佳造成的空鼓、起皮、开裂、变色、沾污等各种问题，保证整个体系25年以上的耐久性。同时，防水、透气又使得外保温系统长期保持干燥，杜绝了结露、渗水对保温性能的影响，大大提高了保温节能效果。

完美的外墙保温系统：无机保温墙体＋粘结砂浆+EPS聚苯板+抹面砂浆+硅树脂外墙涂料

在此之外，瓦克用于光伏产业的产品还有：多晶硅，瓦克是世界上最大的多晶硅生产商之一，拥有50多年的多晶硅生产经验；太阳能硅片，采用传统的铸锭切片工艺和专利技术——边缘限定硅膜生长(EFG)工艺，生产高质量硅片供应全球顶级太阳能光伏企业；有机硅封装材料，瓦克是全球三大有机硅制造商之一，产品用于电池片和电池组件的连接，紧固密封，确保电池片及电池组件具有很高的抗机械强度，保证使用安全。

瓦克充分发挥其在硅材料领域的技术优势，服务于太阳能光伏各级产业链

热量。在这样一个能源匮乏、能源价格飞涨的时代，处处防止能源的流失就显得至关重要。

除了传统的保温材料，如今的工业领域还能够提供保温砂浆。比如在所谓的保温砂浆内添加细小的保温颗粒。然而，其保温性能充其量只有传统保温材料的一半。若要获得相同的保温效果，需要涂抹更厚的保温砂浆，而保温砂浆的涂抹厚度是有限制的。从涂有4cm厚保温砂浆的墙体穿透的热量是从一面12cm厚保温复合墙体的4倍。因此，这样的砂浆本身无法替代保温层。单层外墙基本上有两种不同的保温方式（图5-11）：

- 外墙外保温
- 外墙内保温

外墙外保温

保温层安装在墙体的外侧表面。

面对众多其他的保温方式，应尽可能首选外墙外保温形式，因为外墙外保温不论在物理方面还是在建筑技术方面都是遥遥领先的最佳解决方案。

尤其是对于单层墙体结构（如实心墙体），外保温的方式就更加值得推荐。

如果外保温的设计和施工做得好，建筑物的外部面积则完全被保温系统所覆盖，从而能够避免可能出现的热桥或至少将其出现的可能性降到最低。节能设计阶段尤其要特别关注建筑物围护结构必须没有任何空隙。

采用外墙外保温可以避免室内一侧的墙体表面结露，从而阻止潮气穿透墙体所造成的损失和霉变的发生。而外墙内保温则有可能出现以上问题（图5-12）。

市场上常见的保温材料的安装厚度一般在6～16cm之间，如果使用加强型固定件，则厚度更大。在德国，无论什么样的保温材料，其保温层厚度一般不会小于10cm。

建筑立面的一些特殊部位尤其值得关注，如阁楼以及窗户或阳台与墙面接触的部位等。

图5-11 外墙的各种保温形式

图5-12 一幢多层建筑的外墙外保温

若处理不当，会引起热桥，从而导致更多的热量流失以及由潮气引起的建筑破损和墙体内侧的霉变。

保温材料应该一直做到与窗框交界的墙体内侧面。理想情况下，甚至可以将立面的保温做进窗框与墙面交界处几厘米，这样窗户与立面才能实现密封。因此，施工的顺序始终应该是先做主体结构，再安装窗户，最后进行保温处理。如果保温做好以后再安装窗户，就无法避免热桥。

若需加建阳台，可以使用特殊的安装系统，隔断阳台与墙面之间的热量传递。如果不做断桥处理，在阳台与墙面接触的受力部位将会产生热桥，在图5-13中的红外线热敏图中可以清晰看到。

如有可能，应将阳台设在外立面的保温隔热层外侧，避免形成热桥。

绝热复合系统

长期实践证明，绝热复合系统（WDVS）是一种有效的外墙外保温结构形式。保温材料、粘结砂浆和外部灰浆共同构成匹配完美的系统。粘结、安装和涂层等工序共同融入一个系统当中。每一层起的作用都不一样。施工时，直接将绝热复合系统安装于墙体之上，并进行抹灰。从外观看来，几乎无法感受到不同的层次。除此之外，WDVS甚至能够满足各种颜色的立面变化和复杂的墙面结构要求（如图5-14）。

依据不同的保温系统，外墙饰面可使用人造树脂灰浆、无机涂料及诸如瓷砖之类的材

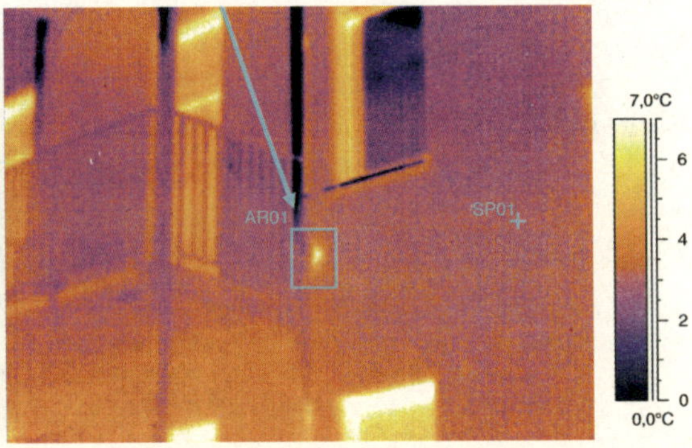

图5-13 阳台/阳台红外线热敏图

图5—14 改造后的多层住宅

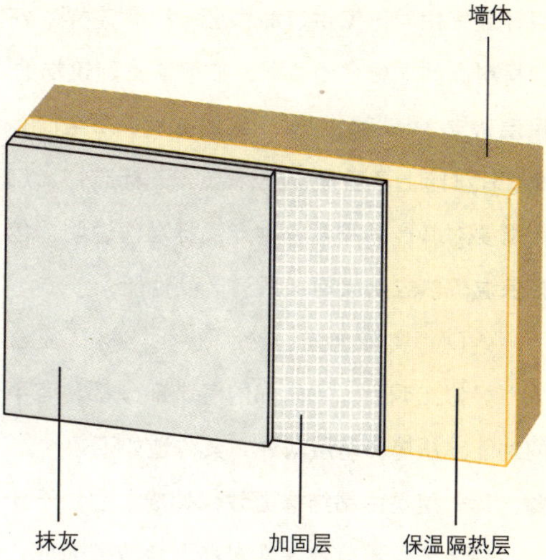

图5—15 绝热复合系统的构造

料。保温材料的选择应该因地制宜。较适合的材料有：聚苯乙烯（PS）、矿棉、泡沫矿物材料（矿物泡沫）构成的保温板或者木纤维板。绝热复合系统构造（如图5-15）。

考虑到防火的要求，最好选择欧洲级别为A1的矿棉和玻璃泡沫作保温材料，因为它们都是不可燃的。在德国，相关规定要求与窗框交界的墙体内侧面应当使用这些材料，以避免火灾发生时火焰蔓延至整个建筑立面及其他楼层。

WDVS系统的各组成部分，如胶粘剂、灰

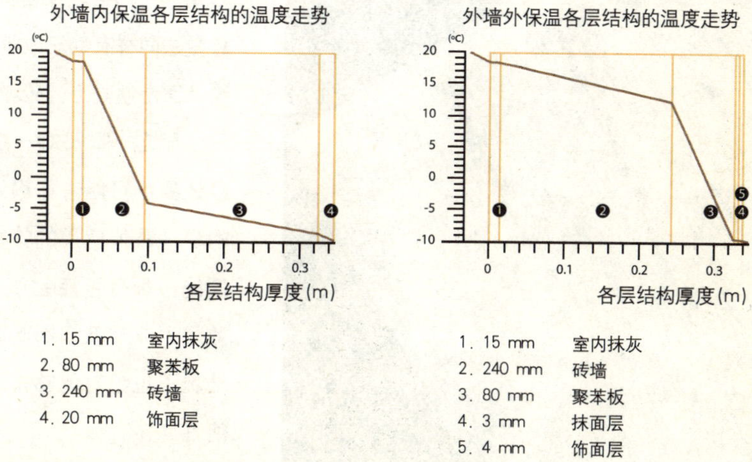

图5—16 保温墙体各层构造的温度走势

浆等最好由同一家供应商供应。只有这样，各种材料之间才更容易匹配。在德国，建筑物的保温隔热材料都根据DIN EN 13162至DIN EN13171印上了质量认证标志（CE标志）。厂家需要对其产品符合哪种产品标准作说明，包括保温隔热或防火等一系列产品性能。

WDVS实际上是一个“智能”材料复合体，好似三明治，它内部的各个部分都具有不同功能。从墙面基层向外，其构造如下：

■ 第一层是由粘结抹面砂浆构成，它由干粉砂浆与可再分散性乳胶粉混合浓缩而成。领先世界的供应商之——瓦克公司此处用到的是聚合物胶粘剂。在这样一个“三明治”内，粘结砂浆起双重作用。一方面它能够让保温板和墙体基面牢固地粘结在一起，另一方面又起到找平的作用。此外，添加的可再分散性乳胶粉增强了粘结砂浆必要的柔性，从而避免了保温板与墙体基面之间的位移。

图5—17 绝热复合系统的各层构造照片

■ 第二层是保温板，它既可以是聚苯乙烯硬质泡沫，也可由其他材料构成。

■ 再上面一层是加固层，在其内部，干粉砂浆混合可再分散性乳胶粉和内置的玻璃纤维或金属网格布一起加固了系统的稳定性。由于聚合重组后的砂浆柔性相当好，这样就能有效避免裂纹的出现。

■ 最外面一层是起装饰作用的灰浆、涂料或者瓷砖。一方面能够实现建筑立面装饰的多样化，同时还能防止水渗入复合系统内部。总之，这3层砂浆层各有妙用。而它们的共同之处是都对WDVS系统具有持续耐久的防护作用。

过去存在的主要问题是，保温材料如聚苯板很难与水泥牢固地粘结在一起。然而现在在砂浆内掺入现代化的分散性乳胶粉末之后，就足以在聚苯板和粘结砂浆之间建立持久稳固的粘结。这种做法同样有助于改善与整个基面的附着力，无论基面是混凝土、砖墙还是木质材料。

固定WDVS时一定要选择粘贴的方式，而且还要尽可能进行额外的锚固。这里需要注意的是：额外使用的锚栓，不管是塑料的还是金属的，都有可能会形成热桥。由于WDVS的扩散阻力非常低，因此即使在空气湿度特别大的情况下也绝对能够排除室内一侧产生露水的可能性。

要真正地实现节能并争取更大的舒适度，

参考阅读

外墙外保温与德国凯莱蒸压加气混凝土

www.ytong.com

德国凯莱集团（XELLA）是全球顶尖品牌建材制造商，拥有众多国际著名建材品牌，包括YTONG伊通、HEBEL砂加气混凝土、SILKA硅酸钙砖和MULTIPOR矿物保温隔热板等，在全球各地广受赞誉。伊通是凯莱集团旗下砂加气混凝土（AAC）的国际品牌，是砂加气混凝土的发明者和全球创新建筑系统的领导者。

1．蒸压砂加气混凝土

蒸压砂加气混凝土是以水泥、石灰、石英砂、石膏加铝粉发泡，经蒸压养护而成的细密多孔状轻质建筑材料（砌块和板材）。按密度不同，用于自保温系统的砂加气混凝土砌块主要有B04（400kg/m^2）、B05两种级别，其抗压强度平均值分别不小于2.5 MPa 和3.5 MPa，导热系数分别不大于0.11 W/（m·K）和0.13 W/（m·K）。

2．蒸压砂加气混凝土砌块自保温系统

砂加气自保温系统是将低密度等级的砂加气砌块（B04）和板材用于钢筋混凝土框架结构外墙填充墙或混合结构外墙，梁柱等冷热桥部位采用砂加气保温块或其他高效保温材料处理的外墙保温系统，也可直接采用板材作为外包于结构的墙体和屋面，形成外墙和屋面结构与保温层合一的自保温系统。

砂加气混凝土自保温系统性能：

防火性能：可以单独作为建筑防火墙的材料，10cm的加气混凝土，防火可以达到4 个小时以上。

饰面处理：墙体表面强度相对较高，砌块表面的抗拉拔强度都大于0.4MPa，方便以涂料或面砖饰面，不会出现空鼓等质量问题，抗冲击性能好，受损易修补。

耐久性：辅材和混凝土使用寿命相当，避免了重复施工，降低了建筑物的日常维护成本，全生命周期成本较低。

居住舒适性：砌块具有不连续的球状密闭多孔结构，具有一定的吸声性能，保证了建筑的“呼吸”功能，提高了室内空间的声效舒适度和环境的人体舒适度。

经济性：只需要单一墙体就可以满足保温节能的要求，不需要在墙体外面另做保温层，节约了材料和人工费用。

一定要注意系统生产厂商的操作说明。在建筑构件连接部位、墙角、窗边或围护栏等部位的施工过程中，应额外小心。尤其在墙脚区域应当采取防潮措施，而且底座托架的搭建也同样需要具备丰富的经验和知识。在固定底座托架时应当杜绝渗水现象。

相对于其他建筑立面的保温形式，绝热复合系统不仅价格实惠，而且安装方便，该系统在德国的安装历史已经超过30年。

安装一套WDVS系统绝对可以降低能源成本，改善居民的居住质量和员工的工作质量，并保护墙体不受潮及产生裂痕。因此这样一套绝热复合系统能够提升建筑物的价值。与此同时，设计师的创作空间也不会受到任何限制：每一面外墙都能呈现个性化的外观，也由此开启了建筑立面多样化的美学创造空间（图5-18）。

图5—18 变化丰富的外墙立面

幕墙

幕墙最显著的特点在于保温板和外挂饰面之间有一层空气层。建筑立面的装饰方式不是抹灰，而是外挂幕墙，幕墙与支撑墙体之间有一定的安装距离。保温材料正是安放在这个间隙之间。

构造上的这个空腔能够实现后部通风。有意地在幕墙上留缝以及在周边开些小口，为通风创造可能性。在有风或者太阳照射的时候就可以换气。如果施工方法得当，则建筑部件内部和内墙上不会产生露水。

所用的保温材料有矿物纤维、聚苯乙烯泡沫颗粒以及其他合适的材料。由于防火的原因，实际施工过程中通常会用到矿物纤维，也就是玻璃棉或岩棉。在幕墙系统中也同样要将保温板直接固定在墙面上。固定方法也与上面的系统类似，或者用干粉砂浆与可再分散性乳胶粉的混合物作为胶粘剂进行粘结，或者用锚栓进行固定。

幕墙的重量由铝质或木质的承重结构来承受。该结构由固定在墙上的预埋件和幕墙背后的连接件构成（图5-19）。

幕墙的外观则可根据个人品位和要求进行个性化设计。

模块化立面系统

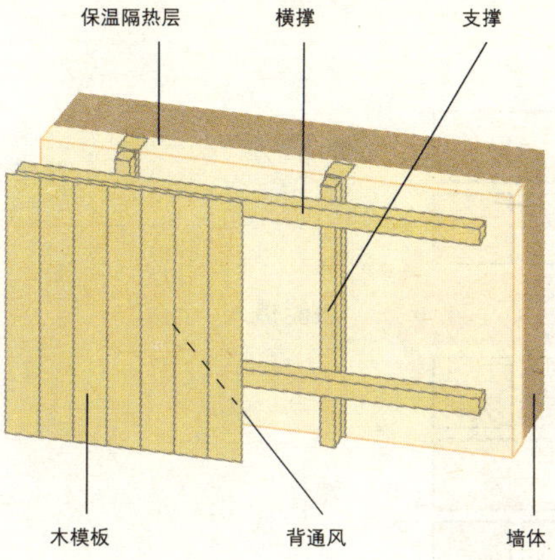

图5-19 幕墙构造示意图

模块化的立面系统特点在于它能够将不同的技术融合到一个系统之内。

建筑的立面承担了围护结构的功能和楼宇设备的任务，因此它具有利用太阳能创造舒适工作环境等多种功能。窗户上安装了遮阳和导光装置，可将光线导入建筑的内部空间。这样的一套导光装置能够创造良好的照明效果，因此只有在需要的时候才使用人工照明。具有热回收功能的夜间自然通风装置能够提供新鲜空气和舒适的日间温度。额外的通风和空调装置都是不必要的。模块化立面系统的空气间层作为太阳能集热器为建筑物供热，而一套光电设备能够节省所有的电气能耗。

透明保温系统（TWD）

透明保温系统和常规保温系统之间的差异在于前者能够额外地利用太阳能。一方面，TWD能够和传统的保温系统一样，减少热量的传递；另一方面，在冬季它还能额外地摄入太阳能。并且只有当太阳光穿过透明保温层到达实心墙体之后，太阳光才能被转化为热能。其原理与温室效应的原理完全一致，但是不会出现夏季建筑立面过热的现象，因为沿墙面方

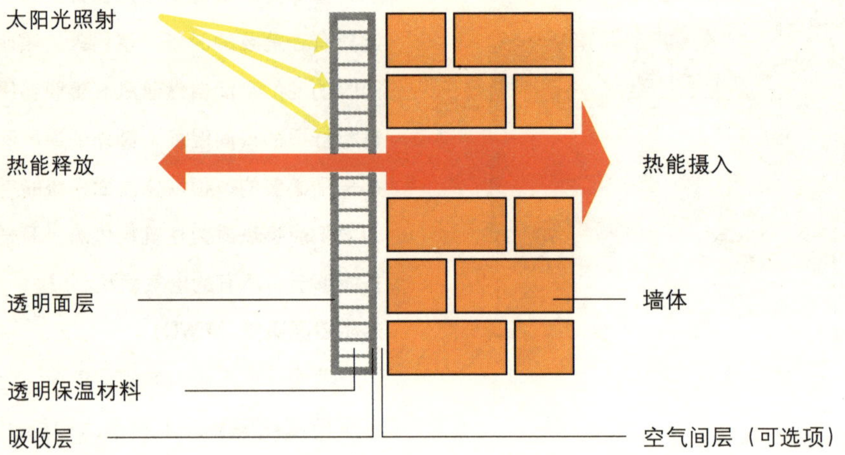

图5—20 采用透明保温材料的墙体示意图

向的能量传输只有在冬季太阳入射角度很低的时候才有可能发生。而夏季由于太阳的入射角度很高，热量将被透明保温结构反射回去（图5-20）。

目前有几种不同结构和材料的透明保温系统，绝大部分是蜂窝状或管状结构。

只有在向阳面安装透明保温层，才能有效地摄入冬季太阳能。每年因此可获得300kWh/m² 的热量。其综合U-值可以达到0.08 W/(m²·K)。

透明保温系统也可视为现代建筑艺术的设计元素之一。不过，就目前的情况来看，如果用节省下来的采暖费用抵偿投资成本，其投资回报周期还是要比常规的保温系统长。

外墙内保温

外墙的内部保温只有在无法实施外保温的情况下才用得到，比如说外墙墙面无法再加装保温层。我们不提倡内保温。在此将最基本的原因阐述如下：

内保温的工作只能交由专业公司完成，而且要选用高档的材料，并参照技术的最新水平。但还是可能出现以下的问题，从而大大降低建筑物的价值，甚至会限制建筑物以后的出租：

- 因楼板和内墙部位的热桥而造成的舒适度下降
- 因墙体、墙壁、窗帘和家具潮湿而造成的建筑损失
- 因墙面和家具表面发霉对居民的健康造成伤害

如果内保温在内墙和楼板处出现中断，将导致热桥的产生。热桥将大大降低保温效果，同时很容易因为冷凝作用而受潮受损。

为避免保温层的表面出现冷凝水，内保温的保温层通常需要加设防潮层。防潮层的材料可以是塑料薄膜或垫层薄膜，之间的接合处尤其值得注意，要确保此处密封及粘结的长久性，否则几年之后就又会出现潮湿问题。

在内保温的施工过程中务必使用合适的材料，同时施工过程要求加倍小心。这些高要求即使在今天也很难以满足，而且价格昂贵。因此建筑设计师/工程师的任务是，在规划阶段就应当尽量避免日后出现内保温的情况。

5.3.6 屋顶保温隔热

众所周知，热量总是往上升。因此，密封性良好并采取保温隔热措施的屋顶能够降低采暖能耗的损失。如果顶层顶棚和屋顶之间存在这样一个未加热的空间，那么那里就可以嵌入保温层。这种结构被称为冷屋顶。顶层顶棚的保温施工成本非常的低，而且也不复杂。只需要将保温材料铺设在屋顶面上，摊开或者倾倒都可以（图5-21）。每个部分都要接受检查，看是否需要加设防潮层或蒸汽阻断层，从而防止屋内的潮气渗入保温层。这种防潮层可以将潮气的渗透降到适当的水平。如果将屋顶地面作为储藏室或者类似的其他用途，保温材料应当能够经得住脚踩，也可在上面铺上一层可供行走的垫层，如刨花板。保温材料的厚度至少应为20cm。

对于既有建筑而言，如计划扩建屋顶或者更新屋顶覆盖结构，那么就可借此机会对屋顶采取保温措施。

平屋顶分采热屋顶和冷屋顶两类。

作为热屋顶的平屋顶

热屋顶的承重结构（或者也叫“不通风的

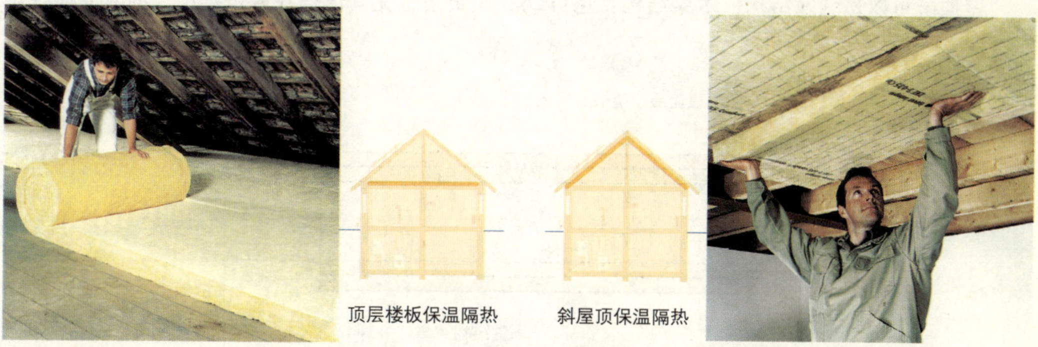

图5-21 在顶楼楼板铺设保温隔热层（左）或为斜屋顶铺设保温隔热层（右）

屋顶”）由钢筋混凝土板或者梯形型钢构成。这种形式的屋顶对结构和保温材料有着很高的要求。夏季高温能够达到80℃或更高，冬季低温达到-25℃，这些极端温度都会影响到保温材料的稳定性和密封状况。此外，风荷载及雨雪荷载也会影响到结构。另外还要考虑防火。平屋顶保温层至少应当达到难燃，最好是不燃。这就意味着燃烧特性等级最低应当符合EU-标准A2，B或C，当然A1更好（热屋顶构造如图5-22）。

适合的保温材料有聚苯板(EPS 或 XPS)、聚胺酯、矿物纤维和泡沫玻璃。

作为冷屋顶的平屋顶

冷屋顶的概念是在屋顶表层和下面的承重结构之间有一个未采暖的空间。保温层位于承重结构的上面，并留有一定的空间，这样，通过在保温层上部通风，便能确保保温材料不会因潮湿而受损。当然这要求通风设计充分合理（冷屋顶构造如图5-23）。

屋顶既可以是金属结构、木梁结构，也可以是带有屋顶覆盖结构的钢筋混凝土楼板。保温层的机械荷载较小，因为屋顶表层覆盖结构能够保护保温层免受机械方面的影响。

冷屋顶用到的保温材料应首选矿物纤维板和聚苯板。如果在承重楼板的上部进行通风设计，也可使用颗粒状保温材料，如珍珠岩。

屋顶绿化

夏季，屋顶绿化起到遮荫和减少热量向内部辐射的作用。冬季，它又能够防寒。植物能够让夏季的炎热、废气和盐分产生化合作用并使屋面保持凉爽。同时，植被还能保护屋顶免受阵雨的侵袭，改善室内的舒适度并起到防火和隔声的作用。在城市，屋顶绿化还能够清洁充斥着有害气体和粉尘污染的空气，释放氧气，调节空气湿度；它还能够阻挡30%～99%的雨水。还须提到的是，屋顶绿化使原本脆弱的屋顶表层结构在气候方面得到了很好的保护，延长屋顶结构的寿命。

屋顶绿化以及对屋顶面积的进一步利用以其经济性尤其值得在城市推广，同时屋顶绿化

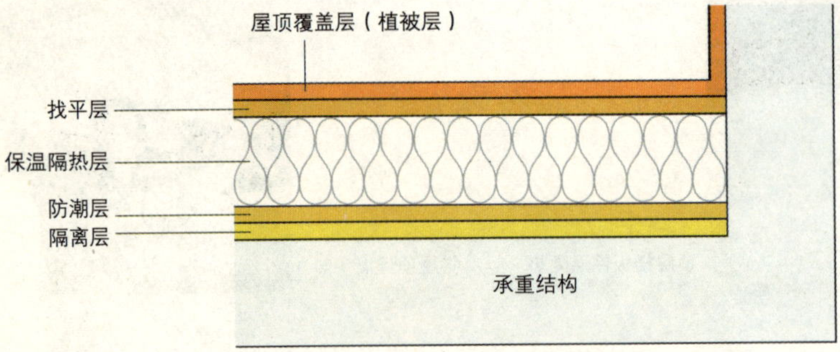

图5—22 热屋顶的构造示意

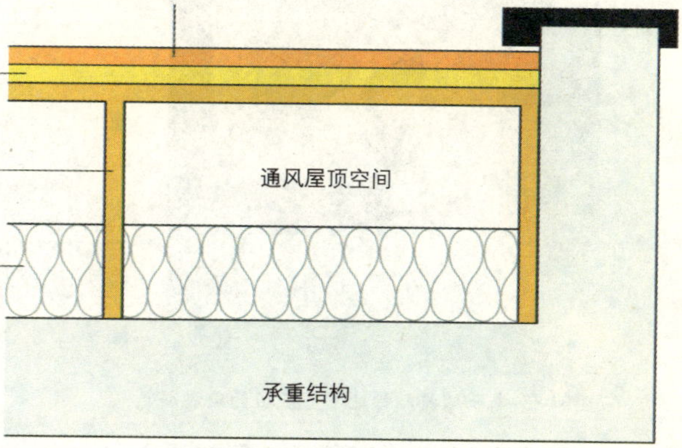

图5–23 冷屋顶的构造示意

也赋予了建筑物个性化的特征。中国的一些大城市已经出台了“绿色屋顶”政策。广州在2001年就启动了一项屋顶绿化的试点项目，现在还推出了“空中花园计划”。

绿化层位于保温层和防水层的上部，施工要求相当高。德国在这方面已经积累了多年的经验。相关工业领域多年前就已经掌握了技术成熟和符合标准的解决方法。

适合绿草、杂草和矮小树木生长的土质为植物培养基或腐殖土层。根据植被层的厚度不同，可分为密集型和扩散型两种绿化方式。

哪些屋顶适合铺设绿化带？

并非所有的屋顶结构都适合实施绿化。由于力学方面的要求，倘若进行屋顶绿化，则一定要由建筑设计师及时规划。比如轻型屋顶就并非适用于任何一种形式的绿化。对于轻型屋顶，可以在屋顶铺设一层薄薄的（最多10cm）轻质过滤层和植物培养基，同时还要采取防风措施。植被可选择耐干旱的绿草和杂草（图5-24）。

由于需要经常性地对绿化植被进行保养和维护，因此一条通往屋顶的通道是必不可少的。每年还要查看屋顶的女儿墙部位以及屋顶的渗透情况，检查灌溉和排水设备，以及植物的保养状况（剪枝、施肥等）。

图5–24 屋顶绿化

图5-25 与土壤接触的地下室底板的保温隔热

图5-26 地下室顶板的保温隔热

图5-27 与土壤接触的墙基的保温隔热

5.3.7 地面和地下室的保温隔热

无论地下室是否用作采暖室、工作场所或者其他，任何情况下都推荐进行保温施工。地下室保温层的安装位置取决于它未来的用途。如果地下室需要采暖，则地下室墙壁和地面都应当采取保温措施。

如果地下室不需要采暖，那么推荐对地下室顶板采取保温措施，这样底楼的地板就不至于太凉。地下室顶板的保温处理可随时进行。所选用的材料通常是矿物纤维板或EPS板。保温材料的厚度取决于地下室的高度，以不过度限制通道高度为宜，然而保温材料的最低厚度应当不少于6cm。

如果要将现有地下室改造成起居室，那么可能就需要对地下的潮湿墙面进行相应的干燥处理和修葺，而且要确保施工质量。否则，哪怕是一个小小的失误都可能导致巨大的工程破损。与土壤接触的地下室外墙的保温应当选择特殊的保温材料。这种材料不会腐烂，并且能够防潮和抵抗土壤的压力。这也就要求进行环绕式保温。环绕式保温层通常选用XPS板，少数情况下也选用泡沫玻璃板。

一个关键性细节就是：环绕式保温层与地面以上的外墙保温层必须是无缝连接。这里绝不允许产生热桥，更不用说渗水情况。即使是无需采暖的地下室，在地下室的外面采取环绕式保温措施也会起到积极的作用。

5.3.8 节能窗户

窗户的功能

窗户的功能非常多。对外，它能够体现一幢建筑物的设计风格，主要是为了达到建筑艺术的目的。对内，它能提供光线和新鲜空气。

不过，窗户对于建筑物的能耗也起着不容忽视的作用。它们可将光线引入，却最好不要让热量随意进出，此外就是能保证密封关闭。

窗户质量的一个重要指标就是U-值。U-值越低，流失的热量就越少。根据2009年版《节能条例》，装有保温玻璃的窗户U-值最好不要超过1.3W/(m^2·K)。这就要求玻璃的U-值大约为1.1W/(m^2·K)。U-值大于1.3W/(m^2·K)的玻璃目前在德国市场已很难见到。

现代化的窗户应该具有良好的密封性（图5-28），即使在刮强风时也不至于出现穿堂风现象。除了隔热和气候防护的作用之外，窗户同样发挥着隔声的作用。

且不论窗户的质量如何，要想达到预期的保温和隔声目的，窗户连同所有的接口的整体安装状况是至关重要的。

窗玻璃

■ 绝缘玻璃

不同于安装简单玻璃的窗户，装有绝缘玻璃的窗户至少由两层甚至三层高质量的玻璃构成。两片玻璃之间的空间应当经过绝热处理。中间要么是干燥空气，要么填充导热能力差的惰性气体，如氩气、氪气和氙气，这些惰性气体将发挥额外的保温隔热作用。

绝缘玻璃的安装有多种形式，其决定性标准是对热防护、噪声防护、透光率以及能量透过率的不同要求。

■ 保温隔热玻璃

保温隔热玻璃能够起到特殊的保温隔热效果。因此它尤其适合将进入建筑物内部的热量最小化。这种保温措施特别适用于大型的朝阳窗户，尤其是全玻璃封闭的写字楼或者炎热地区的建筑物。保温隔热玻璃的表面都用蒸汽喷镀了金属涂层，这层镀膜能有效限制热辐射，同时又具有很强的透光性。安装过程中，玻璃之间的镀膜都受到了保护。窗户内侧玻璃被室内热空气升温，然而由它向外部辐射的热量只有几个百分点（"LOW-E玻璃"）。光线可以进入，但是长波的热辐射却不能出去。

在一些中欧国家，如德国，专业安装的朝南的现代化窗户也显示了很好的热平衡作用，也就是说，全年之中它们给房屋输入的热量超过流失的热量。即使是朝东或朝西的这种窗户也能实现良好的平衡。

在北半球，只有朝北的窗户散失的能量超过它所获取的能量。因此最好将朝北的窗户设计得小一些，这种窗户只要能够满足非居室的照明和通风之用即可，如走廊和储藏间。

■ 隔声玻璃

根据需要，同样可以安装具有特殊隔声功效的玻璃。当室外噪声特别强时，用它再合适不过。方法是在玻璃之间加设薄膜或浇注树脂共同构成复合玻璃。隔声玻璃特别适合安装在嘈杂的街道两旁和机场附近的房屋内。

窗框材料

可作为窗框材料的有塑料（PVC）、木材、铝和多种材料的复合物。除了保温特性，还应注意它们的机械稳定性。同时，在保证关

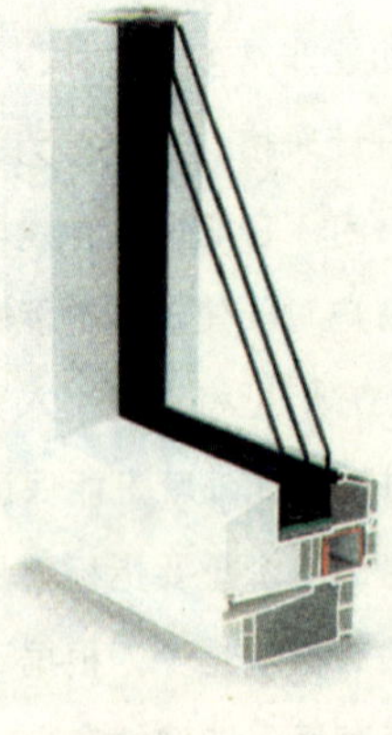

图5–28 窗户型材剖图：各空间内的保温隔热清晰可见

各种窗户的U值

窗户的U值U_w是由窗框的U值U_f、玻璃的U值U_g和窗框边缘热桥值所组成的。在选择窗户时需注意，所标的U值是整个窗户的U值。U值越低，窗户的热保温性能也就越好。以下有几个例子：

窗户	U_w值
双层保温隔热玻璃	1.4
双层保温隔热玻璃 —采用更高质量的窗框和玻璃	1.1
—采用被动式房屋的窗框 —比如三层保温隔热玻璃	0.8

（数据来源：德国能源署，IWU）

闭方式不受破坏的情况下能够实现温度均衡。家居窗户除了固定式窗户，基本上就都是推拉和悬窗。这几种窗户形式的主要优缺点都简单总结如下：

■ **塑料窗**

目前，塑料窗在德国市场占有大量份额。购买价与其他材料相当或更低。高质量的塑料窗经常年使用依然能够保持良好的外观。如果成分可靠，则光线和天气变化都不会对这种材料造成严重的破坏。除了偶尔清洁一下，无需进行其他保养。

■ **保温塑料窗**

塑料窗的多腔断面内如果采取保温措施，其节能效果尤为明显。而且在颜色和设计方面的选择范围非常之广。塑料窗框目前能达到U-值< 0.8 W/(m^2·K)。

■ **木窗**

木材的外表面需要经常进行护理。如果谁使用了木质窗框，却又出于成本考虑而要去降低质量和减少保养，那么窗户的使用寿命就将面临威胁。木材的制作费用低，从保温技术角度来看，木材作为窗框也十分合适。

■ **金属窗**

金属如铝的导热性非常强。因此，铝合金窗户最重要的一点就是要在窗框的内外侧之间采取绝热措施。不过，金属窗框却不怎么需要打理，而且使用寿命相当长。

框架式幕墙

框架式幕墙能够实现多种立面划分，可以和门、窗、玻璃以及嵌板等元素相结合。外部通常是铝滑轨，可有多种颜色。内壳为PVC材料。高档系统的U-值为1.3W/(m^2·K)或更少。对于面积通常很大的楼面来说，能源利用率高的设计对建筑物热需求和冷需求有显著的作用。而且在大风雨袭击时的密封性、隔声和空气穿透性等多方面也有很大的差别。

密封和通风

如今的技术已经能够实现玻璃与窗框之间以及固定窗扇和活动窗扇之间的良好密封。密封的建筑物能够降低能耗，即使在强风负载的情况下也是如此。通常采用在凹槽内嵌入灵活

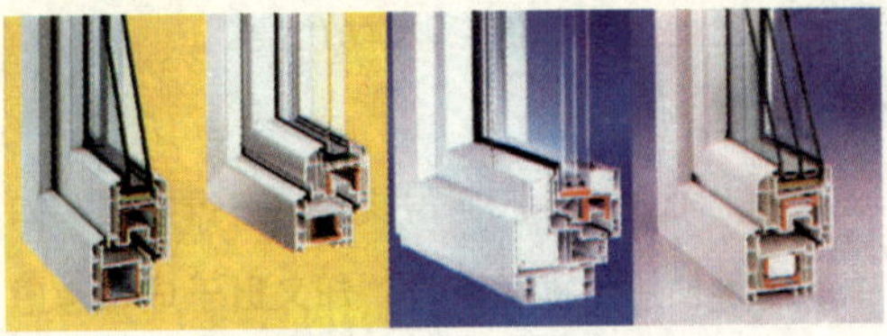

图5–29 不同窗框材料及窗框建造方式

的双层橡胶密封条的方法与窗扇固定连接。只有在极少数例外情况下才安装毛刷密封，如用到推拉窗上。

新窗通常能够很好地密封关闭。对于那些已经习惯了非密封窗户的业主来说，密封的窗户对他们来说可能是通风习惯上的巨大转变。原则上来说，为实现必要的换气，值得推荐通风设备。如果通风量不足，室内的空气湿度将不断增加，进而可能导致建筑构件的损坏和加快霉斑的生长。

如果没有通风设备，那么住户就要自己想办法换气了。长时间将窗户倾斜打开并不是很合算的做法。如果在几分钟之内同时对多个窗户进行“脉冲式通风”，则节能效果就明显得多。根据建筑物的实际利用情况，应当每隔几分钟就进行一次“脉冲式通风”。

一个折衷的方法就是在窗户上加设专业通风口，也就是所谓的外部气体送风口（ALD），这些通风口能够保证最低的通风量。

送风口的加设位置在窗户的上边角处，它取代了通常的密封条。当风压逐渐增大的时候，这个无需耗电的机械装置能够很快地感应到，然后自动关闭。这样住户就能生活在健康的室内气候环境下，而且他们也能避免自己的房子因受潮而贬值。

安装与安装位置

窗户的安装位置（图5-30）直接影响到能耗。过去窗户总是安装在平整墙面的中间。最佳的安装位置其实是外墙保温层的中部。一个很好的折衷方式是外对外的连接方式。也就是说，窗框的外表面与墙面平齐。接下来安装过程中应该干脆就将保温层压过窗框几厘米，这一过程并不要额外的固定元件。这样就为与窗框交界的墙体内侧面省去了保温层，而通常情况下，该处如果没有保温层就会构成有害的热桥。

绝热成像图片清楚地展示了窗户安装条件下的温度走势，一种带外保温，另一种不带。

为避免建筑围护结构内的建筑构件受损，对连接缝（结构缝、几何缝、固定缝、保温缝和密封缝）进行专业的设计和施工就具有头等重要的意义。

泡沫填缝无法实现长久密封。与其他国家类似，中国目前使用的泡沫填缝只能在窗户安装之初起到良好的密封连接作用。即使是在德国，人们也会在安装窗户时简单地在窗户周围进行发泡填缝。然而调查结果显示，这种发泡方式并不能确保持久的密封。原因是：相邻各材料的弹性模量不同，由此造成了沿连接缝方向的移动。这样，当泡沫老化及硬化之后就很容易出现破裂，致使窗户不再密封。相关工业界就此提供了专业的解决方法，即使用耐久的

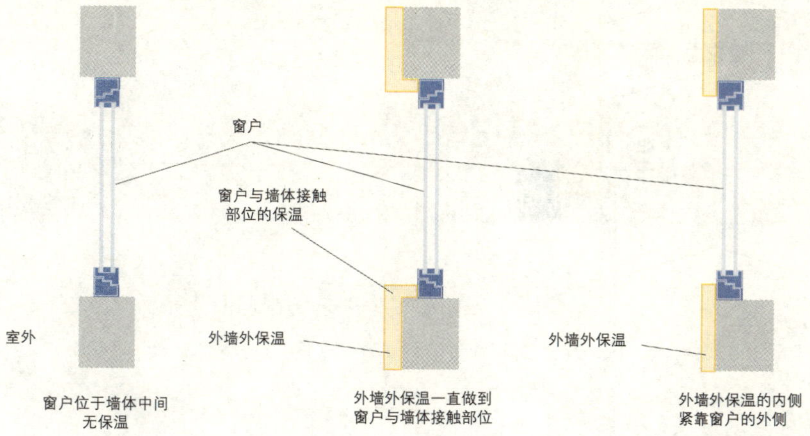

图5—30 窗户的安装位置

弹性密封条，其材料主要是矿棉、椰壳纤维、亚麻或喷涂软木。

同时，连接缝的无缝施工至关重要。因为即使是最小的开口，也会将用高成本获取的保温效果毁于一旦（图5-31）。

所有向内的连接缝必须是密封的。这里适用的原则是“内部比外部更加密封”。

此处的密封可选择防水材料，如建筑用连接铝带或者合适的丁基胶带。可将胶带用灰浆嵌入安装。

粘贴之前必不可少的一项准备工作就是对基面进行充分的处理。脱落、松散的基面无论如何都不适合粘贴任何东西。出现裂缝的后果就是能量损失和舒适度下降，甚至可能因为室内潮气的渗入而导致建筑破损。

外部密封的施工可采用事先压缩、浸渍和敞孔的密封条（如利用人工树脂阻燃的聚胺酯—软性泡沫材料）浸渍完成。重要的是，即使是在大雨撞击的情况下，这些密封条仍然能够保持密封，这项指标要在材料的特性中加以

图5—31 窗框安装位置
（保温隔热材料必须牢固地固定在窗框上）

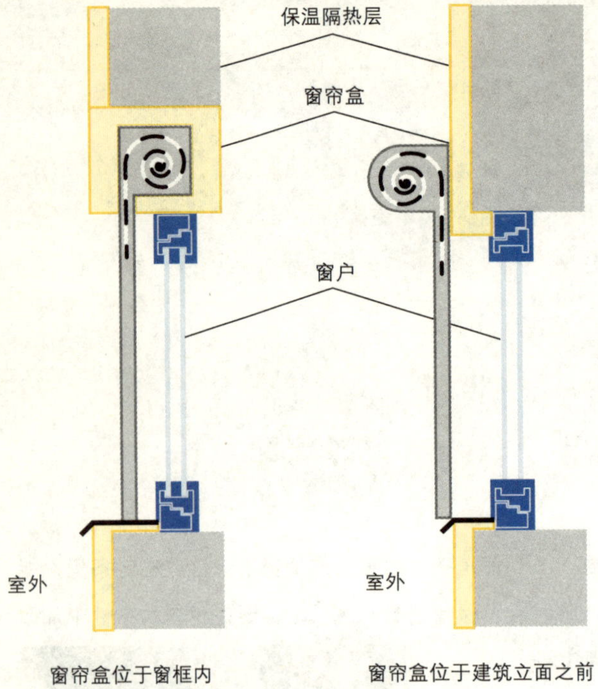

图5—32 窗帘盒

说明。单位是Pa(帕斯卡，水柱压力)，常规值为600Pa。

施工用硅胶只作修补之用。在进行外部密封时，我们强烈推荐施工方不要使用硬化的硅胶作密封材料，因为这种材料不能保持长久密封。在德国，这种硅胶在建筑领域的使用范围有限，只允许作修补填缝剂使用。也就是说，至少每10年就需要对它们进行一次更换。然而，对建筑物尤其是高层建筑物进行修补，涉及脚手架、吊车和升降台等一系列复杂工具。

但这并不是说硅这种材料有什么问题。只是工厂加工出来的或预制的硅质模型条还是更适合在外部范围使用。

窗帘盒

如果卷帘盒不做保温处理并且不密封，它们往往是能量的薄弱部位。因此，应该在卷帘盒的内部做保温（图5-32）。可以用胶带、橡胶塞儿或者刷子对接缝部位进行密封。密封材料必须具有长久弹性（如压缩密封条或丁基橡胶条）。这里决不允许使用建筑用泡沫。

窗前的推拉或者折叠箱都可达到同样的目的。如果需要对外墙采取保温措施，则需及早考虑。在进行安装固定的时候请务必注意，不要造成任何热桥。

5.3.9 遮阳与自然光的利用

遮阳措施是有效利用能源的一种方式，而且能够节省大量费用。在许多地区，夏季制冷的费用远远高于冬季供暖的费用。如果朝阳外立面上有大面积的玻璃，则始终需要安装外置式的遮阳装置。

一般可划分为外遮阳与内遮阳（图5-33）。另外还有位于窗户的玻璃之间的遮阳。这种系统的遮阳装置或是安装在两层玻璃之间，或是安装在双层外立面的中空层内。

内遮阳

内遮阳如窗帘或内置百叶窗等，其保温功效极为有限。安装在室内的遮阳装置都几乎无法阻挡室内升温，因为它们并不能真正地阻挡阳光的辐射以及转化为热能。这种情况下，应使用颜色特别浅的、能直接反射外来光线的系统。内遮阳系统常常设置在遮阳为辅、防眩目为主的地方，适用于窗户面积不是很大的外立面。内遮阳系统易于操作和维护，且价格低

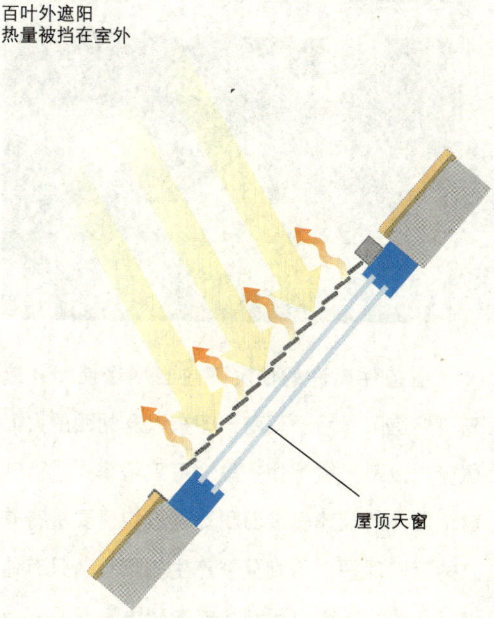

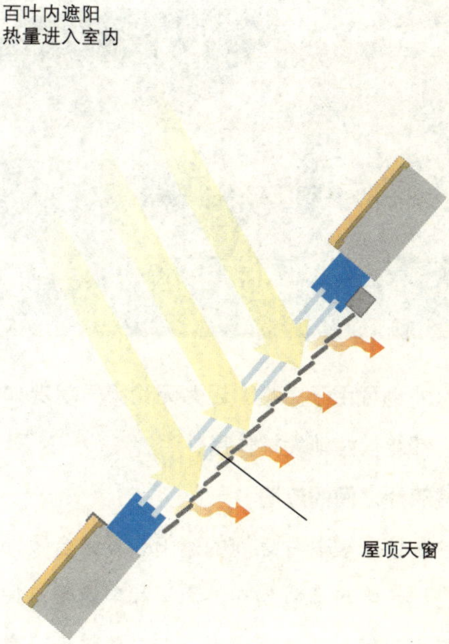

图5-33 内、外遮阳方式的区别：
外遮阳不仅能够挡光还能将热量挡在室外（左）；内遮阳会导致室内温度升高、降低舒适度、提高制冷成本（右）

廉。此外也可用于高楼，因为无论天气状况如何，它都能很好地发挥作用。

位于玻璃片之间的遮阳

这种位于玻璃片之间的遮阳装置结合了外遮阳（始终将热量隔离在外面）和内遮阳（如抗风暴和耐候）的双重优点。但是要特别注意把好质量关，因为如果遮阳装置发生故障，就要更换全套窗户。

外遮阳

在条件允许的情况下应当尽量使用外遮阳。外遮阳适用于朝南、朝东以及朝西的大面积窗户以及天窗等处，具体可采用薄片或百叶窗。较大的玻璃安装面积更是迫切需要进行有效的遮阳保护。否则夏季产生的热负荷只有通过制冷才能平衡，而制冷成本又居高不下。

外遮阳要求具有抗风和耐候性能，因此对其质量的要求就相当高。产品的质量保证期就显得尤为重要。另外，外遮阳的安装难度也不小。维修通常都要借助脚手架、吊车或其他专业升降台才能进行。

耐候性强的室外百页和牢固的窗帘盒是遮阳装置强度和稳定性的有力保证。

导光遮阳系统

创新日光系统具有遮阳和调节光线的双重功能。它不仅可以保护建筑物免于过热，而且还能为住户提供防炫光保护。同时，宽阔的视野和充分的室内自然光仍能得到保证。由两部分构成的百叶窗系统可实行上、下单独控制，叶片能够最佳地分配光线，而当云层遮蔽的时候它又能自动拉开。

窗户上部的百叶能够增强室内深处的照射强度，因为它们能够将太阳光直射导向顶棚，进而射到室内深处。阳光明媚的日子，则根本不需要额外照明。窗户的下半部分，即透光区域，和传统的百叶窗一样起到防炫目、防止室内升温的作用。以上两种功能可以结合在一个百叶窗系统之内。可根据功能的不同将百叶划分为不同区域。另外，百叶也可以利用散射光起到为室内照明的作用。

有各种形式的导光系统，它们可以安装在玻璃片之间，可以旋转，也可以自由悬挂。

创新日光系统赋予了建筑物独有的特征。从建筑艺术的角度来看，它非常具有吸引力。但是如果采纳该系统，则一定要由专业人士提早纳入规划。

节能型日光系统

工业建筑领域有一种透明保温层可用作节能型日光系统。太阳直射光首先被转化为散射光，然后被均匀地导入室内深处，因而室内光线温和且没有眩光。只有在极少数的情况下才需要辅助遮荫设备。耗电量也将随之下降，因为不再需要人工照明。

材料可选择气凝胶（5%硅，95%空气）。作为玻璃间的填充材料，它能够中断太阳光。

不同日光系统的比较见图5-34。

可切换式玻璃

可切换和可调节式玻璃能够根据实际需求对能源和光线进行调节，不仅如此，它还为建筑设计带来更多新的可能性。切换完全可以依据辐射强度和室内温度自动完成或手动完成（图5-35）。

可切换式玻璃尤其能满足办公室和行政大楼在灵活性方面的要求。为了最优化地利用日光和降低制冷负载，最好将建筑物表面划分为不同区域，然后将可切换系统与遮光和遮阳系统融合在一幢建筑物内。

依据切换方式或结构的不同，可切换式玻璃可分为电子染色玻璃（通过电流染色）、气体染色玻璃（通过改变气体的混合比例来染色）和光染色玻璃（通过温度变化使玻璃变混浊）。

电子染色玻璃可安装在屋面的任何一个区域，竖直、水平或倾斜都可以。

气体染色玻璃建议主要安装在窗户的上部或者连续散光的地方，因为在切换状态下无法看到室外。

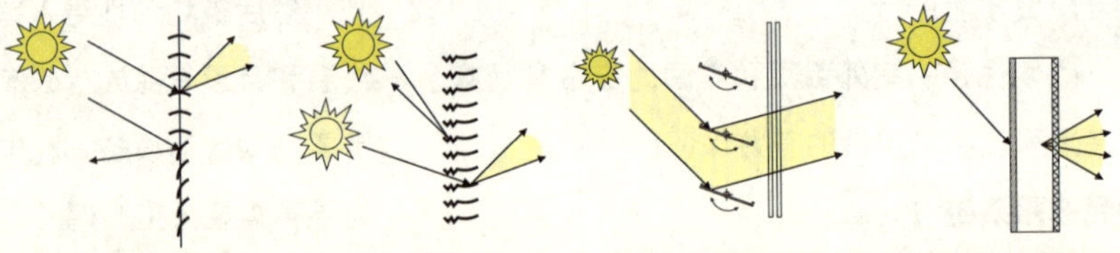

系统	百叶用于改变太阳光入射角度	具有双重功能的薄片	可转动薄片	可控系统
安装方式	立面：内、外，玻璃片之间的空间	立面：内、外，玻璃片之间的空间	立面、屋面：外	立面、屋面：玻璃片之间的空间、玻璃内部
防直射光		+	+	
利用直射光	+	+	+	+
防散射光				
利用散射光		+		

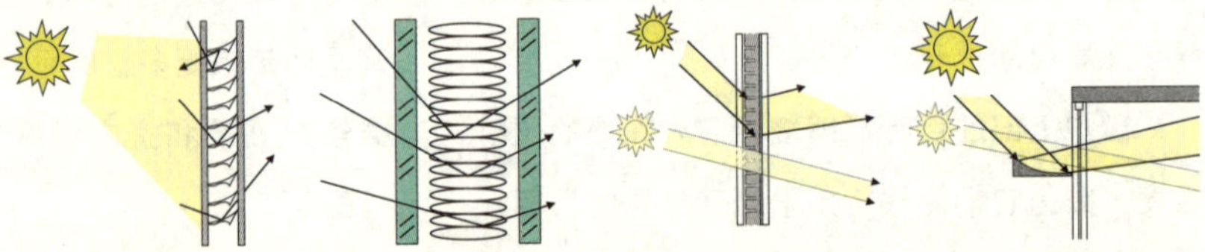

系统	具有反光镜功能的玻璃	反光立面位于玻璃片之间的空间内部	百叶结构位于透明保温材料内部	斜撑改变光走向
安装方式	立面、屋面：玻璃片之间的空间	立面、屋面：玻璃片之间的空间	立面、屋面：内，玻璃片之间的空间	立面：内、外
防直射光	+			
利用直射光	+	+	+	+
防散射光				
利用散射光			+	+

图5—34　不同日光系统的比较

图5—35　一天内不同时刻的可切换式玻璃：（左）无太阳直射；（右）有太阳直射（遮阳）

5.3.10 气密性与热桥

气密性

保温水平越高，通过热传导（传输）从建筑部件流失的能量比例就越小。也就是说，由有意或无意通风造成的热损耗比例随着保温层厚度的增加而减小。在现代化的、隔离效果良好的建筑物中，由换气产生的热量损失可占总热损耗的2/3之多。因此加强气密性而减少过高频率的换气次数与降低热量需求、采取保温措施和热量回收同属于最高级别的节能措施。

除了造成不必要的能量损失，气密性差还将导致建筑缺陷和穿堂风等现象的发生，进而降低居住的舒适度。反过来说，气密性好能够改善室外噪声和邻里之间的噪声环境并提高空气质量。

只有气密性良好的建筑物才能真正实现节能，达到预期的舒适度以及避免建筑受损。密封性差意味着在设备上的更大投资，意味着不得不靠功率更强的制热和制冷设备去弥补不必要的热损失。

为避免建筑物围护结构出现不密封的现象，以下部位值得特别关注：

- 建筑结构内部的门窗密封（由出厂状况决定）
- 门、窗框与墙体的连接部位（借助粘结或抹灰等方式）
- 建筑物围护结构上的开口，如风机口与通风口、空调设备及电线和管道的预留口。如果用于布线的暗线插座的安装出现失误，也会导致明显的漏气现象

虽然门窗的密封是由厂家的产品质量决定的，还是要特别注意委托专业公司进行安装。例如，通过发泡的方式实现窗户的长期密封是不允许的。请您同时注意上述“安装和安装位置”中针对窗户的相关说明（根据平面图更新）。

图5-36 鼓风试验：检验建筑物的密封性

可通过鼓风试验检验建筑物的密封性。试验可以在工程竣工后请专家进行，专家可以比较容易地随时检验出建筑物的密封状况，并且十分可靠（图5-36）。

鼓风试验的具体操作是这样的：关闭门窗，借助经过校验的风机先产生负压，然后再在建筑物中产生50Pa的正压。建筑物围护结构的气密性越差，风机用来达到和保持压力所需的功率也就越大。这样就可以确定建筑物的“标准”气密性。为了能进一步修缮所发现的不密封处，必须在密封施工结束后、但必须在室内装修工作开始前进行鼓风试验。只有这样，一旦需要修缮，才可能不必花费大量额外的物料和时间，并将成本控制在一定范围内。

成功的鼓风试验对于遵守德国能源法的规定具有积极意义。特别是对那些装备了机械通风设备的建筑物进行鼓风试验尤其重要。

热桥

在建筑物的一些薄弱部位，越来越多的热量通过传输从那里流失，这些薄弱部位即称之为热桥。这里的热量损失相对于相邻构件来说显然更大。哪怕只是唯一的一个热桥也能让构件的热损失增加一倍。对于具有良好保温隔热水平的构件来说更是如此。

原则上来说，热桥可氛围结构性热桥和几何热桥。几何热桥包括如建筑物的外侧棱角或屋顶竖窗。建筑物外角的墙壁面积要大于内

角。这种情况下，散发热量的面积（室外）和提供热量的面积（室内）之比就比一面笔直的外墙要差，因为后者的上述两个面积是相等的。因此，室内墙角的表面温度就要低于平直墙面的表面温度。

所谓的结构热桥是指具有热工功效的建筑构件不会（不仅仅）受到几何形状，而是受到构造变化的影响，比如说阳台板插入外墙中。这种变化所产生的效果原则上与几何热桥的效果相同，只不过通常影响范围要大得多。未经保温的阳台板会通过与外墙连接的部位向外散发热量。而墙内侧的温度会明显低于相邻的内墙表面，如果低于室温露点，那么在冷的墙体表面便会出现结露。在这些部位的相对湿度达到100%之前，便会出现霉变现象。

热桥通常由阳台、建筑立面上的锚固件、复合隔热系统的固定件以及管道与电缆等构件穿透建筑物围护结构和建筑保温层所造成。与窗框交界的墙体内侧部位不作保温隔热处理或存在施工缺陷也会引起热桥。

热桥存在的证明

安装有散热器的墙洞也是典型的热桥，虽然一般不会产生霉斑，但会造成严重的热损失。由于这部分墙壁的横截面被缩短，因此在建筑结构上就出现了薄弱环节。同时，散热器使室内温度明显升高，而这又加剧了热损失。

第三种类型的热桥是那些施工中产生的不密封处，这样，温暖的室内空气便会透过密封层上的“漏洞”散逸到室外。这类热桥尤其需要关注，因为温暖的室内空气会带走大量的湿气，而经年累月下来，湿气常常会渗透和聚集到建筑结构中，人们却毫无察觉。与较为明显易见的霉斑相比，修补这类热桥所需的费用常常是前者的好几倍。

对于不密封处，可以通过鼓风试验来发现。而结构和几何热桥则可以通过红外成像来证明。

在冬季进行供暖的楼内，通过在建筑围护结构的表面安装红外感应相机进行拍照记录。不同的构件温度通过不同的红色调和黄色调呈现出来。这样便能可靠地发现点式、线形和大面积的热量损失（图5-37）。

目前在德国，建筑施工过程中经常会进行

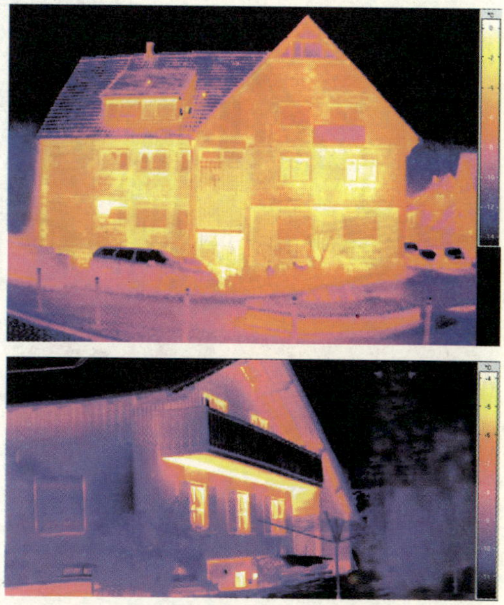

图5—37 红外线热敏图显示建筑薄弱部位及热桥

鼓风试验和红外成像测试，以确保施工质量。这样便可以在施工过程中及时发现并消除存在的缺陷和不足，否则会常常造成后期修补费时费力。

图5-38 钻探工作（利用地热）

图5-39 单户住宅内利用现代化中央供热系统

5.4 供热技术的节能

通过对楼宇技术的合理规划，可以对能源需求产生积极的影响。长期来看，节能建筑不仅能够节约支出，还能提升建筑的价值。此外，节能建筑还能提高居住和工作的舒适性。

供热系统为建筑提供由于通风和散热而损失的热量。如果保温做得好，建筑物所损失的热量很少，所需要补充的也就不多。节能的建筑能够减少所需的供热设施规模。一次能源需求和二氧化碳的排放是由所选择的供热技术及其所采用的燃料所决定的。

5.4.1 热舒适度

住房和办公场所的舒适性主要取决于房间的舒适性，而房间的舒适性则受到楼宇技术的影响，主要通过温度、湿度和空气流通速度等参数来体现。

要使楼宇技术达到较高的能效水平，“温度”值起着决定性的作用。这里所说的“适宜的温度”，即冬暖夏凉。要达到这个舒适的目标，只改善房间保温是不够的。以下几个标准可以作为评价温度舒适性的指标：

- 辐射的不均匀性
- 是否有穿堂风
- 围护结构的表面温度

即使是在保温良好的建筑物内，也无法自动调节到适宜的温度。只有把适当的建筑设计和采暖空调设备技术有机地结合起来，才能创造出舒适的温度条件。尽管人们普遍认为，只要加强建筑保温就一定能改善建筑物的热舒适性，因此那些保温良好的低能耗建筑无需特别重视建筑物的热舒适性这个问题。但是，各种不同的热量补充措施，对营造舒适的室内环境以及挖掘节能潜力起着决定性的作用。

以下因素直接影响室内气候的舒适性：

- 建筑结构的(冷)辐射
- 冷空气对外部建筑构件的作用
- 室内采暖设备(散热器表面；地采暖的地面）以对流和辐射形式的散热
- 由于必要的换气而进入室内的外部空气
- 从通风装置进入的比室内空气冷或热的空气

如果建筑方案和空调采暖房方案没有很好地结合，可能会带来不良后果。房间的使用者就会觉得不舒服，比如房间有穿堂风，觉得脚冷，房间太冷或太暖。为了改善这种情况，他们会提高采暖或者制冷量，或者减少通风。前两种情况会增加能源消耗和设备运行费用，而减少通风会使有害物质聚集在室内空气中，从而形成有害真菌，还可能造成建筑物破损。

5.4.2 分散与中央供热设备的比较

集中供热的优点

■ 取暖炉或者其他单体采暖设备直接向其所在的空间供热。每个采暖的房间必须各自调节，一般来说，不可能根据采暖需求进行总的控制。为满足建筑使用者的个人需要而安装取暖器比采用集中费用要高

■ 一般来说，使用中央供热时，热源和散热器在空间上是分开的。供热锅炉也可以安装在室外，热量则由此输送到各个房间。这样可以节约宝贵的使用面积

■ 多个单体供热设备的保养费用——例如居民家中炉子的调节或单体小锅炉的调节、燃烧室或者热交换面的清理等工作的花费总和，总是比一套中央供热系统要高。因为能节约燃料，所以给中央供热系统进行这些保养越来越成为一种趋势

■ 在单体供热设备基本上不可能通过热泵或太阳能装置使用可再生能源，或者至少要比在中央供热系统中使用可再生能源贵很多。而有中央供热的建筑物，不论是新建建筑物时还是旧房改造，都更容易使用这些新技术

■ 目前，中央供热的能源费用和运行费用比分散供热要低很多

分散供热的优点

■ 集中供热设备的购置费用常常比分散供热高很多

■ 安置在建筑物供热区域外的集中供热设备，如果没有足够的保温措施，那么在较冷环境中，锅炉和输送管网的热损失就比较高。但是可以通过良好的设计和施工来降低这种损耗

■ 不需要计算采暖费用，因为只要确定燃料（通常是煤气、天然气）的费用就行了

■ 使用单体供热设备时，暖气的输送不会产生热损失

此外，分散供热特别适用于燃气供热系统的热水供应

分散式单体供热设备的购置费用较低。但是，如果在经济性计算中除了投资费用外，还计算长年的运行费用，集中供热则更有优势。

5.4.3 热水供应

在热水供应系统中基本上也存在两种不同的供应原则：中央或者分散。

在决定采用哪种系统时，应该考虑各自不同的特点。其中包括各个系统的购置费用、供热系统的经济性、待机损耗以及结合可再生能源的可能性等。但是无论采用哪种系统，使用

者在舒适性方面几乎感受不到任何差异。

中央热水供应

新式的供热设备除了给建筑物供热外还可以给生活用水进行集中加热。

对于一般的、特别是较大量的热水需求而言，对生活用水进行集中加热是比较经济和节能的。中央热水供应系统（通过选用相应规模的设备）几乎可以随意控制热水流量的大小，使用户使用起来格外方便。此外，中央热水供应系统更容易和太阳能或者其他的可再生能源技术相结合（图5-39）。

要注意储存生活热水装置所产生的热损失。考虑到人们在今后长年累月的使用中节约的运行费用，支付额外的费用进行保温是值得的。在安装循环泵时一定要注意，安装的缺陷会造成大量的能源浪费。所以在安装循环泵时至少要设计并安装一个定时的、最好是恒温控制的断路开关。

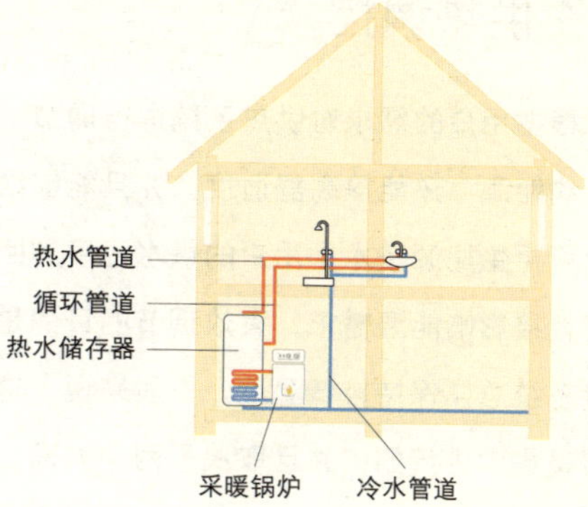

图5—39 中央热水制备

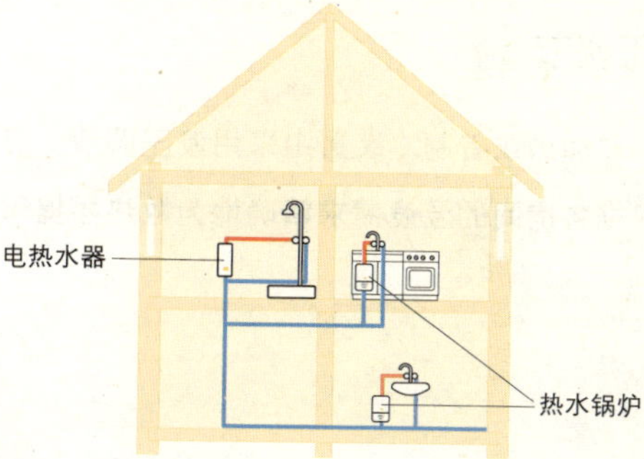

图5—40 分散式热水制备

分散式热水供应

和集中式生活热水加热的储水容量相比，尽管分散式生活热水加热的储水容量较小，它的待机消耗却相对较高，并且大多数情况下设定了严格的送水功率。较低的购置费用带来的是高额的运行支出，而且也不可能采用可再生能源技术（图5-40）。

5.4.4 供热调控

根据用户的需求对供热系统进行调节，既能节约能源，还能提高舒适度，并且能够结合采用可再生能源技术。用户的供水温度和回水温度直接影响能源需求。有效调节的目的是使采暖系统总体保持较低温度。一般来说，这种调节是集中进行的，并且取决于两个方面：供水温度和单个房间的温度。

液压调节

在加热或者制冷装置中采用液压调节，可以根据各房间的温度需求精确地为散热器提供所需的热量或冷量。在设备运行时，通过精确的设计和调节就可以做到这一点，也可以进行事后的液压调节。

根本上说，对供热系统进行专业化调节有三个理由：显著节约运行费用、可以结合利用可再生能源技术、提高舒适度。可以通过变频泵、管线调节阀和温控器来进行调节。

供热系统的液压调节（图5-41）。左图中的散热器温度各不相同，供热设备没有进行调节。右图中尽管也安装了各种散热器，但供热设备进行了调节。

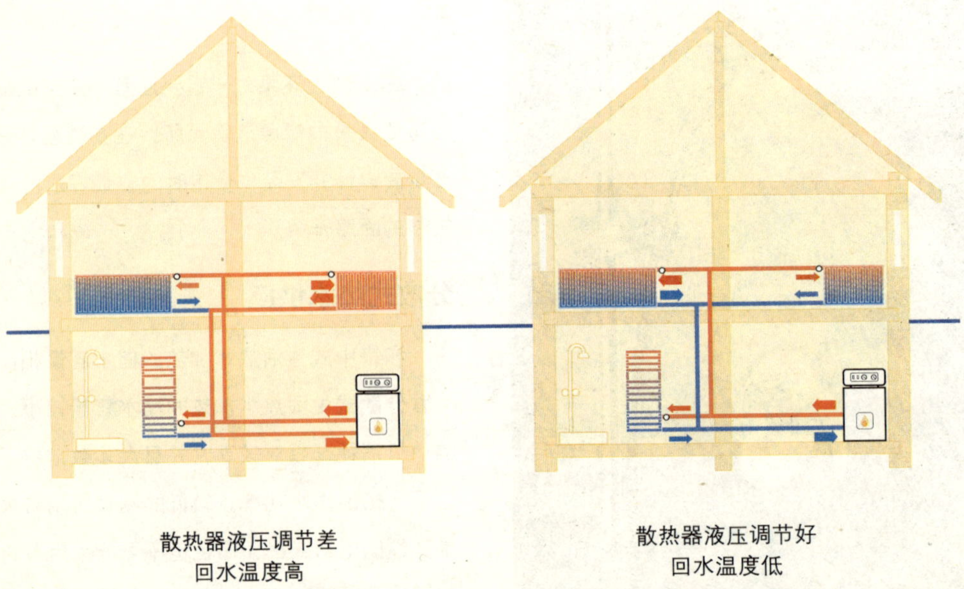

图5-41 供热系统的液压调节

过去因为供热调节不够，经常会安装一个过大的循环泵。使用这种“方法”——选择足够大的泵，即使散热器调节不到位，运行一段时间后也总会达到设定功率。而之前，流量可能正确的散热器中，这种“过分”尽管不会因为热功率太高而被察觉，但是往往会造成很强的水流噪声。

大多数用户（如果他能够注意到泵的运行有所变化的话）对此是“满意的”。因为所有的房间都暖和了，采暖的目的看上去是达到了。虽然用户需要习惯供热系统所产生的噪声，但这也是可以承受的。过大的泵除了电耗更高以外，还会使系统的温度偏高，从而使散热系统对回水温度冷却不够，由此增加不必要的能耗。如果泵的速度较低的话，热水就有更多时间在散热器中进行冷却。

若想运用良好的调节功能来节约燃料，以下两点非常重要：

- 较低的系统温度，即较低供水温度和较低的回水温度。较高的系统温度会造成较高的运行损耗、待机损耗，以及例如使用热泵采暖时非常高的电耗。如果回水温度太高的话，会影响冷凝式锅炉的冷凝效率，从而耗费更多燃料。
- 当结合太阳能进行辅助采暖的时候，如果回水温度过高，会造成系统功能完全失效。因此，一定要严格控制回水温度，使其保持在一定的温度范围内，否则太阳能设备在冬天将无法起到提高回水温度的作用。

可以采用不同的措施进行专业要求的调节：特别值得推荐的是使用变频泵，它可以根据每天和每个季节的气候变化，灵活地调节其消耗功率，并可以合理地调节供水和回水的压差。此外，这还是避免噪声和保持回水温度最低的有效手段。

特别值得推荐的方法是在散热器上安装温控阀，这样既能控制整个系统的水流量，也能控制每个散热器的水流量。这种方法一个很大的优点是，不用同时提高供水温度就可以降低回水温度。使用热泵时也可以采用这一方法，因为它不会增加热泵的电耗。

图5—42 恒温调节头（左）和管束调节阀（右）

恒温阀

根据如今的需求，每个房间都应该有各自不同的温度。散热器上简单的阀门只能或开或关。其他因素的影响，比如阳光照射、人员、电脑或者由烹饪和洗衣所产生的热量都在给房间供热。即便由这些因素所产生的热量已经足够了，使用简单阀门的散热器还是会继续供热。手动的简单阀门只能提供粗略的调节，只能控制热水的流量。

如果使用恒温阀，则能够调节到所需要的温度。当热量足够时，恒温阀能抑制热量的继续流入或者关闭散热器。因为考虑到其他热量来源的共同作用，就能减少流过散热器 的水量，从而节约能源。

恒温阀有一个温度感应器，这是一种充气或者注蜡的膨胀元件。它不断地测量室内温度，并对温度变化迅速作出反应，据此重新设置热水的流量。

如果散热器失灵，就有产生热阻塞的危险，导致感应器无法精确地测量房间温度。为了避免这种情况，会在距散热器大约1米处安装一个遥感器。感应器和阀门之间用毛细管或者遥控装置进行连接。

室温感应器

一套采暖设备可以根据一个“主房间”或者外界的气候来调节。所谓的“主房间”是指一个使用频率最高的房间。根据房间进行调节时，用一个室内温度感应器测量主房间内的温度。一个中央控制器据此决定所需的供水温度。供水温度感应器会控制和比较供水温度。在主房间内不能安装恒温阀，因为中央控制器和恒温阀会互相干扰。然而，使用这种调节方法时，如果各个房间的温差太大的话（比如由于阳光照射或者人多），就不可能让所有的房间都根据需要进行控制。

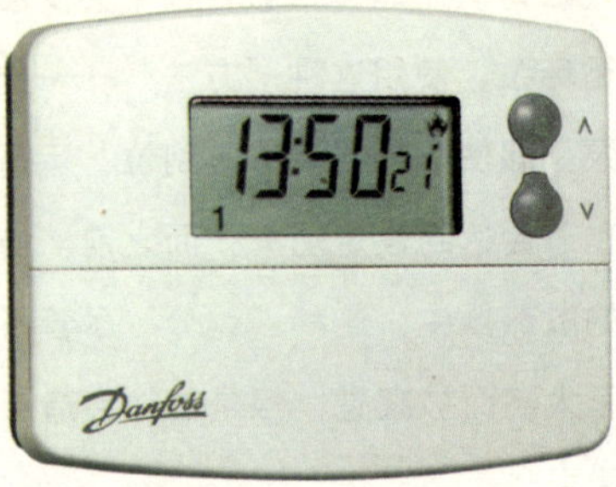

图5-43 室温感应器/室温调节器

根据气候进行调节

在大型建筑中可以根据气候进行调节。安装在建筑物北面的温度感应器测量室外温度，包括日照和风速。中央控制器根据这些参数和加热曲线来设定所需的供水温度。加热曲线是根据室外温度和供水温度的数值描出的。

控制器根据这两个测量值选择一个合适的曲线用以设定温度。不同加热曲线的倾斜率和楼宇内不同的热量需求、布局和使用者的情况相对应。

调节装置必须可以根据一天内不同的时段进行调整。可以用一个定时自动开关在晚上降低供水温度。根据不同的建筑物和采暖系统，供水温度可以分别下降3～8℃。如果建筑物的保温性能很好，部分区域夜间可以完全关闭采暖系统。对只在工作日使用或长期无人使用的状态下（休假时）的采暖系统，可以使用日控或者周控程序。

电子热泵

热泵的功率应该和采暖系统调整一致。通常情况下热泵的规格会偏大，它的功率也会比实际需要大好几倍，所以很费电。如果热泵的规格计算错误，再加上错误的管道尺寸或者管道安装有瑕疵，就会产生恼人的噪声。

循环泵必须根据气候和使用时间自动开关。先进的循环泵还可以在运行时按照实时需求进行准确的调整。省电的循环泵可以采用电动调节，并采用同步电动机而非异步电动机。这种泵在低速运转时很省电，最高可以节约80%的传动能。

5.4.5 建筑物内部的热量分配

热量传输和散热面

热量从产生到到达被加热的房间，可以通过空气、热蒸汽或者热水进行输送。而蒸汽采暖几乎已经完全退出了现在的市场。

热空气采暖虽然可以很好地满足热量需求，但是其独有的对流效应会使室内气候非常不舒服。当然也有例外，在保温性能特别好的建筑物内就不会有这个问题，比如被动房屋：这种房屋利用通风设备通过热空气进行采暖。由于气体的比热容较小，所以单位体积储存和传输的热量也很少。

如果热量需求中等或者偏高，就必须加大空气流量或者提高空气温度。这两种方法都会在空气进入室内时，使人感到不舒服。而输送空气的风道总是会造成楼宇内的噪声问题。

使用最广泛的是用热水传输热量。把热水输送到散热器的管道有单管和双管两种系统形式。

双管系统可能比单管系统优越一些。它可以在较低的温度下运行，而且可以给所有的散热器提供几乎一样的温度。双管系统中，供水管和回水管并联至每个散热器（图5-44）。

单管系统是多个散热器串联后连接到一个环路管道上（图5-45）。当某个散热器散热时，一部分热水会从该散热器流过，而其余的则从所谓的旁通管流过。第一个散热器的回水和流经旁通

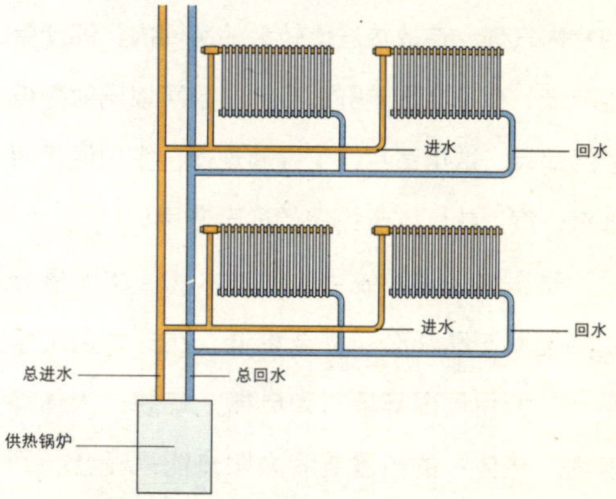

图5－44 双管系统示意

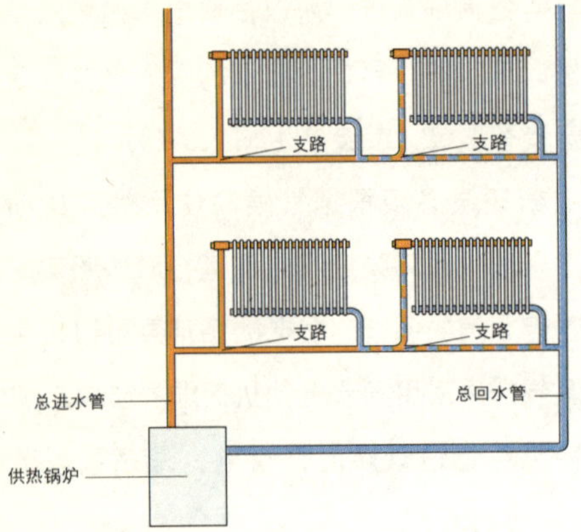

图5—45 带支路的单管系统

管的供水混合。这样，随后的散热器的供水温度会稍微低一些。如果要对各个房间进行均匀的加热，就必须增大散热器的散热面积。对设计者来说，这就加大了设计的工作量。

在保温标准比较高的建筑内，可以毫无问题地安装任何采暖系统，而且不会影响温度的舒适性。

散热面积大，供、回水温度低的取暖能比散热面积小，供、回温度高的取暖营造出更加舒适的室内气候。在散热器比较大的房间内，即使室温降低，也不会影响舒适度，并且可以同时降低能源消耗。这里适用以下经验规律：室内温度每降低一度，就可以节约6%的取暖费用！

辐射式采暖系统可以使进水和回水温度分别降至35℃和28℃，甚至更低。在这种温度水平下，利用周围环境（如电器、蜡烛、人体等室内发热体）的热量或者太阳热能采暖会特别有效。

地板辐射采暖和墙壁采暖

使用得最普遍的辐射式采暖系统是地板辐射采暖系统。地板辐射采暖系统不会限制房间的设计自由。取消了散热器之后，反而为设计提供了更多的创作空间。

地板辐射采暖的铺设可以采用干、湿两种方法：

采用干法铺设时，将通热水的管道置于硬质泡沫板中，用薄膜覆盖好，再在上面浇筑无缝地面。用导热片包住管道后可以达到均匀的散热效果。而湿法铺设时，则用夹子把管道固定在保温板上，然后直接在上面浇筑无缝地面（图5-46）。大多数情况下地板辐射采暖采用湿法铺设。

最终决定采用哪种系统也要考虑铺设系统所占用的空间高度。例如干法铺设需要大约50mm的高度，而湿法所需要的高度只有它的一半。

在德国，墙壁采暖方式也越来越广泛，因为很多人觉得墙壁采暖辐射的热量特别舒服。

图5—46 铺设地暖管道。管网日后将被找平层覆盖

墙壁采暖的施工方法和地板辐射采暖类似，即可以用“干”法或者“湿”法铺设。湿法铺设多用于除框架结构和钢结构以外的一些建筑结构类型。而在干法铺设的预制阶段，管道会被固定在比如石膏纤维板上。带毛细管网的薄膜在干、湿两种方法中都可以使用。

辐射式采暖系统所使用的管道由铜或合成材料制成。特别是聚乙烯管道，因为它加工简单、价格实惠且铺设灵活，因此被用得越来越多。合成材料管道的一个重要指标是它的密封

图5-47 铺设墙壁采暖管道。管网日后将被抹灰覆盖

性，如果管道不密封，就会对供热锅炉造成损害。质量上乘的品牌产品能提供相应的安全保证。

如果建筑物的保温性能很好，那么需要辐射式采暖系统提供的热量就少。因此，所需要的进水温度就很低，这样可以减缓系统的反应滞后现象。而由于需要加热的建筑体积很大，如果系统反应滞后较多，就很难对其进行调节。

至于管道的铺设，生产企业的预制产品水平已经很高，也有一系列成熟的技术。下面将介绍一些基本的系统。

钢丝网架管系统

把加热管道固定在钢丝网上。管道用特种聚合物胶粘剂、垫片胶粘剂或者电子行业的特种电缆胶粘剂进行固定。下面的绝缘材料可以根据各自的要求使用发泡聚苯板或者XPS板和PE织物薄膜。这种系统施工简单，到处都可以使用。如果把这种系统用于地板辐射采暖，管道的直径大约16～20mm，而用于墙壁采暖则大约是8～10mm。

导轨系统

这种系统不使用其他辅助工具，直接把管道固定在导轨系统的支撑弹簧卡脚上。夹子上

图5-48 带有钢丝网架管系统的地暖

图5-49 带有导轨系统的地暖

有一个钩子可以确保管道的稳定，并防止浇筑地面时管道会浮起。导轨系统可以用于地板辐射采暖和墙壁采暖，而且在两种情况下管道的直径没有什么区别。

固定管卡系统

在这个系统中用管卡固定加热管道，所以保温板和隔声材料板要用不容易被撕裂的聚乙烯织物薄膜进行包裹。管卡的使用使得铺设工作非常灵活而且迅速。但是这个系统不适用于墙壁采暖。

蘑菇状保温板固定系统

在这个系统中，固定件是事先经过发泡和保温板做在一起的，其形状似蘑菇。聚苯乙烯薄膜能够起到防潮的作用。管道直径14~20mm，也有用于小管道的迷你保温板固定系统。这种系统的优点在于安装灵活、简单、便于拆解。应避免安装在墙壁采暖系统上。

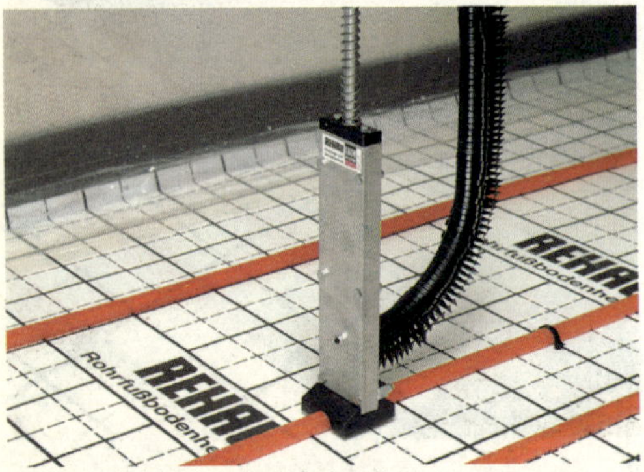

图5-50 带有固定管卡系统的地暖

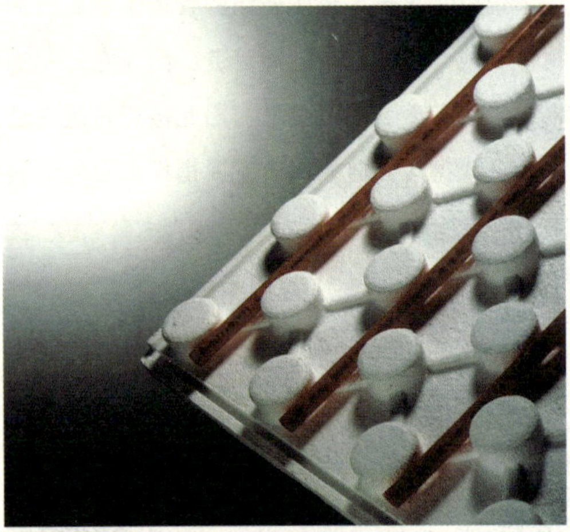

图5-51 带有蘑菇状保温板固定系统的地暖

楼板埋管系统

有一种新技术，可以通过建筑构件调节温度，这就是广为人知的楼板埋管系统。在冬天，这些建筑构件可以作为加热面，而夏天则可以用来降温。

这个原理的基础是利用建筑构件的蓄热体积。夏天，我们可以在外墙很厚的历史建筑中观察到这一点。因为墙壁的蓄热体积很大，因此即使在炎热的夏日，室内也很凉爽。室内的热量被阴凉坚固的建筑构件吸收了。楼板埋管系统就是模仿这个过程。这种系统中，把合成

图5—52 在钢筋面上做楼板管理

材料（PE-Xa）制成的冷水或者热水管道直接埋设在混凝土中。这些管道不仅可以给地板、还可以给楼板加热或者制冷。

采用建筑构件调节温度的前提是建筑要有良好的保温性，并安装保温玻璃。这样，在整个建筑物内部就会形成一个小气候，使用者会觉得冬天的室内温度很舒适。同时还可以维持较低的供水温度，使采暖系统能以节能的方式运行。

在楼板内埋设调温管网施工方便。先将管道按照一定的间距排列并固定好，然后直接浇入混凝土板中。

此外也可以采用半预制混凝土的施工方式。把塑料管道事先埋设在预制的混凝土中。这种工业化的预制可以不受天气的影响，从而节约了时间和费用。

5.4.6 区域供热与集中供热

“集中供热”是指整个城市或者一个城区中大量热量从生产者到消费者的输送。与此相对，单幢建筑、建筑物的一部分或者小型社区自主就地生产的暖气被称为“区域供热”。

集中供热是最环保的传统采暖系统之一。采用集中供热后，用户就不用再为购买燃料、保养锅炉、清扫烟囱和环保义务发愁，也不用操心建造和翻修锅炉房。此外，单个建筑既不再需要添置锅炉、烟囱，也不用加油、加气。

如果附近有集中供热的管道，就可以随时方便地与其连接。目前的集中供热设备的热量输配管道大多数无需改造就可以使用。只有那些老式取暖设备需要更换成一个小型家庭热交换站，这种热交换站还可以用于集中热水制备。

集中供热也更安全。一方面是在供热站的设计建造阶段，另一方面是供热站的运行阶段。由于总是由大型的有能力的企业负责，所以供应安全。而且乡镇也常常参与其中。集中供热的换热站也不会给业主带来任何安全隐患。因为在连接管道中只有热水（一个不可燃的能量载体）在循环，在建筑物内不需要用明火。

区域供热管网的连接方式和集中供热类似。但是必须事先了解清楚供热站的功率是否能满足每个与其相联的用户的需求。

集中供热和区域供热都可以和可再生能源技术相结合（例如太阳能制热等），前提条件是采用串联有两个换热器的生活热水存储器，把太阳能设备接到第二个换热器上，第一个换热器接到集中供热管网上，这样在日照不充分的时候可以启动集中供热。

5.4.7 高效热电联供集中供热站

要把大型发电站产生的剩余热量通过热电联产（KWK）的方式加以利用，前提条件是供热管网采用集中供热形式。

热电联产的另一个非主要形式，即所谓的小型热电站（BHKW），一段时期以来已经被用于同时对建筑群和住宅小区的供热。

小型热电站（图5-53）是指一个小型的、能同时生产热和电的热电站。小型热电站可以给区域供热管网或只给单幢建筑提供热源。小型热电站和大型热电站的工作原理一样，只是规模和功率都更小一点（功率：15～200kW）。

有燃烧发动机的小型热电站利用曲柄的可用功和发电机一起发电，并利用由此伴生的热量给楼宇供暖。

用小型热电站进行高效的热电联产时，发电产生的余热可以用来供热，而不是不加利用地经过冷却塔排入周围的空气中。这样能有效利用燃料中的能量，还能相应地提高经济性，并减少CO_2的排放。热电联产能够利用一次能源的90%，而一般只发电的大型发电厂对一次

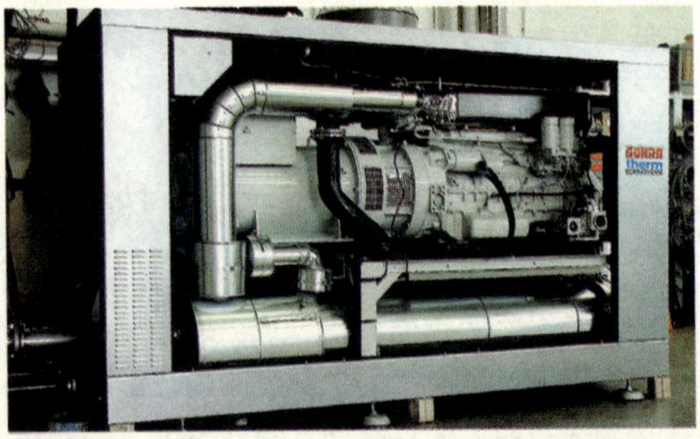

图5-53 小型热电联供设备

能源的利用率只有30%～40%，剩余部分经常被作为无用的余热，通过冷却塔排放到环境中。

在长年需要供电和供热且在两者需求差不多的地方，如果消费者住得离热电站不远，那么采用热电联产是非常有意义的。这需要一些小型的分散的发电单位。集中热网大多数是由大型生产企业的余热供给的，但是小型热电站已经能够供应中小型住宅。

小型热电站发动机的工作原理是和汽车的四冲程发动机或者柴油发动机一样的。燃料和空气进行混合、压缩，然后被点燃，释放出的动能推动发电机组。发动机、废气、润滑油和冷却过程中所产生的热量经过热交换器释放到循环水中。所生产的电能大多数情况下只供给建筑物本身，富余部分则被输入电力干网。

供给楼宇的小型热电站大多是根据热量需求建造的（以供热为主）。这意味着，电站的主要目的是满足热量需求，而发的电则是副产品。相反，生产型企业更多采用以供电为主的小型热电站。在德国，由热电联产生产并被输入公共电网的电力通过较高的售价得到补偿。补偿的数额取决于发电厂的规模、所采用的燃料和电力的市场交易价格。

一般来说，小型热电站不能完全解决一个楼宇的全部热量需求。大多数情况下，比较经济的做法是启动一台较小的热电设备以满足基本需求（基本负荷），高峰时再启动第二套小型热电站或者启用普通的锅炉。

沼气

目前，热电联产设备还通常使用生物类燃料，但原则上热电联产可以使用所有的燃料。沼气、生物油和木材以及太阳能设备都可以考虑。

可以取代生物类燃料、特别是取代天然气的是沼气。有机生物在厌氧分解时通过沼气裂殖菌产生沼气。可以产生沼气的首先是生物垃圾、食品生产企业的废次品或者家畜的排泄物。在德国还特意为生产沼气种植一些农作物，如玉米等。所产生的气体可以给一个热电站提供动力。

在德国，如果沼气是用可再生原料生产的，那么利用沼气所产生且并入公共电网的电能的价格是很高的。在设备中直接燃烧固体生物质或者植物油来发电和供热，在德国也能得到高额的价格补贴。

5.4.8 低温与冷凝式燃油或燃气锅炉

德国和几乎其他所有国家一样，大多还在使用化石类原料（煤）提供能量。用于采暖的是燃油、天然气，还有少量的液态气（丙烷/丁烷）。这些原料的储量都是有限的，而且在将来的几年和几十年里供应会越来越紧张。除了生态方面的影响，能源的价格也会不断上涨。所以我们应该对所使用的燃料和采暖形式进行仔细的思考。较高的投资常常会在将来的几年内通过较低的楼宇运行费用得到偿还，这可以从经济性计算中很形象地显示出来。人们在设计时应该考虑到，新的采暖设施不仅应该在安装时，还应该在它整个生命周期内都能高效运行。此外，还要考虑到今后便于拆卸和改造。

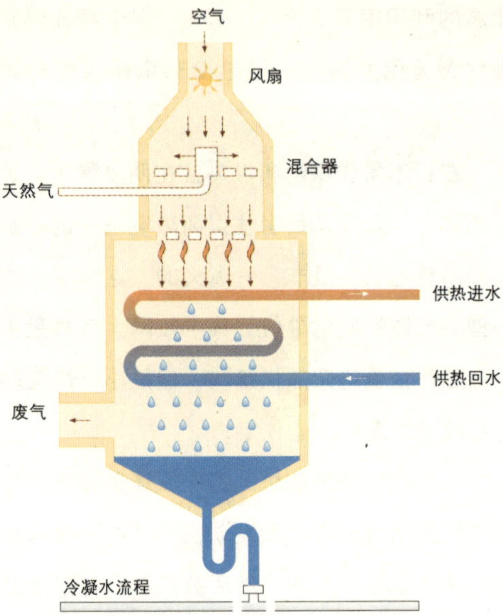

图5—55 冷凝式燃气锅炉原理图

低温锅炉

尽可能高效利用燃料对采暖设备具有决定性的意义。旧的恒温锅炉或者标准锅炉把锅炉内的水温恒定在80℃左右。这样，废气的温度很高，而且辐射和冷却损耗也很高。由于它们的效率才70%，这类产品已经被淘汰，不允许再在楼宇中使用。

新开发的技术叫做低温锅炉技术，使用石油或者天然气作为燃料。和旧的恒温锅炉相反，低温锅炉内的水温可以降到很低，而且不会产生腐蚀。锅炉可以根据外界的温度在40℃或更低的温度下运行，最高可调到55℃这种技术的优点主要是废气损耗小，因为低温的锅炉水可以降低废气的温度。此外，较低的锅炉温度还能降低加热设备的待机损耗。尤其在夏季，当加热设备仅用于加热生活热水时，这一特点表现得更为明显。

图5—54 装在墙上的低温锅炉

先进的低温锅炉小巧、轻便，所以可以把它们装在墙上，这样可以节约空间。它们工作的时候声音很轻，也很少震动，所以把它们装在起居区（如厨房、门厅或者家务区）也没什么问题。把它们装在房间里时，甚至不再需要烟囱，只需用短短的一截管道把空气或者废气排到室外就行了。

冷凝式锅炉

冷凝式锅炉能更高效地利用燃料（图5-55）。它可以把废气的温度降至水的液化点以下，使其中的水蒸气部分液化。它充分利用冷凝效应，不仅能降低燃料消耗，还可以降低运行费用以及废气排放量，减轻环境的负担。和新型的低温采暖设施相比，冷凝式锅炉的燃油消耗还要低6~10个百分点。而和天然气采暖相比，它节约的能源就更多了。

因为上述优点，一些国家，例如英国，已经规定必须采用冷凝技术，并且出台了一些特殊的资助政策。

供热形式比较见图5-56。

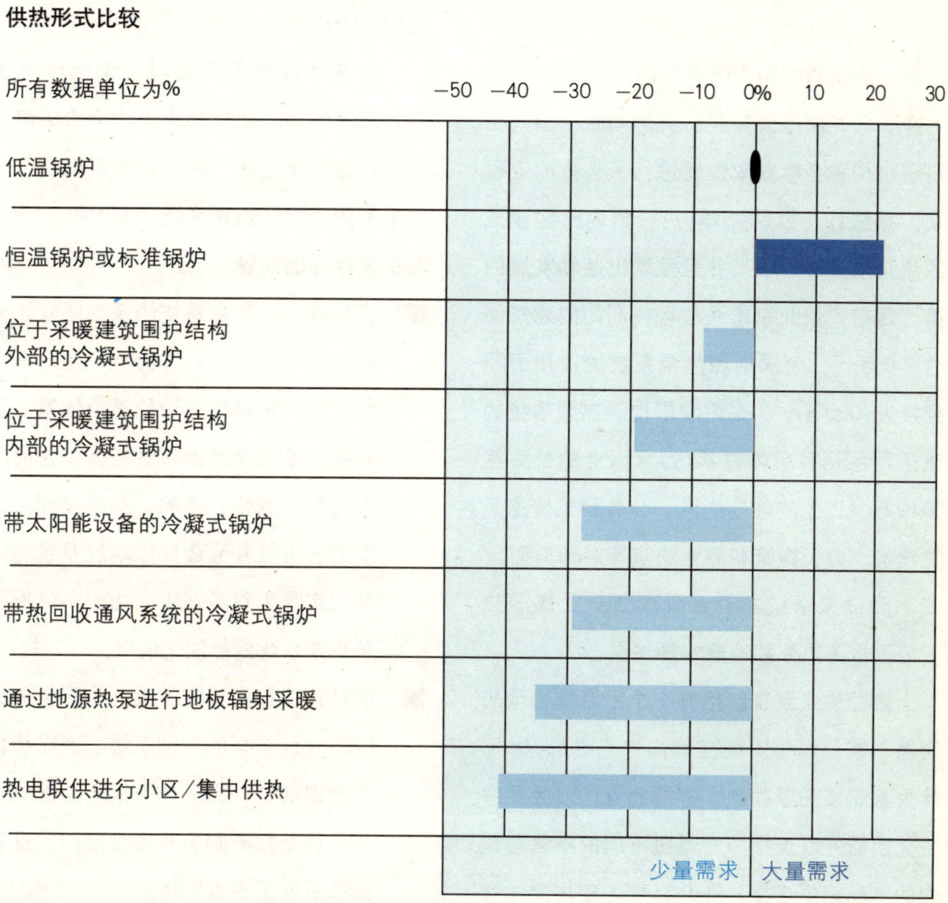

图5—56 各供热形式与低温锅炉的一次能源需求对比（少量需求/大量需求）

5.4.9 中国利用可再生能源的现状

地源热泵

1.我国地源热泵技术的发展

我国地源热泵研究起步于20世纪80年代，首先是一些高校和科研机构对地源热泵的相关技术进行了专题研究。进入21世纪后，我国经济的飞速发展和城市化步伐的加快，拉动了我国空调行业的发展，促进了热泵在我国的应用。热泵的发展十分迅速，热泵技术的研究不断创新，热泵的应用、研究空前活跃。

在积极开展地源热泵研究的同时，国内相关科研机构和企事业单位还进行了大量的工程实践。据统计，到2005年6月，国内已经建成地源热泵项目2537项，并且呈现出蓬勃发展的趋势。目前，仅北京市浅层地热利用的建筑面积达800万m^2，全国地源热泵系统的应用面积已经接近3000万m^2。采用浅层地源热泵系统的建筑工程包括有单体建筑1万㎡以上的公共建筑和10万m^2以上的住宅小区。公共建筑覆盖了医院建筑、办公建筑和商业建筑等多种类型。

地源热泵系统共有三种形式：土壤源热泵、地下水源热泵和地表水源热泵。

土壤源热泵系统包括有一个土壤耦合地热交换器，或是水平安装在地沟中，或是以U形管状垂直安装在竖井中。不同的管沟或竖井中的热交换器并联连接，在通过不同的集管与建筑内的水环路相连接。在北方地区应用要注意防冻。由于受施工场地和成本较高的限制，应用工程不是很多。

地下水源热泵系统分为两种：开式系统和闭式系统。开式系统是将地下水直接供应到每台热泵机组，然后将井水回灌地下，但易于造成地下水污染，应限制采用。闭式系统中地下水和建筑内循环水是用板式换热器分开的。由于地下水源热泵系统成本相对较低，目前工程应用比较广泛。

地表水源热泵系统与土壤源热泵系统相同，只是由地表水代替土壤作为冷热源。目前国内开始利用江水、湖水作热泵系统，也有成功地利用污水的热泵系统示范工程。

2.主要存在的问题

- 实际运行的许多系统的系统能效比偏低。地源热泵是包括了作为地下换热系统、热泵机组、末端三大块的复杂体系，每一块分别由不同种类换热器构造组合而成，各系统之间的相互匹配、系统设计、设备选型的合理性都会最终影响到系统能效比。而在实际工程实践中，由于种种原因，地源热泵系统的能效比偏低。
- 项目管理存在一定困难。由于地源热泵系统是一种新型的空调系统，使得相关的技术管理缺位，由于地下换热系统的特殊工艺，目前找不到主管审批部门，在项目实施中引发了很多麻烦。
- 缺乏切实可行的设计规范。地源热泵作为建筑行业的附属技术，其设计不可避免地将要由设计院所承担。但由于设计规范的缺位，设计院没有可执行的标准，加上地源热泵系统在不同需求、不同地域时对热源、主机与末端的合理匹配很难获得统一的标准，现在的建设项目多数由厂家根据各自的经验完成，在厂家负责设计的情况下，监理单位往往无法对工程建设进行有效监督。

- 可靠的施工工艺有待于总结。地源热泵地下换热系统属于隐蔽工程，设计寿命一般情况下不低于50年，在换热器材质及制备方法、换热器安装手段、回填料选择及回填方式、水力平衡措施等方面都需要切实可行的技术规范，并对施工人员开展技术培训，培养专门的技术人员，以便于质量控制。
- 初投资偏高。地源热泵机组由于已经实现了国产化，在整个系统成本中所占比例已经由原来的四五成降为二三成。但是地源热泵系统初投资依然偏高，这相当程度上延缓了该技术的推广，主要有两个方面的原因。一是钻孔费用较高，由于传统钻井工艺主要集中在油田、地质勘察部门、水利工程等专业性非常强的行业内部，施工成本相当高；二是地下换热器管材及回填料的限制，因为没有切实有效的提高换热效果的技术措施，地下换热器设计富裕度系数较大，这也导致初投资加大。
- 系统的运行模式不尽合理。研究人员发现，我国使用的热泵系统泵和风机消耗电能往往超过系统总能耗的50%，高于普通中央空调泵与风机的耗电量，因此，降低泵和风机能耗是提高系统效率的重要途径。对于不同的系统设计方案，水泵在系统能耗中所占比率差别很大，系统设计时应该对多种配置方案进行综合比较，选择技术经济性最优的方案。

3.发展方向

由于能源紧缺，油品价格高涨，促进了地源热泵技术的长足进展。作为节能环保的供能技术，地源热泵是极为有效的可再生能源新技术，尤其适用于建筑节能领域，在今后得到大规模利用是可预见的。为了更好地发展源热泵产业，还需要政府和相关从业人员在各个方面继续努力：

- 在规范行业方面，需要政府出台相关的政策、标准、规范等法规，引导和规范行业，以促进其健康发展。同时，还需要进一步加强地源热泵技术的宣传培训，提高民众对该技术的认知，提高从业人员的业务水平。
- 进一步加强地源热泵技术相关的基础研究，比如，土壤中传热、传质过程的研究，并开发出更高性价比的地下换热器；土壤热物性研究，并提出更合理的土壤热物性的评价方法；在系统的各个换热环节强化传热，降低热阻，以提高系统的能效比等。

■ 设计先进的热泵系统，通过系统优化、泵和流量调节装置的合理配置、变频技术的应用以及热工自控技术的集成，既能达到在全负荷运行时所要求的各项技术指标，也能适应部分负荷下的节能要求。

■ 关注热泵技术大规模应用可能产生的环境生态问题。在水源热泵系统的推广应用中，如何合理地抽取和回灌地下水是关系到保护水资源的重大课题；土壤源热泵应关注在人口密集的城市，长时期的集中采用这种技术所造成地温变化以及相关的生态问题；以地表水、江湖河泊等水源作为热源的系统其对生态的影响应给予适当的关注；此外大规模使用热泵必须要注意热泵工质可能产生的对臭氧层破坏作用和温室效应问题。

■ 热泵复合能源系统的研究和应用。建筑物复合能源系统可取长补短，弥补单独采用某种热泵技术时的不足，使其热泵的性能得到更充分的发挥，比如太阳能与地源热泵、土壤热泵与地表水或地下水热泵结合、气源热泵与水源热泵相结合都可以组成不同类型的高效复合能源系统。在这方面的研究工作尚在起步阶段，还有很大的发展潜力和技术集成的创新空间。但是建筑物复合能量系统集成了不同的可再生能源技术，设备和运行控制都比较复杂，需要在技术集成和系统优化方面开展大量工作。

■ 开发新型高效热泵技术。在现有热泵技术规模化应用的同时，还需关注新型热泵技术的应用和发展，比如近年在国外出现了直接膨胀式土壤源热泵系统并已大规模使用。这种系统中没有中间换热工质（通常是水或加有防冻液的水溶液）和中间换热器，将热泵机组内的制冷剂铜管环路直接埋入地下，实现制冷剂和土壤的直接热交换。和间接式土壤源系统相比较，直膨式系统具有以下几个优点：泵功率降低，能效比提高；系统简单，安装方便，初投资低；土壤热交换器的换热效率提高，埋管所需土地面积减少。对于我国土地资源紧缺，这种技术值得关注。

太阳能在建筑中的应用

我国具有丰富的太阳能资源，年日照时数在2200h以上地区约占国土面积的2/3以上，年辐射量超过600MJ/m^2，每年地表吸收的太阳能相当于17万亿t标准煤的能量，约等于上万个三峡工程发电量的总和。表5-1列出了我国太阳能资源的分布情况，其中前三类地区占国土面积的76%；四川西南、贵州北部为低值中心，3340 MJ/m^2；西藏南部最高值为9200 MJ/m^2。

如此丰富的太阳能资源使我国较早就开始利用太阳能。最近几年，太阳能科技突飞猛

我国不同类别地区的太阳能年辐射总量（单位：MJ/m²） 表5–1

地区类别	一类地区	二类地区	三类地区	四类地区
年辐射量	>6700	5400～6700	4200～5400	<4200
主要地区	宁夏北、甘肃西、新疆东南、青海西、西藏西	京、津、内蒙古及宁夏南、甘肃中东、青海东、西藏南、新疆南	鲁、豫、晋南、新疆北:`吉林、辽宁、云南、陕北、甘肃、粤南、湘、桂、赣、浙、沪、皖、鄂	川、黔、渝

进，太阳能产品已不断升级换代。我国太阳能建筑领域中技术最成熟、应用范围最广、产业化发展最快的是家用太阳能热水器（系统），其次是被动式采暖太阳房。

我国的太阳能建筑应用技术和产业化发展始于20世纪70年代，通过“六五”、“七五”、“八五”、“九五”国家科技项目，通过建设部科研开发计划项目、各省市的科研开发以及企业的科技开发项目，特别是“十五”国家科技攻关项目和正在执行的国家“十一五”科技支撑计划项目的实施，太阳能热水器/系统与建筑一体化结合领域已经并正在获得一批有重大意义的成果，提高了现有太阳能集热器对建筑一体化的适应能力；成功开发出建筑构件型太阳能集热器；在各地建成了一批示范工程，为建筑一体化的实施树立了样板，积累了经验；完成了部分相关标准和标准图集的编制，初步解决了系统设计缺乏标准图集、基础参数和依据的问题；我国的太阳能建筑应用技术水平有了比较大的提高，适用产品的产业化有了发展，部分具有自主知识产权的与建筑结合太阳能技术还达到了国际水平。同时，太阳能光伏技术和照明技术通过若干建筑示范工程实践，也积累了相当的应用数据和工程经验。

太阳能在建筑中的应用，主要可分为光热利用和光电利用。光热利用又可分为两类：被动式光热利用和主动式光热利用。

1．建筑中的光电利用

光伏利用技术是通过转换装置把太阳辐射能直接转换成电能的利用技术。光电转换装置通常是利用半导体器件的光伏效应原理进行光电转换的，如太阳能电池、光伏发电站（系统）等。

20世纪70年代到90年代初，我国为解决缺电、无电地区的居民生活用电困难，以及为通信、石油管线和输气管线提供阴极保护，为海上航标灯提供免维护电源等，在光伏电站的研发方面取得了很大的成功，工程应用也在逐年扩大。90年代以来，由于光伏电站的成本大幅度下降，光伏利用技术在研究开发、商业化生产、市场开拓方面更是获得了长足的发展。

“九五”期间，我国在深圳、北京分别成功建成17kWp、7kWp光伏发电屋顶并实现并网发电。2002年国家的“送电到乡工程”解决了800个无电乡的用电问题，安装容量19.6MWp，同时拉动我国光伏工业快速发展，使太阳能电池组件的年产量迅速达到100 MWp；2004年底我国太阳能电池的累计装机容量为65 MWp；预计“十一五”期间我国光伏市场年销售量将以20%的年增长速度发展。

我国太阳能光伏发电系统在2000年前以独立离网型为主，主要应用在西北地区（新疆、青海、西藏等地）电力没有覆盖的住宅和边防哨所，主要用于照明、通信、广电和水泵等。

2000年之后，作为太阳能光伏发电并网系统，国内进行了初步尝试，陆续建成一些较大型的光伏电站，如深圳市国际园林花卉博览园的1MW并网光伏电站、北京首都博物馆300kW并网光伏电站、广东汕头南澳岛100kW并网光伏电站等，但与建筑结合的太阳能光伏发电系统并不多，建成的有北京大兴天普50kW并网光伏系统、北京太阳能研究所100kW并网光伏系统、深圳市方大大厦15kW并网光伏系统等，以及北京市部分奥运场馆、深圳市建科大厦、软件大厦等。总体而言，国内太阳能光伏建筑一体化发展是比较缓慢的，但随着我国《可再生能源法》2006年1月1日开始生效，《国家（2006～2020）中长期发展规划》的颁布，各地将出台多种引导和激励可再生能源的开发和利用的政策。在国家政策的引导下，太阳能光伏建筑一体化的发展正在加速。

2. 建筑中的光热利用

光热利用技术是通过转换装置把太阳辐射能转换成热能的利用技术，如太阳能热水器、太阳房、太阳灶、太阳能温室、太阳能干燥系统、太阳能土壤消毒杀菌技术以及太阳能热发电等。

（1）太阳能热水技术

我国是太阳能热水应用规模最大的国家。2007年我国太阳能热水器年产量达到2300万

1998～2006年太阳能热水器年产量和保有量

年份	总产量		增长率	保有量		增长率
	（万m^2）	MW_{th}	%	（万m^2）	MW_{th}	%
2003	1200	8400	20	5000	35000	25
2004	1350	9450	12.5	6200	43400	24
2005	1500	10500	11.1	7500	52500	21
2006	1800	12600	20	9000	63000	20
2007	2300	16100	30	10800	75600	20

数据来源：中国农村能源行业协会太阳能热利用专业委员会

图5—57　山东德州“皇明园林住宅小区”热水利用工程

m^2，保有量达到10800万m^2，年增长速度约30%。我国近5年生产量和保有量见表。

我国太阳能产品结构以全玻璃真空管太阳能热水器为主，占总量89.6%；适合于承压系统的太阳能集热器占总量10.4%，其中平板占总量4.7%，热管真空管占总量3.8%，U形管真空管占总量1.9%。产品结构与欧洲等国家以平板热水器为主有很大差异，这表明国内市场仍以户用紧凑式太阳能热水器为主，低价位的开式系统所占市场份额较高，城市中对用水质量要求较高用户比例较低，也反映了太阳能与建筑一体化系统所占份额较小，这是形成国内太阳能市场结构与欧洲等市场明显差异的原因。

（2）被动式太阳能采暖

我国的第一栋被动式采暖太阳房建成于1977年，地点在甘肃省民勤县，由甘肃省武威地区科委研究设计。它是南窗直接受益结合实体集热蓄热墙集取太阳得热的组合式太阳房。从1977～1987年的10年间，我国建成了实验性太阳房和被动式太阳能采暖示范建筑近400栋，总建筑面积近10万m^2，分布于北京、天津、甘肃、青海、河北、山东、内蒙古、新疆、辽宁、西藏、宁夏、河南、陕西等省市自治区，几乎包括了我国北方采暖区的绝大部分地区。这些太阳房的建筑类型，大部分为农村住宅，但也包括学校、办公楼、商店、宾馆、医院、邮电所、公路道班房和城市住宅等。

（3）主动式太阳能采暖

受经济水平的制约，主动式太阳能供暖系统在我国的发展一直比较缓慢，太阳能供热、采暖工程应用仍处于起步阶段。目前已建成若干单体建筑太阳能供热采暖试点工程，如北京清华阳光能源开发有限公司和北京桑普公司的办公楼，北京平谷新农村建设项目的将军关、玻璃台村农民住宅，拉萨火车站等，但太阳能区域供热、采暖（小区热力站）工程则还没有应用实践。这种太阳能供暖系统的推广障碍并不在于集热、供暖技术本身，而在于投资费用

图5—58 平谷区将军关村与屋面结合的太阳能供热系统

高和春、夏、秋季热水过剩，需通过季节蓄能技术和全年的综合利用来解决。

3.我国太阳能利用的法律地位

由全国人大会常委会2005年2月28日通过，2006年1月1日起施行的《中华人民共和国可再生能源法》第十七条对我国太阳能利用的法律地位作了明确规定。

国家鼓励单位和个人安装和使用太阳能热水系统、太阳能供热采暖和制冷系统、太阳能光伏发电系统等太阳能利用系统。

国务院建设行政主管部门会同国务院有关部门制定太阳能利用系统与建筑结合的技术经济政策和技术规范。

房地产开发企业应当根据前款规定的技术规范，在建筑物的设计和施工中，为太阳能利用提供必备条件。

对已建成的建筑物，住户可以在不影响其质量与安全的前提下安装符合技术规范和产品标准的太阳能利用系统（但是，当事人另有约定的除外）。

5.4.10 德国利用可再生能源进行供热的经验

未来的能源供应结构不能缺少对可再生能源的利用。可再生能源不仅有利于保护气候，缓解能源压力，避免产生能源争端，并且还能创造出更多的工作岗位。

“可再生能源”这个大概念至少包括3种主要的能量来源：太阳能、地球内部的热量（地热）和潮汐能。和我们每天睁眼就能感觉到的太阳能的来源不一样，地热和潮汐能分别来源于地球内部同位素的衰变（地热）和月球的引力（潮汐）。

“可再生能源”有四分之一来源于余热，其规模不可小视。不管从哪个研究角度来看，它都是“可再生”的。余热主要来源于已经使用过的热量，在楼宇内的输送过程中（通风、水、采暖）流失到废气、废水和供热回水中的那部分能量。

尽管可再生能源是可以免费使用的，但是要获取并利用它们却常常还要支付高昂的费用。如今很多使用可再生能源的采暖系统的购置费用还是比传统的采暖技术要高，所以对于免费可再生能源的利用来说，提高利用技术的效率是特别重要的一个前提条件。

热泵

热泵可以给一幢楼宇提供所需的全年即全部的供热热量。这和其他可再生能源技术（例如太阳能集热器）有本质的区别。和传统的供热技术不同，热泵把自然环境中的热量或者余

图5—59 热泵原理图

热作为热源。因为热泵具有可以把热量从低温“泵”到高温的特点，它可以利用其他供热系统无法利用的环境中的热量和余热。我们周围的自然环境中（土壤、空气和水）的热量大多数来源于太阳能。因为太阳在不断地补充着这些能量，因此热泵在汲取着一个不会枯竭的能量源。

如今，热泵已经以空调的形式闻名于世。冰箱也充分证明了这种技术的可靠性。和冰箱不一样，供热热泵利用的是它从地面、空气和水中抽取的散发出来的热量（冰箱是不使用这些热量的）。

热泵采暖系统的购置费用比传统的燃油或者燃气采暖系统高。但是由于它今后的能源和运行费用很低，因此热泵采暖在经济效益方面还是有吸引力的。其中特别吸引人的是运行费用的下降，因为热泵采暖系统的保养和清理费用很低，甚至完全没有。

热泵所消耗的一次能源也比较少，而且和传统的燃油和燃气采暖设施相比，它的二氧化碳排放也更低。如果进一步观察其他有害物质的排放，例如二氧化硫、氮氧化物和灰尘，就会发现，特别是和燃油的集中供热系统相比，热泵采暖大大降低了有害物质的排放。

热泵最好和辐射式采暖系统如地板采暖或墙壁采暖结合使用。因为只有这样，运行起来才特别经济。最新的技术——即所谓的“大供水量热泵”——也是采用辐射式加热，供水温度可以达到65°C。这种新技术使业主们在改造旧房时，施工更简单，成本更低。

热泵的原理（图5-59）：

热泵把水、土壤和空气中的热量作为热源。热泵可以用1倍电力获取3倍的环境热量，并产出4倍的热能。和直接用电采暖相比，热

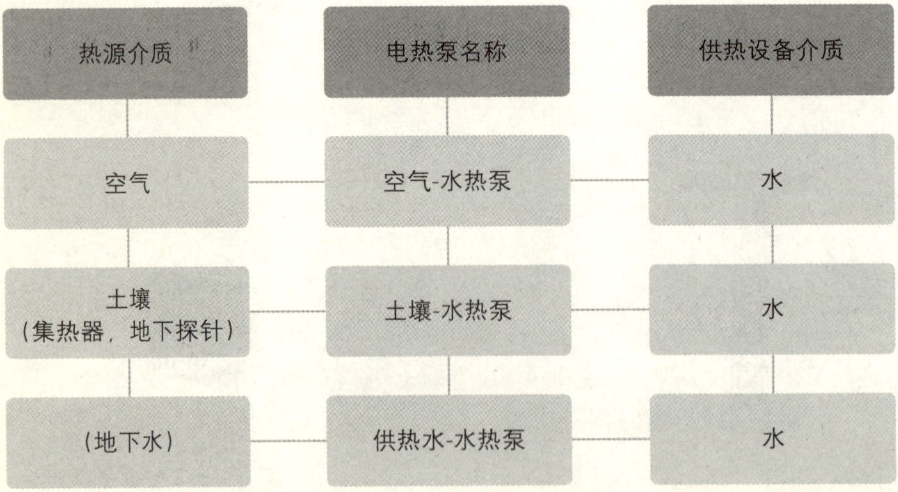

图5—60 按热源和供热设备介质划分的热泵

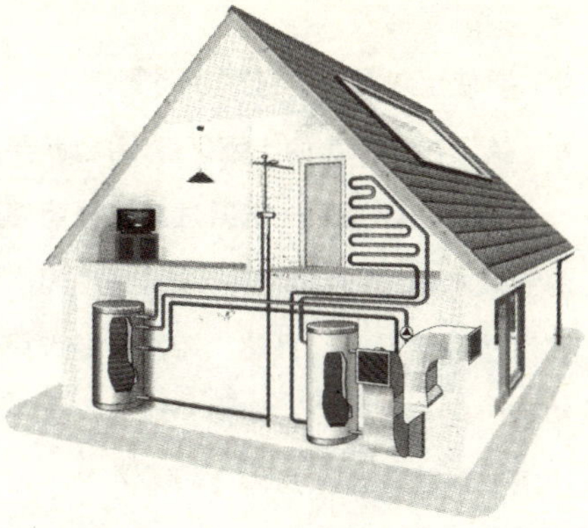

图5-61 利用空气—水热泵采暖及加热生活用水

泵每度电可以产出4倍的热量。

热泵的名称主要看它所使用的是哪种一次能源介质和二次能源介质。这里，一次能源循环指热源，而二次能源循环是指采暖系统在楼宇中的工作介质，通常是水。

热泵的类型和热源

根据热泵所“汲取”的热源不同，热泵可以分成以下三种：

■ 空气源热泵

空气—水热泵设备是从房屋周围的空气中吸收所需的热量。和其他结构形式相比，它有以下优点：

- 安装最简单
- 开发热源的费用低廉
- 无需批准手续
- 对土地面积没有特殊要求
- 不需要安装公司就可以自己施工
- 设计要求不高

冬天运行空气—水热泵时，由于热源温度很低，所以在德国，它比其他结构形式每年需要的驱动能源更多。相对这个要支付更多电费的缺点，它的购置费用很低。

■ 土壤源热泵

一般来说，使用水平集热器的设备要比使用垂直集热器或土壤探针费用都便宜。如果现有的土地面积不够安装水平集热器，则可以采用垂直或倾斜方式安装，这种形式的集热器被称为土壤探针。

经常有人会问，土壤集热器是否会对上面的植物和树木的生长产生不利影响。答案是否定的。正确的设计和施工可以完全避免这个问题。

土壤探针的深度能到达地下30～100m甚至更深。在进行土壤探针设计和施工之前，应首先了解该处土壤的特点、土层排列顺序、土壤的阻力以及是否

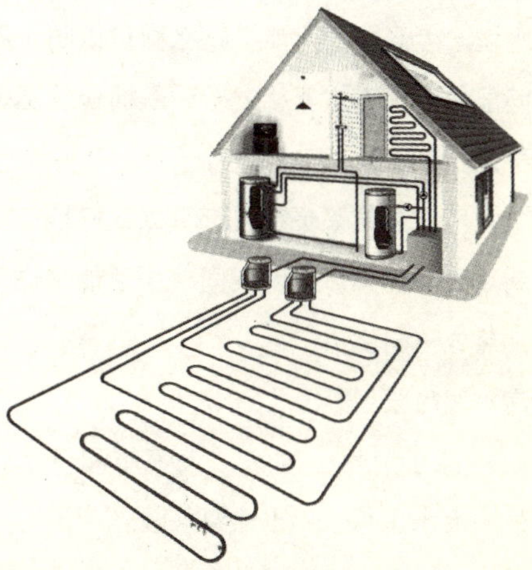

图5-62 带有水平集热器的热泵采暖

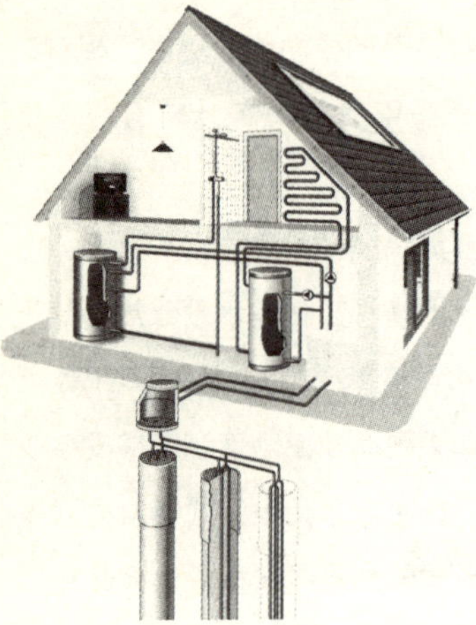

图5-63 使用土壤探针的热泵采暖系统

存在地下水并确定其流向。对于人口稠密地区的既有建筑和新建建筑来说，由于可供自由使用的面积不大，且费用高昂，面积有限，因此不可能再安装水平集热器，这时更适合使用土壤探针。在德国，一般来说不允许把土壤探针插入到更深的地下水层，因为还不能完全排除探针会对地下水位产生影响的可能。这么做可以防止不同层次的地下水互相混合，从而保护更深层的地下水。

所有热泵采暖系统都可以很好地结合利用太阳能集热器，共同对生活热水进行加热或一同供热。

■ 海水源热泵

除了河水、湖水、地下水和污水以外，海水也可以用于热泵采暖。

使用海水有以下特点：

- 水温变化大
- 要使用耐腐蚀的合成材料管道
- 铺设在无霜冻的土壤区域(因地而异)

选择汽化器时一定要注意选择能够耐海洋咸水的，而且要安装适当的中间回路和海水净化设备。目前，海水已经被用于给整个住宅区供热，譬如在瑞典。这种系统的发热功率一般为30～30000kW。

■ 燃气热泵

和所有热泵一样，燃气热泵把热量从一个较低的温度水平抽取到一个较高的温度区，来用于供热。和市场上常见的用电驱动的燃气热泵系统不一样，燃气热泵采暖系统采用机械传动，它能够实现更高的

图5-64 燃气热泵

效率（一般为130%～190%）。至于可以使用的热源方面，它和前面提到的电动燃气热泵没什么区别。许多燃气热泵不仅可以用于供热，还可以用来制冷。该技术的一大优点是有利于降低夏季的用电高峰。

燃气热泵特别适用于大型楼宇和工业企业。目前，大多数燃气热泵是日本制造的，例如爱信、三菱和三洋。在日本有40万多台燃气热泵在使用。而在德国，使用燃气热泵的还很少。

燃气热泵有两种：燃气发动机热泵和燃气吸收式热泵。燃气发动机热泵也被称为压缩式热泵。这种热泵利用气体压缩时的散热作用产热，并使这个过程循环反复。汽化器抽取环境中的热量，并用压缩机把热量进行压缩。热量和制冷剂压缩机的动能一起通过传热装置散发到加热系统。另外，燃气发动机废气中的热量也可以被利用。吸收式热泵的工作过程和燃气发动机热泵相似。燃气发动机用制冷压缩机进行压缩工作，而吸收式热泵是采用热压缩方式。由于这种类型的热泵根本没有可以活动的组件，所以它的使用寿命很长。吸收式热泵的能效比燃气发动机热泵要低。

地热

我们所在的星球99%的部分是超过1000°C的，超过99.9%的部分总是在100°C以上。这些

图5-65 熔岩流：我们所在的星球的99%是超过1000℃的，超过99.9%的部分总是在100℃以上

热量一部分是地球形成时产生的余热，另一部分来源于地球内部放射性物质的衰变。从地球内部持续不断地向地表涌动着热量，平均每平方米0.063W。地热还可以供人类使用好几百万年。所以，我们完全有理由把它看作是可再生能源。

太阳对土壤温度的直接影响仅限于地表的10～20m。不过通过降雨和因为雨水变暖的地下水，太阳的热量可以在某些地方深入到地表以下100m甚至更深的地方。

100m钻探深度以内的热量几乎都来源于太阳热能，所以谈不上什么“地热”。100m以下，土壤探针利用的就几乎不再是太阳能而是地热了。

地热可以用于建筑物供热、发电和制冷，但要受到气候、季节、时辰的影响。地热不会有波动。如果温度足够高，热量就可以直接输

送到集中供热热网或者区域供热热网，否则要使用热泵。

如果要用于发电，地热温度必须高于100℃。如果热源离地表相对较近，那里的地热就会超过100℃。发电时产生的副产品——热量又可以用来采暖。

图5-66 压缩木饼

图5-67 向燃烧设备供应压缩木饼

要获取地球内部的热量，必须要有传输热量的手段和方法。这有两种可能性：如果地下深处已经有可以作为输送介质的热水或者蒸汽，可以直接把它抽到地面上来加以利用，冷却后再回灌（热液处理法）。否则的话，必须把介质（比如水）压到地下深处，用于传输热量（干热岩处理法）。人工压入的介质在地下被加热，然后把它抽到地表加以利用。

生物质

生物质的概念是指来源于动物和植物的所有生物材料，例如木材、秸秆、粪便或者有机垃圾。能量可以很好地储存在生物质内，通过直接燃烧或者发酵产生沼气或生物乙醇，就可以用于采暖。特别是燃烧木材是人类所使用的最古老的能源，它可以常年用于采暖。

包括木材在内的任何一种生物质都是“清洁燃料”。它们在燃烧过程中释放出的CO_2量正好是生物生长过程中吸收的那么多。如果让木材在森林中慢慢腐烂，释放出的二氧化碳根本不会影响二氧化碳平衡。因为自然分解的二氧化碳总是要释放出来的。所以，利用生物质采暖可以保护气候，生物质的燃烧也不会带来任何的温室效应。

在德国，有三种固体生物质燃烧技术：

■ 压缩木饼采暖

■ 木块采暖

■ 木屑采暖

压缩木饼是用纯木材零料粉碎后的木屑压制而成的。压缩木饼有标准尺寸，所以便于运输和存放。压缩后，它的能量密度非常高，所以它的热值是所有木材燃料里面最高的。

在德国农村，特别是农业和木材企业的采暖燃料，都是使用劈碎的小木块，即所谓的木屑。这些细小的木块要么是木材加工企业的废料，要么直接来自于林业。最小的木屑采暖设备功率只有25kW，而且是全自动运行。不过和压缩木饼相比，碎木需要更大的仓储空间。

所有木材采暖系统都使用新生木材资源。目前，木材采暖系统已经能够给房屋全年提供所需的全部供热量。因为它是全自动运行的，特别是压缩木饼采暖技术在德国越来越受欢迎。

其他植物也可以用来生产能量。压榨植物油产生的残渣可以压缩成能量密度最高的油渣饼。而且德国已经开始专门种植一些植物用来生产能量。到目前为止，用得最多的是油菜。对德国来说，把某些粮食品种作为燃料其实也是具有一定的经济效益的，但是总的来说，目前还不允许这么做。

太阳能制热

太阳能制热设备既可以加热生活用水，也可以用来供热。此外，太阳能制热还可以用于游泳池采暖，给例如洗涤、漂清或者消毒等工业过程提供所需要的热量，甚至还可以用于制冷。

用太阳能设备加热生活用水

在中欧地区，用来加热生活水的太阳能设备可以完全满足整个夏天，甚至直至秋季的生活用水加热需求。所以，在夏天经常可以停用传统的采暖系统。

在德国，先进的集热器每平方米每年提供的能量等于燃烧40L燃油或者400m^3天然气，这就大大减轻了二氧化碳对环境的压力。

此外，一台太阳能集热设备在大约1年内产生的能量足以用于生产一台新的太阳能集热设备。所以，1年以后它就真正成为一个能量来源，还可以保护古生物类资源。

太阳能集热器几乎可以安装在任何地方，如屋顶上、建筑外立面或者地面上。原则上，朝东和朝西之间的0°～90° 的倾角都是可以

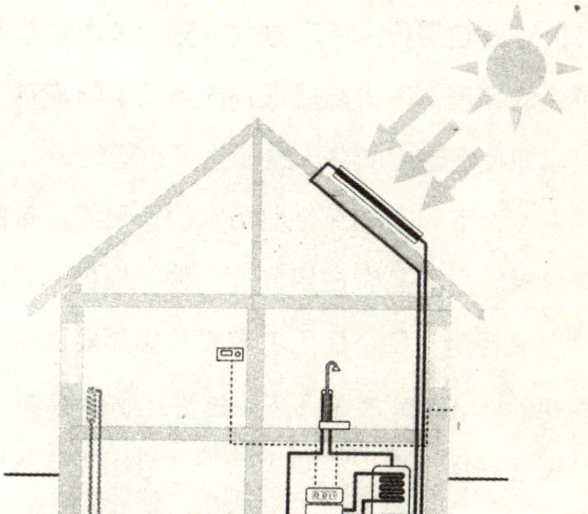

图5–68 利用太阳能加热生活用水

图5－69 住宅用平板式太阳能集热器

的，但应尽可能朝南，保持45° 倾角是最理想的。

集热器所汲取的热量暂时储存在太阳能存储器中，以便随时甚至在阴天都可以使用。和一般的存储器不同，太阳能存储器几乎要大一倍，而且有两个热交换器。如果太阳的热量不够，可以启用传统采暖方式补充。考虑到欧洲所处的纬度，在太阳能设备内灌注了防冻剂，所以即使在最冷的冬天设备也可以运转。

在计算用于加热生活用水的太阳能设备的尺寸时，主要是看使用者的人数。根据不同的热水消耗量，每个使用者需要的集热器面积大约在0.8～1.5m^2之间。按照这种比例，如果集热设备朝南设置，倾角为45°，且阳光不被阻挡，那么可以满足60%的热量需求。如果采取其他朝向和倾角，则可以通过增加集热面积来达到同样的效果。

用于加热生活用水的太阳能设备可以和所有常用的采暖系统联合运行，比如燃油或者燃气采暖系统，也包括压缩木饼和热泵采暖系统。

用太阳能设备加热生活用水并辅助采暖

用于辅助采暖的太阳能设备也可以用来加热生活用水，同时给建筑物采暖提供一部分热量。这样可以降低传统采暖系统的一部分运行费用，并改善二氧化碳平衡。

采用这样的辅助采暖系统时，一般需要安装一个缓冲存储器，或者要用一个所谓的复合式存储器，这样太阳能设备就可以既用于加热生活用水，又可以用来供热。

传统采暖系统的温度高低对太阳能辅助采暖至关重要。冬天，集热器可以相对轻松地为地板式辐射采暖提供40℃的温度；但是传统散热器90/70℃的温度对集热器来说则是个“无法克服的困难”。这种情况下，要想把能量传送到采暖系统，必须产生70℃以上的高温。

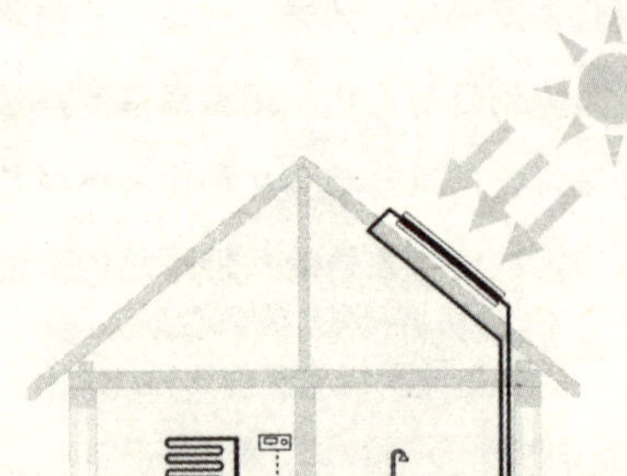

图5－70 利用太阳能加热生活用水并辅助采暖（复合式存储器）

如果低温采暖系统调节不到位，会明显降低与其联机使用的太阳能加热设备的使用效果。

已有采暖系统的回水温度可以很好地衡量是否能和太阳能辅助采暖设备相匹配：即回水温度越低，所需要的太阳能辅助供热量就越高。如果阳光不充分，第二套采暖设备就会运行，补充采暖。

这里一般使用真空管集热器，而平板式集热器和最简单的集热器仅由热介质吸收管组成。集热器可以安装在屋顶、建筑外立面和地面上。集热设备朝南安放最好，但也不是非此不行。如果向东或者向西安放，每年的日照量要少大约20%，但可以采用面积更大或者更高效的、比较贵的集热器来弥补这个损失。此外，必须要避免相邻建筑物和周边树木对光照的影响。

热虹吸设备

热虹吸设备是根据重力原理工作的。太阳能根据水在不同温度下不同的重量进行循环。在集热器内，已经被加热的水上升到安置在上方的存储器中，冷水则向下流到集热器的入口。这种系统不需要其他设备所必备的泵，也不需要进行总体调节。

在热虹吸设备中流淌的大多是纯净的生活用水，所以，存储器中的热交换器也可以免了。只要在下面的储存处补充冷的生活用水，就可以抽取热的生活用水。这种设备通常是为私人家用设计的，经常安装在小型建筑中，因此太阳能存储器是直接安装在集热器上的。

太阳能区域供热

根据新的太阳能区域供热方案，夏天获取的热量可以通过长期存储器一直储存到冬天用于取暖。

在德国，这种能储存季节性热量的系统还是相当昂贵的，但是长期存储太阳热能的技术可行性已经得到了证明。要想克服热量供应和需求之间的时间差，集热器就必须有大容量的存储器。到目前为止在使用的有土壤探针存储器、地窖存储器、压力罐和天然地下裂缝以及土壤中的自然空穴（地下水导管或者地下蓄水层）。

如果要长期有效地利用太阳热能，就必须把整个住宅区同区域热网联接起来，并配备一个很大的存储器。只有这样，才能经济合理地跨季节储存热量。

集中供热系统和长期能量存储器应该尽可能设置在供热区的中心地带，这样热损耗就会比较少。利用这种方式，在一个住宅区的全部能耗中，太阳能热量所占的比例至少能提高50%以上。

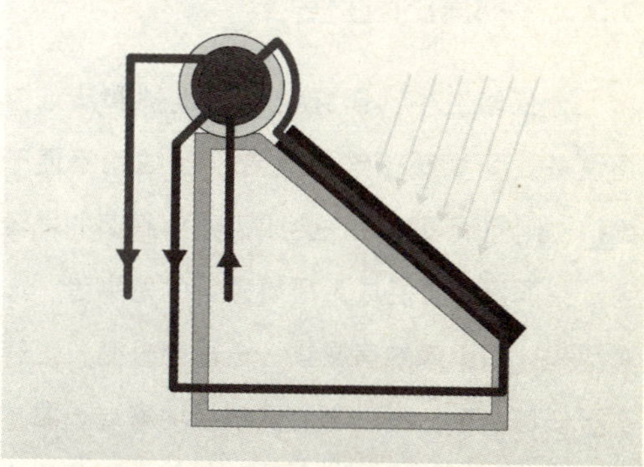

图5—71 重力系统草图（热虹吸设备）

5.5 空调技术的节能

5.5.1 空调的作用

楼宇设计阶段必须要考虑到用户的需求。热舒适度、空气质量以及由此产生的空调需求均受到以下因素的影响：

■ 人的因素

人的数量、活动、穿着、逗留时间以及室内和建筑物内部所有人产生的热负荷和物质负荷（气味）

■ 空间因素

室内的表面温度、气温分布、热源、有害物质、声响效果、照明和颜色

■ 楼宇设备的因素

与室温、风速、空气湿度、换气、空气洁净度和室内通风等因素密切相关的楼宇设备

■ 气候因素

不同地区的气候带，从严寒的北部到热带的南部

空调设备具备以下功能：

■ 供热

■ 制冷

■ 除湿

■ 加湿

■ 更新和净化空气

倘若缺少了上述任何一项功能，这样一台空调设备都是不完整的。

实验显示，人的工作效率很大程度上依赖于所处的环境温度，例如当环境温度超过26～28°C时，人的工作效率就大大降低。因此夏季室内的制冷便是空调的首要任务。

5.5.2 空调的卫生

为保障卫生，需经常性地维护和清洁空调设备。如果疏于维护或者设备结构不便于维护，则空调设备往往会成为致病细菌的发源地。空调设备可能成为严重感染的肇事者，如军团病。军团病的病原体——军团杆菌，可存在于任何水系。不过它们更常见地寄居于温水之中，在20～40°C的水温情况下，它们甚至会爆炸似的急剧增多。当水温超过60°C时，它们又会在几秒钟内迅速死亡。不过传染危险仅局限于呼吸过程，而通过饮水感染的几率反而不大。在保养不善的空调设备内，这种细菌因找到了理想的寄居地，数量会不断增多。如果水分被雾化用以加湿空气，那么人体吸入空调处理后的所谓“新鲜空气”后，感染病毒的几率

就非常之高。一般感染之后有两种症状：轻微的感冒或严重的肺炎。

正因如此，必须经常性地更换空调内的加湿用水，以及对其进行消毒。目前相关工业领域已经能够提供大量有效的消毒技术。

为便于对空调进行维护和保养，应确保从各个方位都能够方便地接近空调设备。空调的进风口应尽量安装在离地面较高的位置，最好是在屋顶范围内（脏空气一般都容易积聚在地面范围内）。最好是将空调的进风口安置在有自然气流通过而且夏季温度较低（如北面）的地方。应尽量避免进风和排风出现“短路”的情况。应经常更换靠近粉尘气体一侧的过滤器。

5.5.3 尽量避免使用空调

空调设备的诸多功能尤其是制冷，需要消耗大量的能源。众所周知，分体式空调设备尤其耗电。当然如果楼宇建筑规划合理，就能够大大降低建筑物的实际制冷需求。在很多情况下甚至可以完全避免主动制冷，从而在建筑物的使用寿命期内节省大量能源。

为彻底降低对空调的需求，需要注意以下几点：

降低热量进入楼宇的机会

- 对建筑物墙体采取隔热措施，防止热量的入侵
- 应尽量避免采用全玻璃式立面，因为夏季阳光能够畅通无阻地进入建筑物内部
- 绝热玻璃的安装应当考虑到气候、窗户大小和朝向等因素
- 采取外遮阳措施
- 采用智能的遮阳设备，充分利用自然光

缓冲热负荷高峰

具有高度储热能力的建筑材料（如混凝土）能够缓解午间炎热，因为它们能够将午间大量的热量存储起来，到傍晚时分或者夜间，它们又将热量释放到室内。

使用创新性室内抹灰砂浆，这种灰浆能够对热量起到额外的缓冲作用（参考下一章节对缓冲热存储器的介绍）。

避免或减少室内热源

- 由烹饪、烘烤、洗涤或照明等一些不可避免的热源所产生的余热应该尽量在热源产生的地方就地进行通风排热
- 使用明亮的节能灯照明，不仅能源利用率高，而且产生的热量也少
- 通过智能的建筑设计和/或技术，如日光导向系统，尽量少使用人工照明
- 对热水管道、暖气管道和循环管道采取保温隔热措施
- 将家庭和办公室内电子设备的能耗降至最低。特别是打印机和复印机在使用过程中会附带产生大量余热

■ 将待机损失降至最低

应尽量将自然光引入建筑物深处，但是要做防眩光处理。在办公室和工作范围内尽可能放弃使用传统的白炽灯，因为白炽灯将95%的电能转化为热能释放出来，而只有5%的电能转化为可视的光线。而且通过使用电子稳流器、反射器和采用合理的照明设计，还能将节能荧光灯的能耗再降低50%。

楼宇技术应着眼于未来的使用

■ 建筑物的使用目的愈明确，则能够越精确地设计楼宇设备。

■ 对热源较多的房间，如技术室、服务中心和厨房等进行排风和空气调节。这样，其他房间就无需设计制冷。

空调的有效运行

由于空调设备的能耗和维修成本都非常高，因此应当合理利用空调设备。即除非没有其他的选择，否则尽量不采用空调。如果必须使用空调设备，也应当小心监视和调节其运行，并借助温度和湿度调节装置保障其不突破舒适的界限。

中央空调相对于分体式空调，运行更加节能。中央空调的运行效果更好，冷量分布也更加均匀，而且更好控制。除了这些优点之外，中央空调还能够融合创新性的设计方案，如太阳能制冷或热电联供等。安装空调时要注意对管道进行保温隔热处理并尽量缩短管道的铺设长度，以便将传输过程中的损失降至最低。

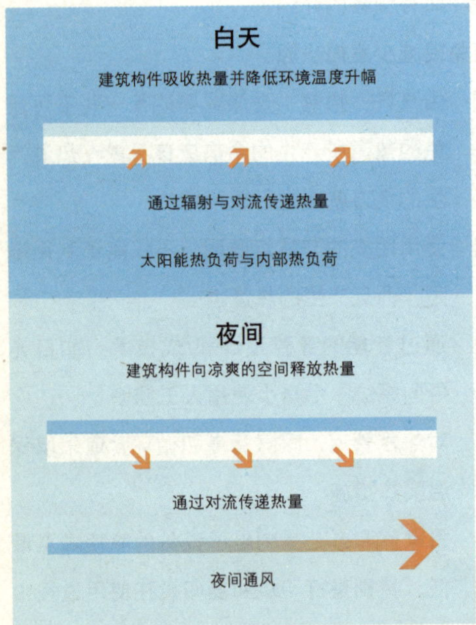

图5-72 原理草图，通过夜间通风进行制冷

5.5.4 夜间通风

夏季夜晚的气温通常比白天低10%。通过对建筑物进行有效设计，可以利用该制冷潜力。夜间通风过程中，建筑构件的表面温度得以降低。其中，大面积的外露墙体比分散的单个墙面效果更佳。由于其良好的蓄热能力，建筑构件能够将日间产生的绝大部分热量存储起来——主要集中在顶棚处，不过地板和墙体也有热量积聚。夜间打开通风口，建筑构件内存储的热量将重新释放到空气中去，进而被排出建筑物。

这里的要求是：夜间温度应至少连续5小时低于21°C，中国的大部分区域都满足这个要求。在整个夜间究竟有多少热能从建筑构件散失，这取决于材料特性以及空气和建筑构件之间的热传导。像混凝土楼板、砖墙等都具有很强的蓄热能力。

建筑物应当采取自然通风还是机械通风，这要取决于建筑物的建造状况。如果采取自然通风，则换风只有借助空气的比重差异或者通过吸风和排风两侧的压力差才能产生。如果采用机械通风，则是通过风机进行“强制”换气。

机械通风的能源利用效率不高，但是通过调节换气，可以使运行更加稳定。机械通风和自然通风相结合的方式被证明是相当有效的，因为这样既能保证全天的新鲜空气，又不影响使用者偶尔开窗的习惯（基本通风）。

5.5.5 潜热储能材料

如果建筑物采用混凝土墙体，那么即使在夏季也常能保持室内凉爽舒适。与之相反，木质或石膏板材质的轻质建筑结构的房屋很快就会热起来。原因在于各种建筑材质的蓄热能力不同。实心混凝土墙体比木材或石膏能存储更多的热量，因此热缓冲效果更好。它们在白天吸收热量，夜间又重新将热量释放出来。

潜热储能材料具有相当大的热容量。热量“潜藏”于此，一旦达到某一温度，这种材料就开始吸收热量，但是整个过程中它自身的温度不会发生变化。其原理是：添加于材料内部的小颗粒会利用吸收的热量实现相变，如从固体转化为液体。因此人们通常也将潜热储能材料称作相变储能材料（PCM）。目前，已经可以在建筑材料内部添加分散、细小的石蜡颗粒。石蜡颗粒接触热量后会立即熔化，但不会导致温度的升高。与未使用PCM处理过的墙体相比，做PCM处理的墙体在更长的时间段内墙体温度明显更低。

以细小颗粒状分散的石蜡一般被添加到石膏内层灰浆或墙体底漆内。在凉爽的夜间，石蜡重新凝固并在此过程中将热量释放出来。

对于轻型建筑结构，同样可以通过添加细小的颗粒状分散的石蜡形成PCM。通过对夜间通风进行有效控制来降低建筑物的温度。潜热储能首先适用于行政办公建筑，它可以减少空调制冷的使用频率或干脆无需空调制冷。

5.5.6 采暖与制冷的结合

现代化的采暖系统能够让大面积的采暖系统兼具制冷功能。目前已经开发出了不同的系统，它们的安装特点和调控方式各有不同。

混凝土温度调节系统尤其适用于大面积和

参考阅读

西门子楼宇科技集团

www.siemens.com.cn

作为在全球楼宇管理、空调（HVAC）系统、安防和消防系统的全球技术领先者之一，西门子楼宇科技集团在全球范围内为客户提供旨在促进居住的舒适性和安全性，并提高楼宇的用能效率，以及优化楼宇的各个技术管理系统，将楼宇的运行转变为对企业有价值的资产，在中国乃至全世界拥有不少著名的成功案例，包括上海浦东机场、美国白宫、法国卢浮尔宫，北京奥运水立方等等，并使业主的楼宇成为真正意义上的地标建筑。在中国，西门子楼宇科技将总部设于上海，并在各地设立了办事处及销售代表处。西门子楼宇科技集团提供全面的解决方案：

楼宇自控：提高舒适性、运行的可靠性、楼宇的盈利能力

西门子楼宇自控系统提供全面广泛的解决方案和服务，帮助楼宇的运行管理人员在整个楼宇生命周期中实现持续优化。

安防、消防系统：保障资产和人员的安全

提供先进的安防、消防系统解决方案，保障楼宇、系统、人员、信息的安全；预先进行的风险评估和灾难恢复计划，为客户提供完整的工作方案。

智能的全集成系统：提升楼宇的经济性

全集成的超低压系统，在楼宇中实施对客户具有莫大的益处；所有日常管理所需的功能均可集成在一台工作站上进行，不仅降低了楼宇的管理成本，同时极大地提升楼宇的管理水平。

全新的建筑物。

该系统能够对大型建筑物进行有效调控，并能为住户和造访者提供最佳的舒适环境。

采暖和制冷相结合的优点：

- 极好的热舒适度
- 不会感觉到传统空调的送风气流
- 优化的室内温度和湿度，灰尘浮动减少
- 可以自由选择和摆放家具
- 更低的能耗
- 均匀的室内温度分布
- 个性化的现代化技术（适应用户在室内气候环境和健康方面的不同需求）

5.5.7 混凝土制冷采暖系统

建筑构件制冷或者混凝土制冷是利用厚重的建筑材料进行室内制冷。厚重的建筑构件能够将热量暂时储存起来，并且由于这些厚重的建筑构件（如混凝土楼板）具有很大的蓄热能力，因此在外部环境温度不断升高的时候，其自身升温过程却十分缓慢。通过在塑料管道内注入冷水，达到冷却建筑构件和疏导热能的目的。制冷管网浇筑在混凝土内部。

能最佳发挥建筑构件制冷作用的是混凝土楼板埋管系统。白天它能够吸收热量，一段时间后又能将热量释放出来。利用混凝土楼板的大面积和热惰性，可以对室内温度的波动起到平衡作用。混凝土楼板尽量不要作装修或吊顶。与铺设位置相比，楼板埋管表面积的大小更为重要。楼板埋管系统对上、下两个方向的制冷效果都十分明显。与单一的地板采暖或顶棚制冷相比，楼板埋管系统由于能够发挥双向制冷作用，其制冷效果更加明显，室内空气与顶板和地板之间的温差也低得多。由此，制冷所需要的能耗也就大大降低。

建筑构件制冷的最大优点在于它良好的蓄热能力。即使制冷需求再大，它们本身的升温幅度也很小。由于房间的四周表面温度很低，因此人体感觉非常舒适。

现在许多业主都希望采用既节能又方便的软制冷技术，建筑构件制冷为此提供了更多的可能性，特别是当它与机械通风或自然通风结合的时候。

此外，混凝土制冷采暖系统不仅可以用于夏季制冷，同样也可用于冬季供热。

楼板埋管系统可以在上、下两个方向发挥作用。

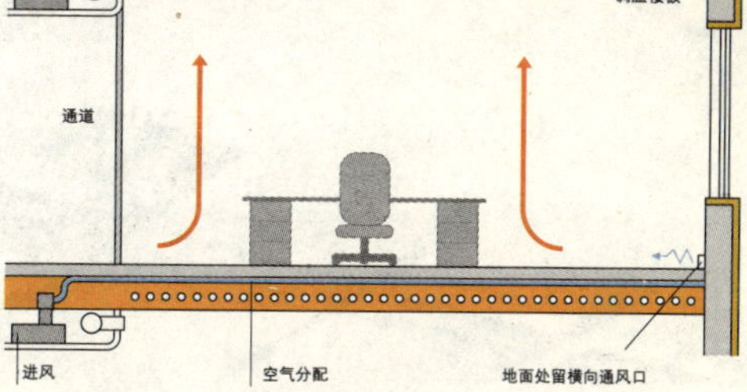

图5－73 混凝土制冷采暖系统原理草图，与横向通风相结合

不过一旦采取建筑构件制冷，就无法实现单个房间的温度调节。因此，建筑构件制冷大多数情况下被用于具有相同使用功能的建筑物内。而且由于室内空气到达混凝土楼板的热传递过程缓慢，其制冷或制热能力也就受到了限制。

5.5.8 制冷/制热顶棚

制冷顶棚主要通过辐射传递冷量和热量。因此它能够营造出非常舒适的室温环境，并且室温也不会遭受穿堂风的破坏。

供热期间，运行不得达到最大功率，否则舒适度将受到影响。其表面温度最多不应超过35℃。在这样的运行温度下，就允许采用一些其他的制热设备。同时夜间的运行也优化了制冷机组的效率。同太阳能设备一样，利用带有地热交换器的热泵、地热技术和冷却塔自然制冷技术都能有效地节约成本。

由于系统反应时间更短，功率比较大，而且辐射效果好，因此，与传统制冷系统相比，其运行成本大为降低。

一般来说可分为以下几种系统：

- 抹灰制冷/制热顶棚
- 石膏板制冷/制热顶棚
- 封闭和敞开式金属制冷/制热顶棚

抹灰制冷/制热顶棚系统使用的是抹灰管道系统。抹灰厚度在10～15mm之间。该系统既可以直接置于混凝土楼板上，也可以安放在毛坯楼板上，或者石膏板吊顶上。制冷/制热顶棚适用于几乎所有的建筑物类型，而且适用于自由形状的楼板和较低的建筑高度。如果有混凝土基层，则在一定的前提条件下，制冷/制热顶棚可以充分发挥储能作用。

石膏板制冷/制热顶棚为建筑师提供了丰

图5－74 制冷/制热顶棚：左为建造阶段顶棚仰视图，右为顶棚近照

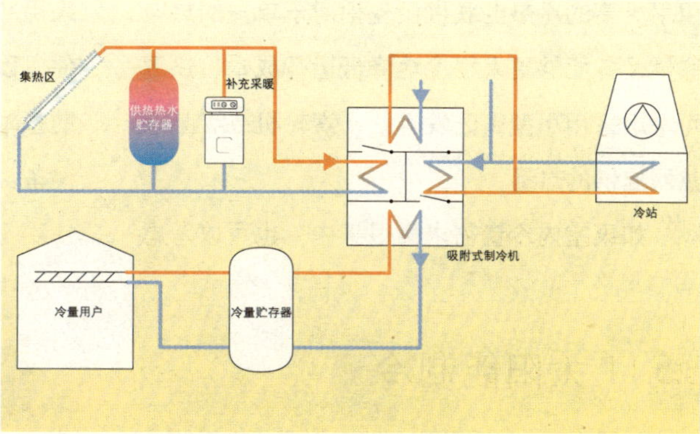

图5－75 由太阳能支持的吸附式中央制冷系统

富的创造空间，不论在声效、各种顶棚材料之间的结合使用还是在安装等方面。技术和设计在此可以和谐共存。该系统适用于旧建筑物改造，不过前提是顶棚有足够的空腔可供利用。

悬吊的金属天花板通常安装在顶棚空腔内，它可以方便建筑内部的装潢、室内音响和灯具的安装，很方便就可以将密闭的金属顶棚转变为制冷和加热面。管道既可以设计成为顶棚结构的一个支撑部分，也可以独立安装。

敞开式金属制冷/制热顶棚设计用于对舒适度要求较高的区域，如办公楼、机场、购物中心和录音室，当然它也可用于手工业和工业室内。借助它的型材构造，它也能够将背对房屋的一面用作制冷/制热面。这样与封闭的制冷/制热顶棚相比，它的制冷/制热效率大约提高了一倍。其基本元件是铜弯管，外部被型材包围，从而起到热传输的作用。这些型材一般为铝型材，而且形式多样。

5.5.9 制冷棚

制冷棚是顶棚的一部分，它内部有水流过，以达到冷却的作用。剩余面积可以做一般吊顶，或者就保持它的毛坯状态，在表面做粉饰。由于这里没有大面积的中间层，因此可以降低层高。照明、自动灭火装置、烟雾报警器、扬声器和其他通信元件可以连同制冷棚一同布置设计和施工。

因为可以不采用顶棚吊顶，所以制冷棚可以同时兼具多项功能。它不仅能够制冷，还能通过安装合适的通风道，更新室内空气。

5.5.10 冷热电联供

夏天，热电联供（KWK）设备通常的负荷很小，因为虽然有电量需求，但是热量需求通常很少。如果将其升级到冷热电联供系统（KWKK），就可利用热能驱动制冷机组。利用率更高的冷热电联供设备相对于单一的热电联供设备能够更大程度地降低运行成本。热源可考虑采用小型街区发电站、汽轮机或者某个热网提供的热量。

如果室内冷量需求量很集中，也可以考虑采用冷网。一些德国大城市已经为此创造了条件，以便能够经济地运行创新性制冷技术。借助基本负荷——制冷机组、冷量存储器和调峰设备，可以灵活有力地应对冷量需求。

5.5.11 太阳能制冷

传统的空调设备因其巨大的能耗和伴随的CO_2排放量备受质疑。特别是常常用于制冷的压缩制冷机组或分体式空调设备，它们的耗电量非常大，在炎热气候带连续运行的过程中，不仅运行成本非常高，也会使当地的电网负荷过大，最终导致停电。由于偏偏是最需要冷气的时候，日光照射最强烈，因此，由太阳能支持的空调就成为另一种可选方式，并将在未来发挥举足轻重的作用。

与此同时，针对具体情况，也可以考虑使用远程热量或废热进行有效的制冷。

由于高强度的太阳能辐射总伴随着强大的制冷需求，因此不存在储存问题。由热量驱动的制冷和除湿过程对热量的温度要求较低（<90°C），这就为太阳能制冷提供了契机。

功能原理：将太阳能集热器收集的热量用于制冷过程。制冷机组和除湿设备是两个处理过程的核心部分。一般人们将之划分为封闭式系统（如吸收、吸附式制冷机组）和敞开式吸附支持的系统。热驱动制冷过程的基础是吸收的热化学反应过程。该过程利用了制冷剂的沸点与结露点和压力之间的相互关系。

敞开式处理过程是基于连接蒸发冷却的空气除湿过程。该过程中所消耗的能量并非来自电能，而主要来自太阳能。所产生的冷水或者调节后的空气借助水作为冷媒的空调设备或者通风设备将建筑物冷却。选择合适技术的决定性因素在于制冷需求以及通风设备是否能满足这个制冷需求。目前，只有中央式太阳能空调设备一种形式（图5-76）。

在德国，封闭式吸收制冷机组首选与真空管集热器配套连接。由这种太阳能集热器所产生的驱动能量的表现形式为约85°C的热水。因

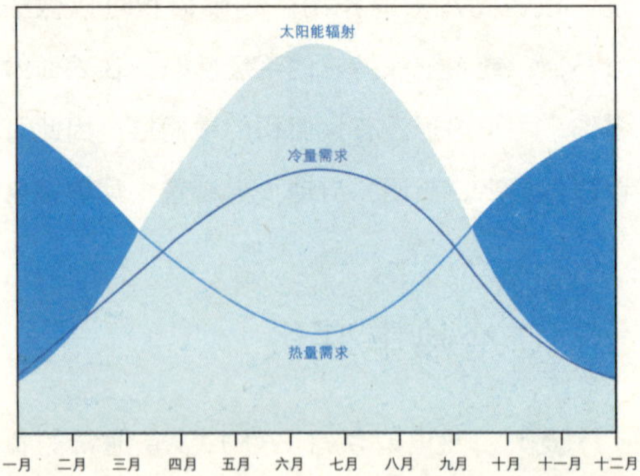

图5-76 热量与冷量需求及一年中各月份的太阳能热量

此，与生活热水加热相比，太阳能制冷系统要求更高的集热器温度。此外，热存储器还具有改善太阳能利用效率的功能，而且负荷波动也能够通过一台冷量存储器达到平衡。

图5-77 抛物面槽式集热器（用于工业工房）

太阳能空调设备的精心设计和施工对节能起着关键性作用。期间，已经开发出了一些设计辅助工具（电脑程序），这些电脑程序能够在太阳能系统（集热器和存储器）的初始尺寸定位和关键性构件的选择方面发挥巨大的作用。电脑模拟程序能够计算出有效的切换方式并且能够根据具体需求提供最佳的解决方案。

利用太阳能的目的在于节约成本，因此精密的设计和对所有能源流动路径的周全考虑就显得十分重要。标准情况下，太阳能发挥的能源贡献率大于50%。目前用到的集热器都能达到这个比例。

太阳能制冷用到的集热器具有双重功效，它的热能还能额外用于供热。标准化的运行过程和方案设计可以在不久的将来带来经济效益，并有助于继续推动太阳能空调技术的普及。技术革新和成本降低的空间还足以进行更长远地开拓。最新发明了一种两级高效吸收设备，当该设备与一台大功率的真空管集热器甚至与产生热量的单轴抛物面槽式设备连接共同作用时，整个设备将发挥巨大的功效。

5.6 照明系统的节能

由于灯泡的使用时间很长，因此，如果考虑到建筑物中所有灯泡的功率，那么仅此一项就可以节省最多80%的电耗。采用节能型灯泡和先进的照明管理方式，当然还有尽可能利用日光，这些措施都具有很高的节能潜力。

各种发光源的单位能效的典型光视效能：

发光源	光视效能
蜡烛	0.1 lm/W
白炽灯泡	5～15 lm/W
卤素灯泡	15～20 lm/W
LED（白色）	15～130 lm/W
霓虹灯	50～60 lm/W

光照度描述了照射在一个平面上的光通量，即光通量与面积的比值。例如，如果一个流明（lm）的光流量均匀地照射在1m²的面积上，那么其光照度就是1勒克斯（lx），即1 lm/m²=1 lx。在各类规定和建议中（如工作场所指南），都规定了正常视觉所需的光照度。比如，餐馆的光照度必须达到200 lx，而办公室内读、写所需的光照度为500 lx，实验室为500~750 lx，牙医诊所/手术室区域需达到5000~10000 lx，储物间为50~100 lx，而行人通道的光照度必须达到50 lx。

5.6.1 日光的利用

如果能在照明中考虑利用日光，那么就既能达到最大的节能效果，又能最大程度地提高舒适度。充分利用日光可以减少对人工照明的用电需求，改善舒适性，此外还能降低制冷能耗。用日光为房间提供照明时，可以从一侧或多个方向的侧窗或天窗，利用外窗和可以导光的日光系统，使光线进入室内。具有导光功能的日光系统还可以弥补部分缺陷，比如相邻建筑物遮挡所造成的影响。天窗可以有效利用日光，为室内深处的大面积区域提供照明。然而，由于天窗往往难以实现与户外景观相连的功能，因此一般情况还需同时安装传统窗户。

其中，尤为需要注意的是房间深处的照明。对于那些因功能需要而必须纵深较大、同时又应当利用日光照明的房间，最理想的方式是从多个方向采用日光。特别重要的是，要考虑到室内不同区域的用途，既能使日光照射到这些区域，又能让人们看到室外。如果无法利用日光从多个方向为纵深很大的房间提供照明，那么就需要略微减弱窗户附近的光照度。

反射系统

反射系统可以被用来为需要光线的房间提供照明。这种反射系统依据的是入射角等于反射角的原理，可以是导光百叶窗，也可以是导光板或是定日镜。在使用导光百叶窗时，可旋转的叶片能使日光照射达到最佳效果，而不会让人感到炫目耀眼。通过叶片的反射表面，光线可以被导入室内深处。对于由两部分组成的百叶窗，其上半部分的天窗用来引导光线照射到室内深处，而下半部的叶片则用于遮阳。这样，使用者便可以根据个人对光线的需求来调节百叶窗。

导光板是一种固定式的导光系统，它可以安装在外墙立面上的天窗前方，但无法自动跟踪阳光。作为固定安装的遮阳装置，导光板不会阻断室内人们朝外看的视线。而定日镜是一种具备双轴跟踪功能的镜子，它可以将直射的阳光引导到其他区域，通常被用来改善内院、垂直空间或中庭的照明状况。

棱镜系统

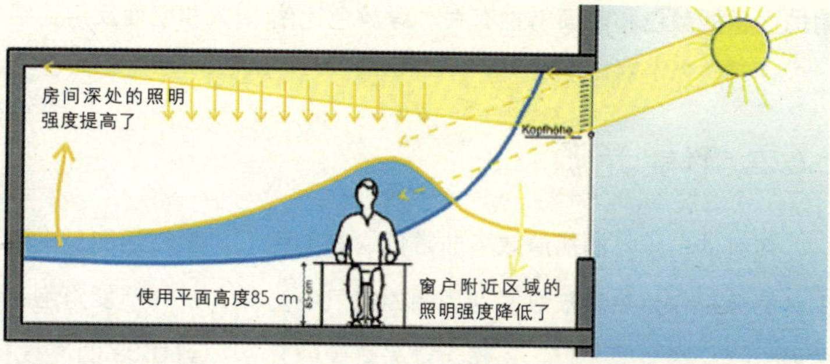

棱镜系统是依照完全反射原理工作的。它一方面可以把光线引入室内，而另一方面又通过向外的回归反射方式，有选择地遮蔽阳光，因此人在室内是无法看清窗外的。从某些特定角度直射过来的光线或者被棱镜系统阻断，或者有目的地被导入室内。棱镜系统可以设置成固定不动的，也可以设成跟踪光线的，可以安装在外墙立面的前面、双层外立面的中空地带、中空玻璃的内部或者是室内。安装在中空玻璃内部的棱镜系统无需维护。

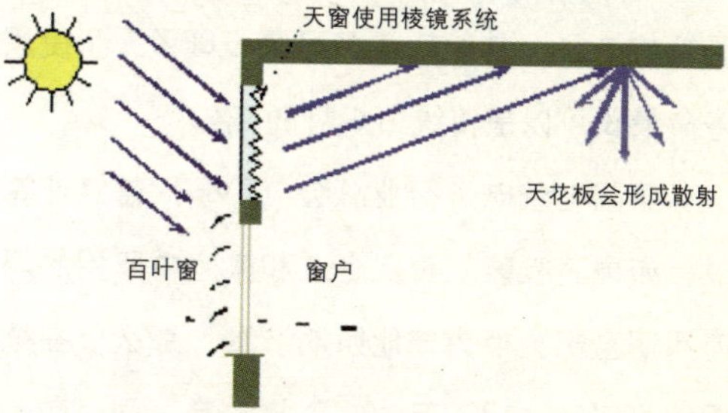

全息系统

在该系统中，人们用激光在全息薄膜上制造出一个全息干涉图样，然后压在复合玻璃的双层玻璃之间。这样，从某个特定角度照射过来的阳光，穿过具有透明全息图像的干涉图样，或是被引导到其他方向，或是被反射回去。而散射光则可以毫无阻碍地穿过透明的材质照进室内。被引导开的光线是无色的，人在室内可以看到窗外，不过通常情况下难以避免产生变形。由于薄膜是被压在中空玻璃中间，保护性很好，因此这种系统虽然较为昂贵，但却完全不需要进行维护。

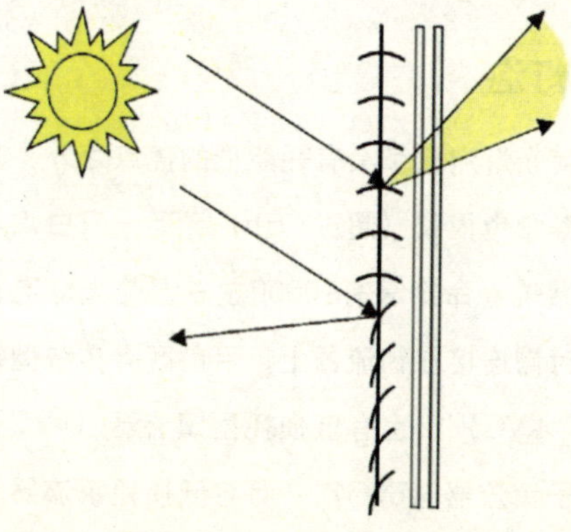

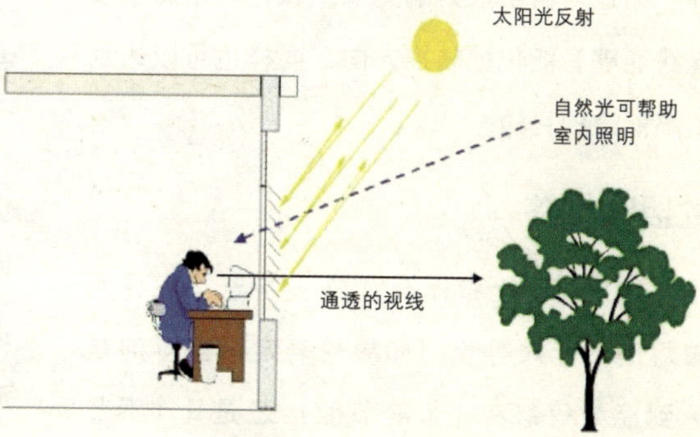

使用百叶窗可提供良好的视线

用户所感觉到的光密度同样与光通量所照射的面积的颜色和表面特性有关。深颜色比浅颜色所吸收的光线要多得多，因此浅色的地板和墙面反射光线的性能会非常好。

5.6.2 节能光源

传统的白炽灯的能源效率非常低。其电耗的大部分都作为热量被散发到周围的空气中。节能灯（“微型荧光灯”）作为荧光灯管的升级换代产品，其能耗最多可降低80%，而使用寿命最长可以是传统白炽灯的8倍。

德国电气电子行业总会（ZVEI）曾经计算过，如果将社区、工业企业和家庭中所用的原有照明全部更换为节能照明装置，那么仅在德国就可以减少1300万t的CO_2排放量，同时每个用户的能源支出也会相应下降。

根据ZVEI的调查，75%的办公室照明装置都需要进行改造。在这方面可以节约32亿kWh的电能，这相当于减少了190万t的CO_2排放量和4.75亿欧元的费用支出。而在家庭照明方面，预计存在以下的节能潜力：75亿kWh的能源，450万t的CO_2和11亿欧元的运行费用。此外，通过对自由散射的光源采取导向措施，使光线能够智能化地转换方向，同样也可以达到提高能效的目的。

欧盟EU标签

家用灯泡上都贴有欧盟EU标签，它标示着灯泡的能效等级。如果想确定一盏灯泡是达到能效等级A（非常节能）还是G（不节能），主要看其光流量和功率消耗。而低压卤素灯泡和反射灯泡是没有能效等级划分的。

节能灯泡都必须等待一段时间之后才会达到100%的亮度，这是因为当灯泡被点亮后，只有经过一段时间才会达到最佳的工作温度。因此，高档节能灯泡都有一个预热期，这会延长灯泡的使用寿命。有了这个预热期，也就是说，在灯泡通电和发亮之间有一个很短的间歇期，节能灯泡的开关次数就会多得多，其使用寿命也会长得多。

比较一盏节能灯泡（增加的采购费用大约为5欧元）和10盏白炽灯泡，我们便可发现，如果前者的工作寿命是1万h左右，那么一只11W的节能灯泡和60W的白炽灯泡相比可以节省大约90欧元（以20欧分/kWh的电价为基础）。目前市场上的节能灯泡有以下几种颜色：“高暖白”、“暖白”、“中性白”和“日光白”。

荧光灯泡

荧光灯泡除了具有耗能低的优点之外，其使用寿命也很长（超过1万h）。而一只白炽灯泡的燃烧寿命则只有1000h左右。荧光灯泡在运行时需连接在镇流器上。目前既有传统型镇流器（KVG），也有低损耗型镇流器（VVG）和电子镇流器（EVG），而与低损耗镇流器和传统型镇流器相比，电子镇流器的工作效率要更高，同时也延长了荧光灯泡的使用寿命。此外，采用电子镇流器的荧光灯泡不会产生闪光，这是因为当灯泡的运行频率很高时，人的肉眼是无法分辨的。

卤素灯泡

卤素灯泡既有使用12V低电压的，也有使用电源电压的。它们其实也是白炽灯泡，只不过其电能效率更高，使用寿命也是后者的两倍（约2千小时）。目前市场上的卤素灯泡产品既有接低压的，也有接电源电压的。部分低压卤素灯泡的表面还刷了一层红外涂层，从而能效更佳，同时其预期使用寿命也会提高一倍。

低压卤素灯泡需连接在变压器上运行，一般情况下，当灯熄灭后，变压器仍然会接在电网上，由此会造成空转电能损失，这时，可使用具有开关功能的插线板来避免损失。

LED

LED的发光二极管是一个半导体晶体，通上电流时便会发光。LED会产生某种特定颜色的光，这主要看使用的是何种晶体。晶体被安装在一个反射器上，后者可以极为精确地引导光线。

目前，LED主要还是应用在工商业中，如电器产品广告或汽车制造。不过，LED正在不断发展之中，白色的高效能LED的能效和节能灯泡的能效相比已经差距不大。

5.6.3 照明管理

智能化的照明管理系统中含有不同的控制组件，人们可以对其进行扩建或是组合：

- 可撤销的多用途照明场景
- 根据现场是否有人，通过运动传感器来开关照明设施
- 根据日光强度来调节照明亮度
- 通过工作台照明装置上的感光器
- 通过室内的感光器
- 通过室外光线传感器

在现代化的建筑物中，人们可以根据不同的用途，采用不同规模和不同复杂程度的控制系统。在照明管理系统中，每盏灯或是每组灯都应当可以单独启动。照明设施应当可以在多种开关状态和微光状态下运行。如果照明方案设置合理，那么利用室内的这种动态光线，人们便可以节约大量能源。此外，还可以在建筑内部安装吊顶光栅照明装置，根据日光的强度来调节室内的人工照明。灯上可安装集成式照明控制系统，当光照需求不是很高时，该系统可以调低人工照明的亮度。

对于楼内房间的照明而言，LED技术已经证明具有非常灵活的用途。这是一种不大但功率强的光源，它可以根据个人需求来更改光线的颜色和形式，以与建筑设计风格融为一体。

6TH CHAPTER

第6章 节能示范工程

6.1 德国示范工程：新建及改造建筑

6.1.1 柏林能源论坛

项目说明：建筑实体 / 设计方案

1995年，柏林能源论坛大厦被开发为国际太阳能中心，这是整个市区改造框架计划的一部分，同时考虑了对中心仓库按文物建筑要求加以保护。这个冠以“柏林能源论坛”的项目于2002年年底竣工，在两侧新建造了翼楼，建筑中央设置了中庭，并对旧建筑按照文物保护要求进行了维修。

柏林能源论坛大厦（图6-1）代表了德国在建筑设计、历史文化、节能环保以及示范性使用可再生能源等多方面科技成果的空前融合，也成为在建筑节能领域引起轰动的示范项目。

能源论坛大厦集生产性和服务性企业、代理公司、研究机构、可再生能源和环保技术科研机构的厂房和商务办公室于一体。该建筑位于柏林的施特拉瓦尔广场（Stralauerplatz），由仓库大厦（既有建筑）、两个L形的翼楼以及一个装有玻璃天顶的中庭组成，总建筑面积约23000 m^2（图6-2）。由于在建筑物理和建筑能源技术领域中所提供的独特创新型设计，该建筑的设计团队获得了2003年度建筑物理奖。

这块地基上耸立着世纪之交时原来柏林市燃气厂的中心仓库。新建建筑由两个L形的建筑物体构成。建筑的侧翼和顶部结构构成内院

图6—1 柏林办公大厦

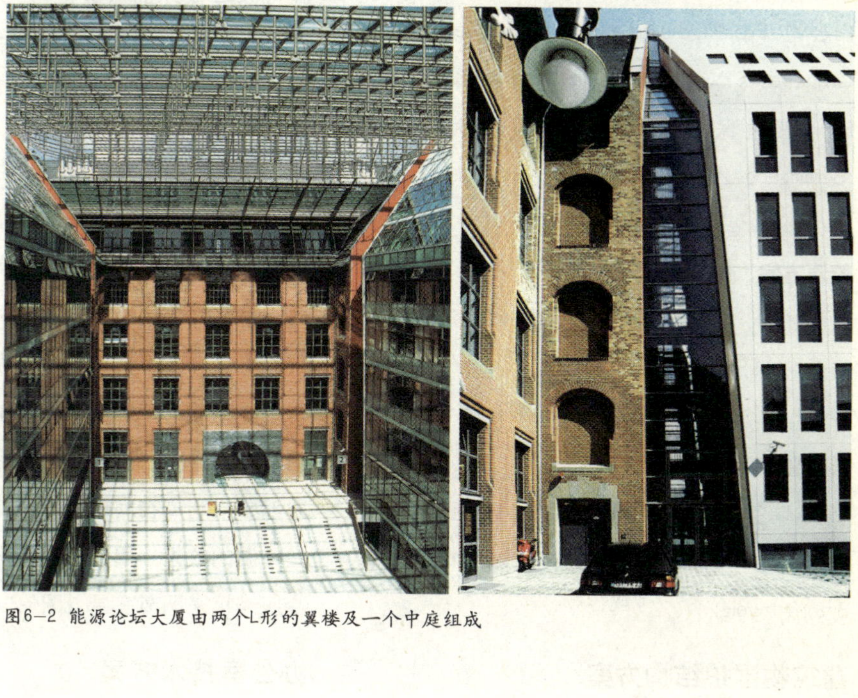

图6—2 能源论坛大厦由两个L形的翼楼及一个中庭组成

的大门，面向施普雷河（Spree），走进大门后是一个巨大的中庭。建筑物的侧翼是多功能的6层综合楼。它不仅可以进行千变万化的空间分割，形成各种大小租赁单元，还可以形成传统的由走廊连接起来的双拼结构。

参与者

新建建筑的建筑设计(方案)

汉堡，波特•里希特•特赫拉尼建筑设计师事务所(BDA成员。Bothe Richter Teherani Architekten BDA,Hamburg)

业主

汉塞阿提卡第十六地产投资有限暨两合公司(HANSEATICA Sechzehnte GrundbesitzInvestitionsgesellschaft mbH & Co.KG)

投资方

汉塞阿提卡第十六地产投资有限两合公司的项目公司(Projektgesellschaft Hanseatica Sechzehnte Grundbesitz InvestitionsgesellschaftmbH & Co. KG)

R+V普通保险股份有限公司的参股公司(Beteiligungsunternehmen der All-gemeine Versicherung AG)

能源方案、模拟和建筑物理

斯图加特，施坦贝斯能源、建筑和太阳能技术转化中心(Steinbeis-Transferzentrum Energie-, Gebäude-und Solartechnik, Stuttgart)

科学监控

不伦瑞克理工大学建筑和太阳能技术学院(Institut für Gebäude-und Solartechnik,TU Braunschweig)

建筑物围护结构方案

两座新建建筑、仓库和内院/中庭的外墙体都安装了高效保温层。它可以确保冬季的最高室温达15℃，以便减少传热损失，并更好地利用太阳能。

数据

竣工	2002年
建筑面积	22992 m^2
建筑总体积	118800 m^3
体形系数A/V。	0.15 m^{-1}

建筑物上所有方向朝南、朝东和朝西的窗户和玻璃都配有手动的内部遮阳装置，可以调节日光，并采用中性颜色的遮阳玻璃。这项措施可以降低外部热量负荷，防止室内过度升温，并保证当视线投向室外时不产生反光。

楼宇技术方案

该建筑的能量供应系统主要是通过能源桩利用地热进行供暖与制冷。通过必要的建筑物桩基础，桩基础中埋设地下换热装置，使土壤成为季节性的热储存器。冬季通过热泵从地下获取能量，并将其提供给楼板埋管系统。而整个冬季冷却下来的土壤在夏季作为冷源，可以向建筑物的大部分区域供应冷量。在大厦的低层部分，利用夜间自动通风即可以达到对办公室降温的效果，因此无需使用传统方法，即制冷压缩机来调节室温（图6-3，图6-4）。

办公室技术方案

在冬季，通过一个中央进/排风装置向办公室输送新鲜空气，而在夏季和过渡季节则通过窗户进行自然通风。在窗扇上安装了彩色发

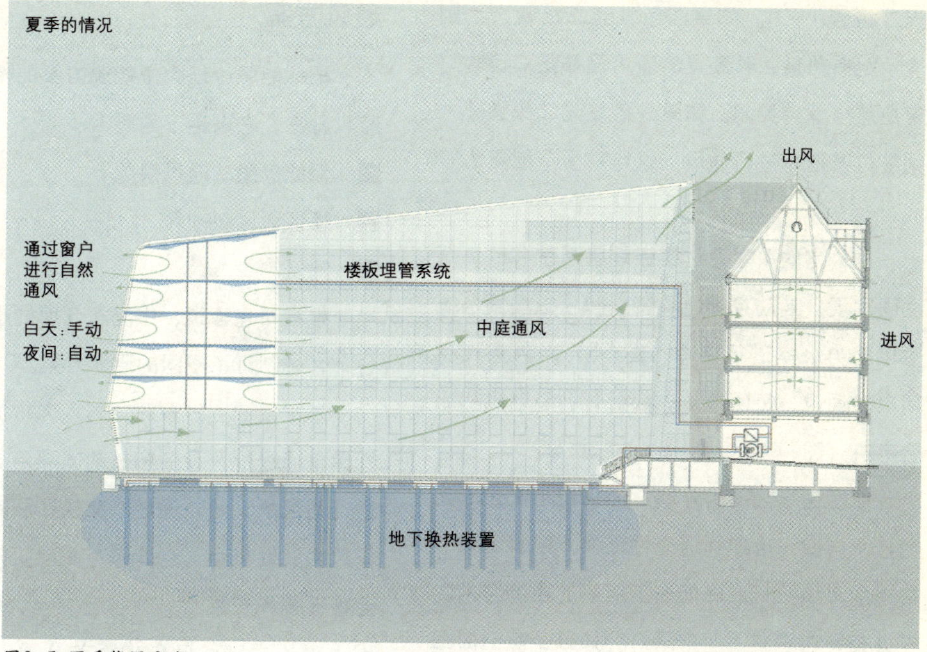

图6-3 夏季能源方案

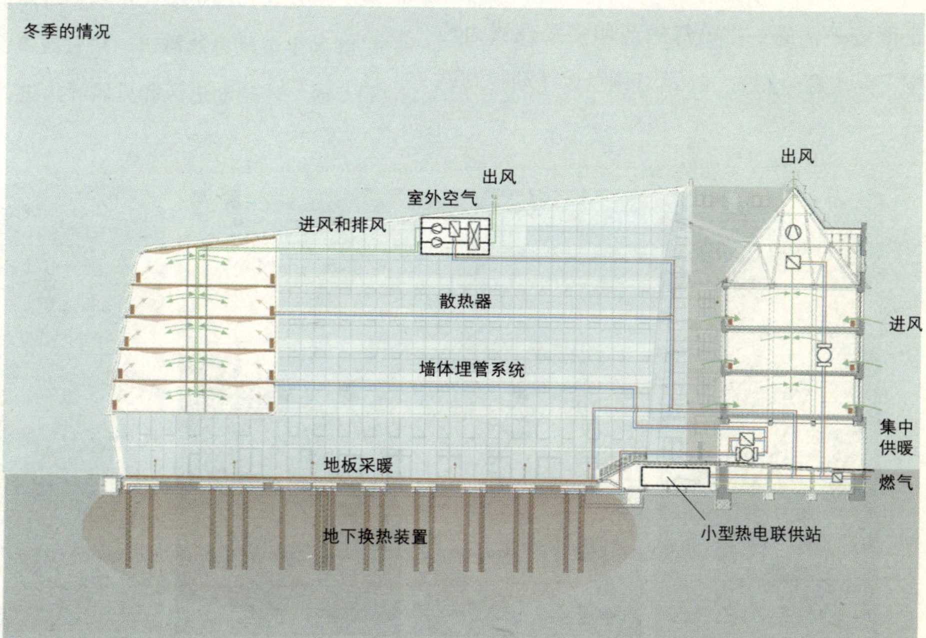

图6-4 冬季能源方案

光二极管(LED)。如果红色发光二极管亮，则表示配有热量回收装置的通风设备正在运转，窗户应当保持关闭。如果绿色发光二极管亮，则应打开窗户进行通风，这样对于节能更为有利。

办公室的采暖通过楼板埋管系统和散热器共同实现。启动夜间通风装置和楼板埋管系统可以对办公室进行制冷（图6-5）。为实现夜间自动通风，每两扇窗户都配有调节电机和闭合电机（图6-6）。

能源论坛大厦的外墙立面采用了优化日光的技术方案。玻璃的透光性很强，配置了调节日光的系统，可以降低人工照明的能源需求。在办公室内安装了两排吊灯。如办公室剖面图所示（图6-5），根据白天光线的各种情况，正面墙一侧的一排吊灯的照明强度设置为恒定，而走廊一侧的一排吊灯则可以手动控制调节。

通风方案

柏林能源论坛大厦能源方案的核心部分是通风方案。它满足下列要求：

- 保证健康的通风换气
- 降低通风热损耗
- 降低制冷负荷

根据新建建筑、中庭和仓库的不同用途，各个区域制订了不同的通风方案。

基于设计上的原因，列入文物保护范畴的仓库是通过排风设备和被动式隔声进风装置来进行通风的，另外通过热交换器和排风热泵从排风中获取热量。仓库和新建建筑的卫生间也连接在排风热泵上。

对于中庭和朝向内院的仓库办公室的通风，从建筑物围护结构所渗透进来的空气已经足够满足进风量的需求。只有当中庭温度超过22℃时，才启动进风和排风叶片进行通风。

图6－5 建筑物地基、楼板埋管系统进行采暖与制冷

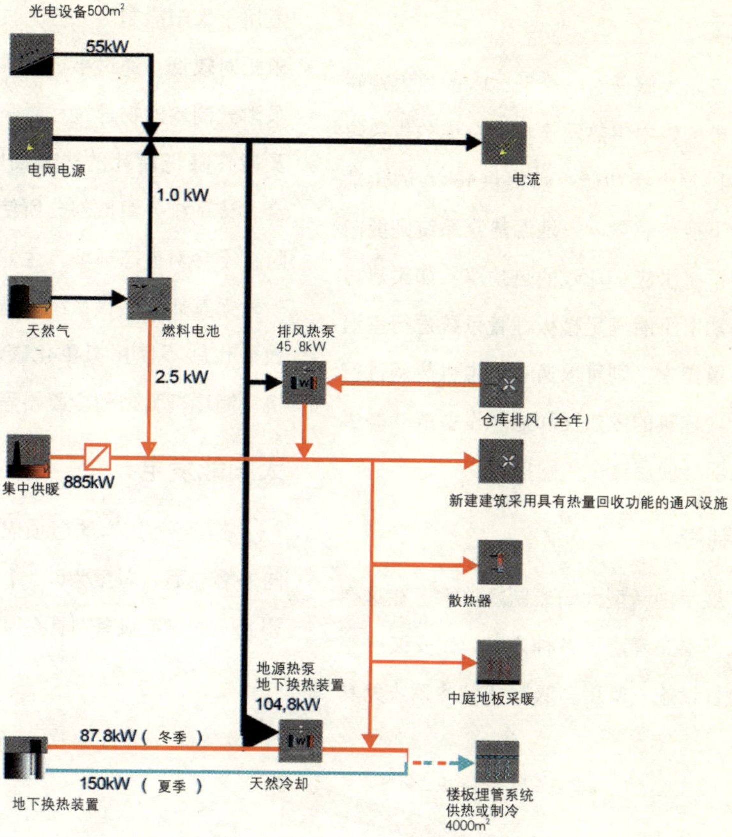

图6－6 采暖和制冷设备一览图

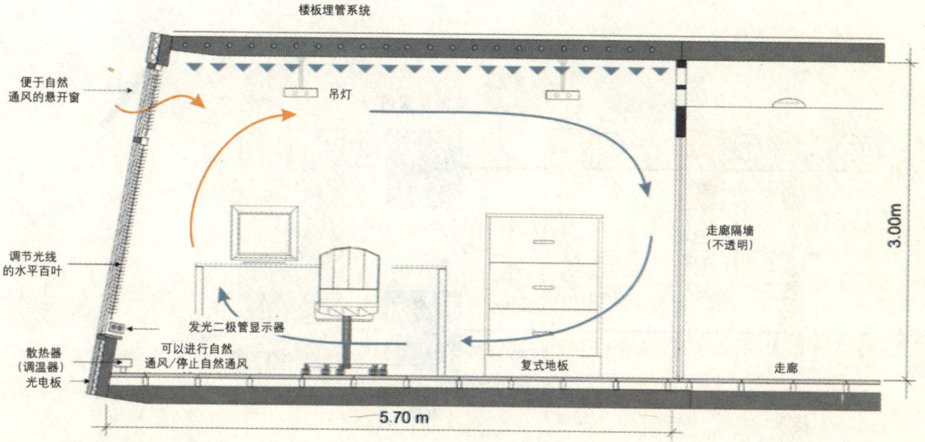

图6－7 办公室剖面图

能源供应

能源论坛大厦通过一个885kW的热力输送器与柏林市的集中供热网连接。仓库的排风热泵可以通过一个缓冲储存器提供46kW的热功率。而地下换热装置——地源热泵系统则能向楼板埋管系统供应107kW的热功率。如果热力泵的供热功率不能满足楼板埋管系统进行室温调节的热量需求，则可以通过集中供热网进行补充。新建建筑的散热器和通风设备的动态供热装置也同样使用这个热网接口。

太阳能制冷

为了展示创新型太阳能制冷技术，在这个项目上人们事先考虑了各种方案，以安装一整套的试验性设施。其中，吸附式制冷系统尤其适用于太阳能制冷，因为该设备的工作温度要求相对较低，通过平板式集热器便可以达到。吸附式制冷的物理过程是吸附式除湿、加湿以及旨在降低能耗的热量回收等三项措施的组合。该系统各组成部分所使用的材料都没有危险，不会对生态环境产生危害。其中的吸附式转轮尤其如此。该系统运行时不使用制冷剂，因而也就不使用氟氯化碳及其替代品、压缩机、制冷剂管路和冷凝器等（图6-8）。

太阳能发电

在斜度为8°的屋顶表面和建筑物的西南向外墙立面（斜度为80°）上安装了总功率约55 kW_P的光电设备（图6-9）。

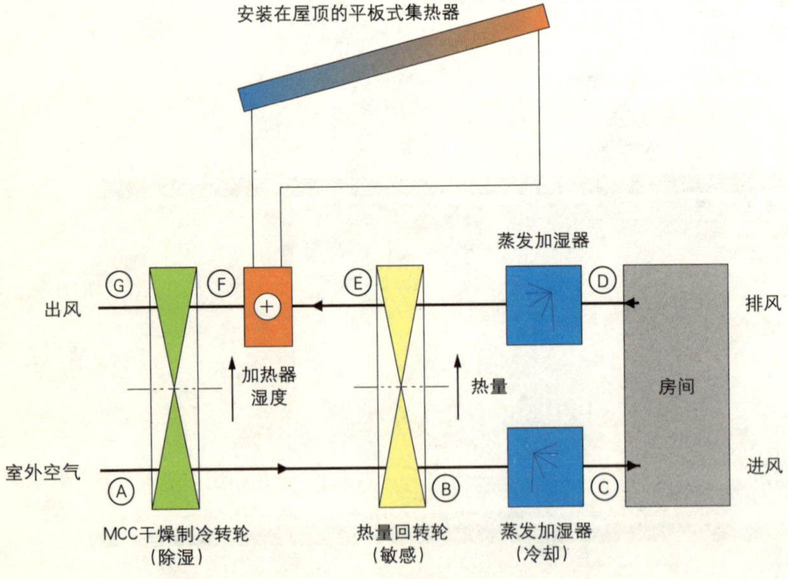

图6—8 吸附式制冷系统的流程图

图6－9 建筑西南向外墙立面安装了光电设备

燃料电池

除了建筑措施之外，考虑到未来的发展，该建筑还采用了各种新技术为大厦进行供暖、制冷和供电。除了其他的能源供应创新方案之外，建筑物的能源供应系统还安装了燃料电池热电联产装置，该技术在业界被视为未来的发展方向。这样，通过使用这种创新性能源系统并直接应用在建筑技术设备中，大厦的用户及参观者不仅能够看到、而且能够了解这项新技术的内容和意义。

6.1.2 法兰克福欧罗托姆大厦

项目说明：建筑实体 / 设计方案

欧罗托姆大厦(Eurotheum)耸立在美因河畔法兰克福400家金融机构和银行汇集的金融区中心地带，这是一幢集办公和居住于一身的、高110m的高层建筑，不过在法兰克福中心城区要算是比较低的高楼了。

穿过一个6层楼高的玻璃大厅（它连接着高楼和毗邻的底层建筑），人们可以进入大厦。新建筑方案也考虑了被列入文物保护的砂石外墙立面。人们在正方形的地基上建起了32层高的大厦。建在外墙立面上的全景电梯将这座摩天楼上下贯通，成为当地城市风貌中的一大亮点。

建筑物内的各个功能区是水平划分的，并可以从外墙立面的设计上反映出来。底层是餐馆和店铺，与城市街区融为一体。从第二层到第二十二层是办公楼。从第二十四层到第三十层是约70间全装修式的公寓，包括桑拿房和健身房。第二十三层是“欧罗休闲区”，介于居住区和工作区之间。它同时也是所谓“门卫房”的接待室，其商务中心向租户提供从餐饮到视屏会议室等各种服务(图6-10)。

在设计中，人们特别关注的是保证底层建筑和高层建筑办公楼层的灵活性。因此，每个楼层都有190～600m²可供租赁。正方形的主楼核心区域用于基础设施和辅助工作间，在其周围是26m × 26m的标准高层楼面布局。建筑物的地上部分总建筑面积约为29000m²，高层与底层建筑共提供约530个办公岗位。地下三层为储藏室、设备室以及地下车库(图6-11)。

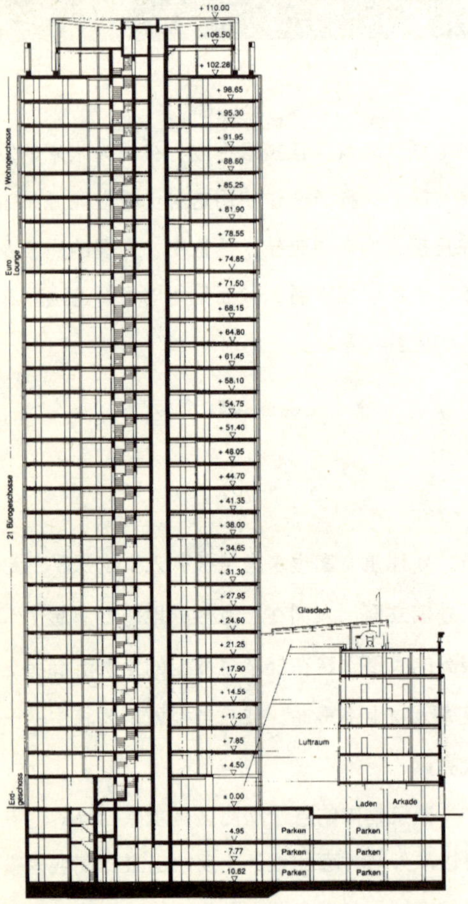

图6－10 建筑物的竖向分区

参与者

投资方

威斯巴登，商业地产投资有限公司(CGI)

[Commerz Grundbesitz Investment gesellschaft (CGI), Wiesbaden]

建筑设计

美因河畔奥芬巴赫，诺沃特尼•迈纳尔暨协作人事务所(Novotny Mähner & Assoziierte, Offenbacham Main)

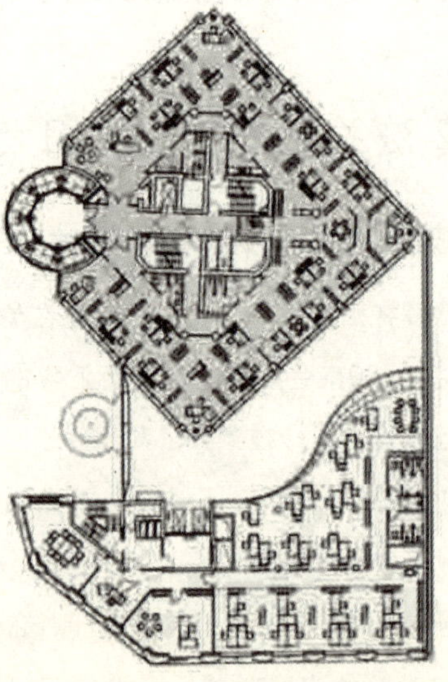

图6－11 建筑物的水平分区

楼宇技术

巴特威尔贝尔，勒迈耶国际有限公司

(Lohmeyer International GmbH, Bad Vilbel)

德莱斯顿，坎茨勒尔工程师(Canzler Ingenieure, Dresden)

数据

建造年代	1998年
竣工	2000年
地上部分总建筑面积	28375m^2
高层办公面积	16568m^2
底层办公面积	2773m^2
高层住宅面积	6083m^2
地上部分建筑体积合计	105400m^3

图6－12 大厦围护结构

建筑物围护结构方案

该大厦在办公楼层及居住楼层上都采用了双层幕墙设计(图6-12)。幕墙按楼层划分，并按各个轴线分格处理，基本上是框架式玻璃幕墙结构。建筑物围护结构的里层幕墙（初级幕墙）由保温板组成，同时配有护墙、一个手动打开的窗扇和一个狭窄的天窗。外层幕墙（次级幕墙）为全玻璃结构，并利用通风槽通过楼层顶板上方外层幕墙的后部空间进行自然通风。遮阳装置设在约35cm深的幕墙中间层里。整个幕墙结构的U-值为1.3W/(m^2·K)。一直到最上面的楼层都可以打开窗户通风。这样，在适当的房间里，人们便可以利用窗户进行通风取代机械式送风以及供热和制冷。

办公室方案

办公室可以按幕墙分格灵活划分。人们可以将办公室单元设置成单人办公或小组办公。办公室之间设有垂直于幕墙的隔墙，另外走廊隔墙也可以推拉移动，这样，通过办公室隔墙和走廊隔墙便可以对空间进行分割。楼内设有各种隔墙调节装置。其中，办公室相互之间的隔墙是不透明的，而办公室与走廊之间的隔墙大多数都配有玻璃(图6-13)。

在各楼层角落设置了敞开式的组合区域，

图6－13 办公室窗户

大楼中央区域和规则楼面区域之间的连接处则是茶水间(图6-14)。

楼宇能源技术方案

包括底层建筑在内的整座欧罗特姆大厦由法兰克福市的远程热网进行集中供热。五个热交换器可为大厦接收最大功率为2.73MW的热能。

整座大厦实行了全空调化。由一套中央送风设备向整幢建筑物送风。这样，办公室就可以进行机械进风和排风。与此同时，除了机械通风，所有的房间和住宅还可以开启内层幕墙上的窗户进行自然通风。

从高层办公室排出的废气在二楼经过再处理以后，用来调节电梯间和机房的空气。底层建筑办公室的排风以相同的方式处理，在夏季用于入口大厅的制冷，在冬季则用于采暖。储藏间和辅助设备间同样利用这个排风气流进行通风。这样，空气被多次利用，以此取代专门的通风设备，从而降低了能耗。

欧罗特姆大厦的上半部分是宾馆和公寓，拥有独立的排风设备，它将废气直接排进制冷机循环冷却设备室。这样，大厦总体上就能保证实现双重换气，并满足卫生要求。

夏季，欧罗特姆大厦中的办公室通过和制冷楼板进行空气调节。这套动态系统可以承担$17W/m^2$的单位负载。室内制冷负载主要是由制冷楼板来承担的。

为了根据实际需求进行调节，住宅还配备

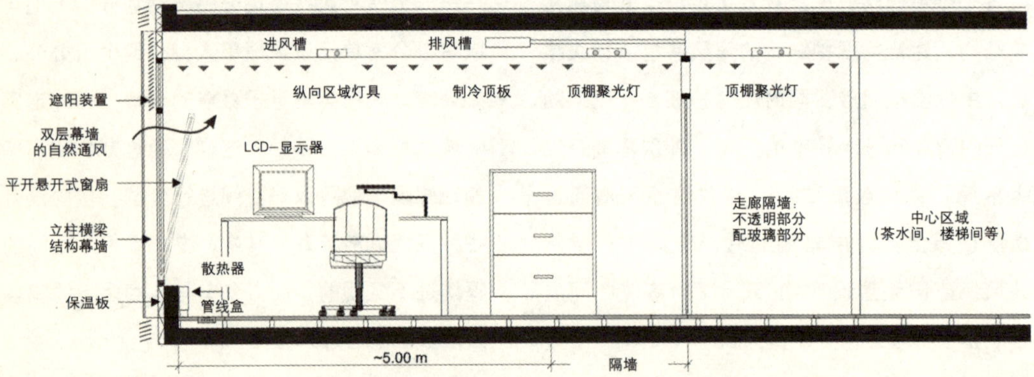

图6－14 办公室方案

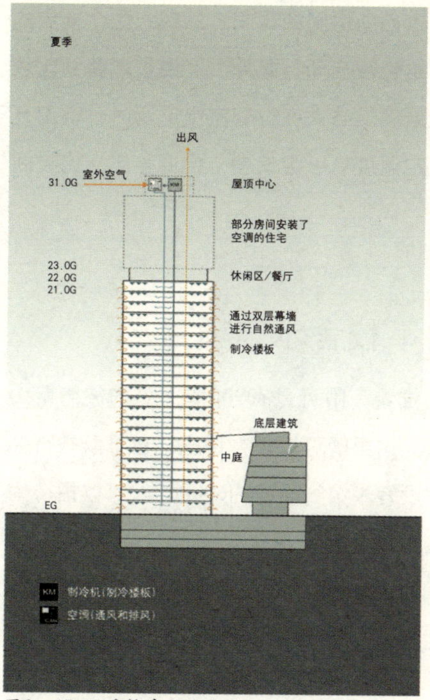

图6－15 夏季楼宇技术方案

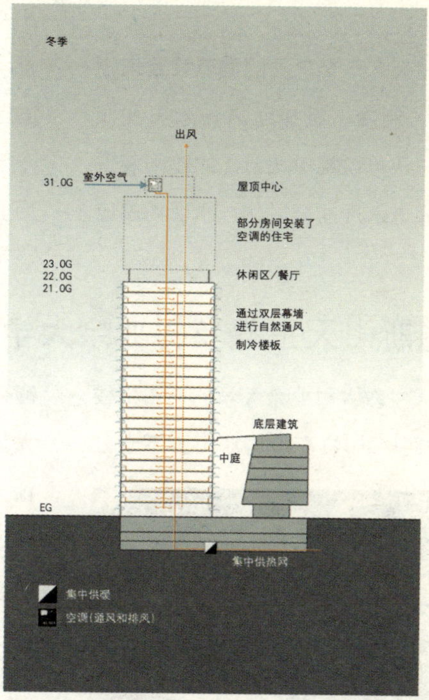

图6－16 冬季楼宇技术方案

了循环空气制冷设备。两台制冷压缩机的总功率为1.36MW，可向制冷楼板和室内通风设备提供冷水。敞开式循环制冷设备用于冷却制冷机，安装在三十二层。在春秋季和冬季，可以不使用机械制冷，而采用自然通风制冷。整幢大厦中还设有散热器用于采暖，这样进风在进入房间之前就已经被预热了。

大厦的夏季与冬季楼宇技术的方案分别见图6-15、图6-16。

楼宇自动化

大厦配置了自动化设备，整个建筑物管路设备由上一级系统统一控制(图6-17)。整个控制设备的设计充分考虑了办公室轴向布局的灵活性。大厦中共安装了45000个数据点，由此可以按照个人需求以及用户要求来调整办公区

图6－17 办公室内调节装置

域的结构和用途。

每间办公室都有一个单独的调节装置来控制房间的采暖、制冷、机械通风、遮阳和照明。此外，用户还可以集中调节比如遮阳装置的设定值等。人进入房间之后，一个现场感应开关可以启动房间的照明。然后，整个楼层的通风装置也被启动，此外，室温被调整到比较适宜的温度。当人在办公室中逗留时，室温允许与设定温度有一定偏差，但温差应当比夜间更小。

6.1.3 彼德斯山天主教乡村业余大学山下校舍示范项目

彼德斯山天主教乡村业余大学的“山下校舍”(图6-19，图6-20)位于彼德斯山脚下十分醒目的位置，附近是有900年历史的彼德斯山大教堂。这里既可以举办讲座，也可以举行会议，并设有旅馆。面积约6000m²，可以招待约56名客人。

图6－18 彼德斯山天主教乡村业余大学山下校舍项目

项目明确规定只使用可再生能源为建筑物供能，并放弃使用传统电驱动制冷设备(图6-20)。

建筑物作为培训宾馆，按照上述规定，其

图6－19 山下校舍正面

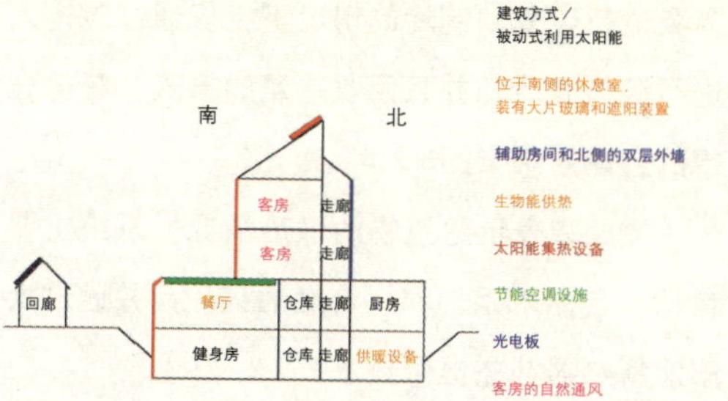

图6－20 能源方案

设计特点是以最佳方式主动和被动地利用太阳能。宾馆客房和教室的朝向为南面和西南面，而其他的使用面积和建筑物北侧的一些设备用房则面向后面的山坡。这种布局有不少优点，比如说厨房不必安装空调，仅需配置一台排风设备即可。

所有的房间都配备了遮阳装置，这样在夏季可以减少不必要的太阳能摄入量。不过由于餐厅的室内负荷很高，因此仍然需要安装空调。为了能够不采用传统电驱动制冷，人们在通风设备中通过蒸发式制冷的方式对空气进行冷却，同时还安装了一台高效热回收装置。

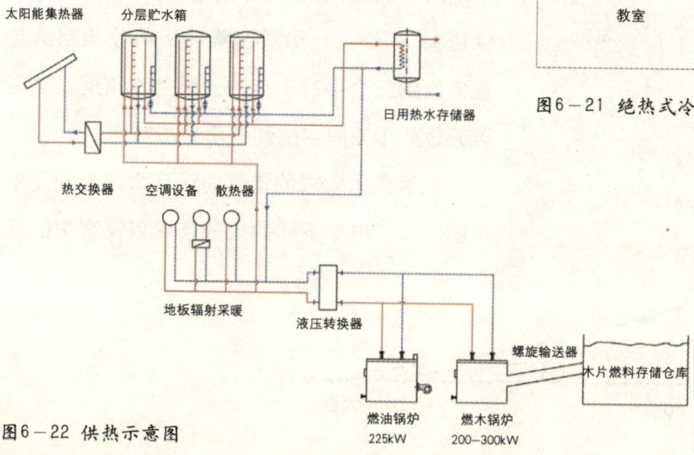

图6－22 供热示意图

在这里，人们充分利用了水在蒸发过程中吸收周边环境热量从而使环境降温的原理。通风设备主要是通过加湿空气进而将其冷却的方式来达到制冷效应。如果加湿排风气流，那么排风气流的温度降低，并能达到接近湿球温度（相对湿度为100%时的温度）。

一般情况下，人们可以利用上述方法将室温冷却到16～20℃。在高效热交换器中，热的室外空气也可以被冷却到上述温度。在这种情况下，当达到设计温度和湿度时，根据不同的室内空气湿度，送风温度可能会达到20～23℃。这样，在非极端的气候状况下，人们总是能够获得舒适的室内温度。

当排风的湿度不是很高的时候，可以在不

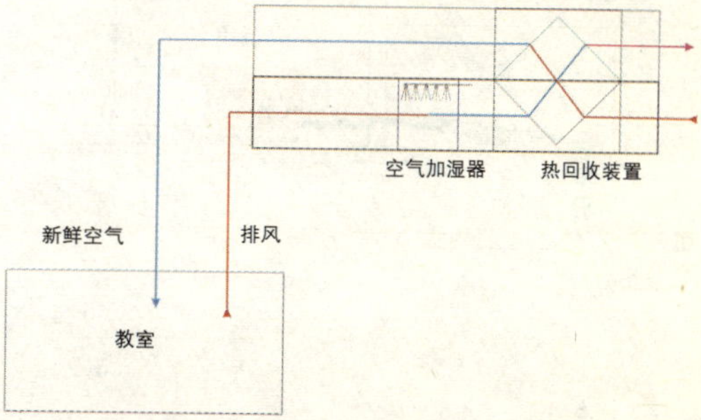

图6－21 绝热式冷却排风通风设备

图6－23 燃木锅炉

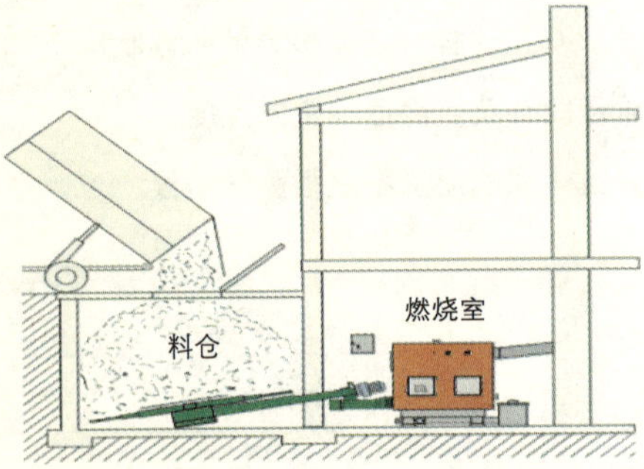

图6－24 料仓与燃烧室

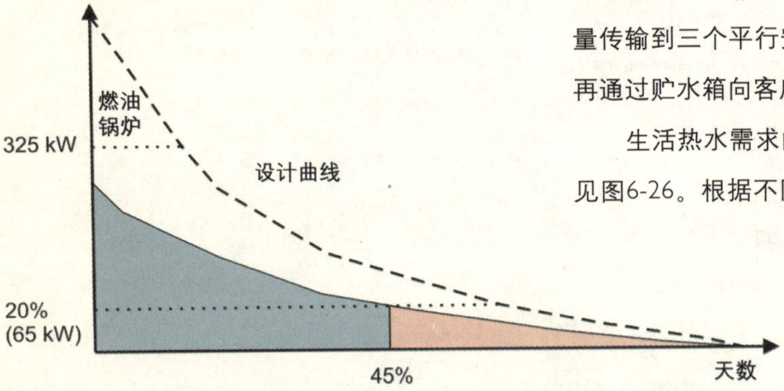

图6－25 设计和实测的年度持续特征曲线

需要进行电驱动制冷的情况下，仅通过对排风进行绝热式冷却并且回收冷量的方式，获得理想的空调效果（图6-21）。

图6-22表示建筑物的供热情况。系统主要包括一台燃木锅炉和一台燃油锅炉，并通过太阳能集热器补充提供热水。

人们通过一台燃木锅炉设备来制热（图6-23，图6-24），以满足基本负荷的需求。为确保供热不间断，还安装了一台燃油锅炉，用以满足峰值负荷时的需求，同时在紧急情况下也可以承担基本负荷，而在负荷较低时也可以为建筑物供热。

由于在建筑物运营过程中大大加强了节约能源的意识，所以实际的功率需求量几乎不会超出预计值。设计时以大约1200MWh的耗热量为基础，其中考虑了大约400MWh的富余量。而运营的实际耗热量仅为400MWh，即实际富余量为800MWh（图6-25）。

此外，还安装了一个太阳能集热器来补充生活热水供应，集热板的面积为87m²，并涂有钛锘科（$TiNo_x$）涂层。集热板将收集到的热量传输到三个平行安装的分层贮水箱里，然后再通过贮水箱向客房和厨房供应热水。

生活热水需求的年度曲线及太阳能利用率见图6-26。根据不同的天气情况以及客房的耗

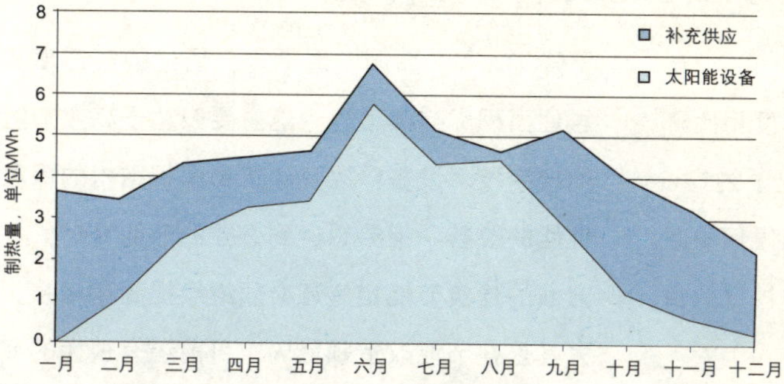

图6－26 生活热水需求的年度曲线及太阳能利用率

图6－27 光电元件的表面玻璃结构

能情况，太阳能集热器能满足整年热水需求量的40%～60%左右。

为了充分利用太阳能，人们还分别在柱廊通道和南侧的玻璃房中各安装了一套光电设备。设备共有108个特制组件，每个组件由不对称的多晶硅电池片构成。设备总功率为14.2kWp。所有组件都采用特殊工艺制成，安装在弯曲金属承重结构的上面，使锥形的玻璃与之接合得严丝合缝，即形成所谓的表面玻璃结构（图6-27，图6-28）。

当来访者走到校舍入口时，可以在一块显示屏上看到当时太阳能发电的功率值。这套设备每年可产生11000～12000kWh的电能，约占建筑物用电需求的5%。该光电设备还具有双重功效，它一方面利用太阳能进行发电，另一方面又能在柱廊通道里达到必要的遮阳效果。柱廊通道中的电气连接装置做得非常之小，从而能将包括避雷装置和光电设备配线在内的缆线完全隐藏铺设在拱形的T字横梁中（图6-29）。建筑设计总体方案充分考虑了所有暴露在外的设备部件，使其表面的设计和色调与整体建筑设计协调一致。

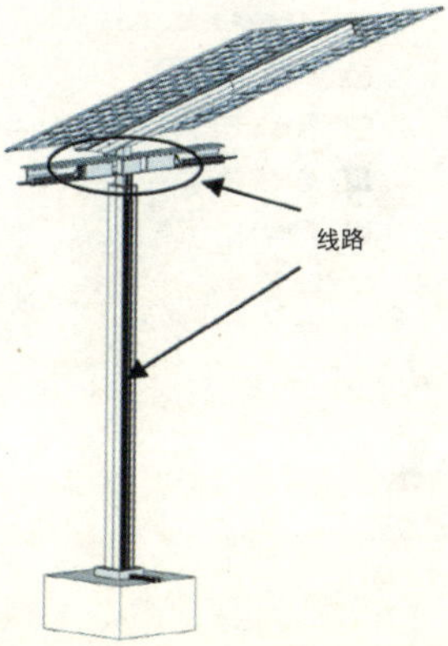

图6－28 光电元件的微型接线装置

图6－29 配置光伏屋顶的柱廊通道

6.1.4 德国能源署“既有低能耗建筑”示范计划

德国在京都协议中承诺，在2008～2012年期间将温室气体扩散与1990年基准年度相比降低21%。德国在2005年前就已经实现了约19%的降幅。尽管如此，德国还需要在气候保护政策上再接再厉，才能达到京都协议中规定的目标。

德国2002年的终端能源总需求量约为9300PJ，其中大约有1/4用在私人家庭室内供暖和饮用热水制备上面（图6-30）。其中采暖占据了特殊地位，因为在室内热量中，私人家庭室内热量消耗了75%以上的终端能源。1996～2002年，家庭用于采暖的终端能源消耗下降了11%，而同一时期内，居住的舒适度和居住面积却持续上升。这主要归功于高效节能的楼宇技术设备，以及建筑物围护结构的保温性能的改善。但要想达到必要的节能目标，各方面的建筑节能措施还必须继续提高和增强。尤其是在节能改造领域内，目前还有很大的节能潜力尚未发掘利用。

既有建筑节能改造的巨大潜力

既有居住建筑具有巨大的节能改造潜力，这主要体现在以下三个方面：

- 联邦德国的既有居住建筑中有3/4左右是

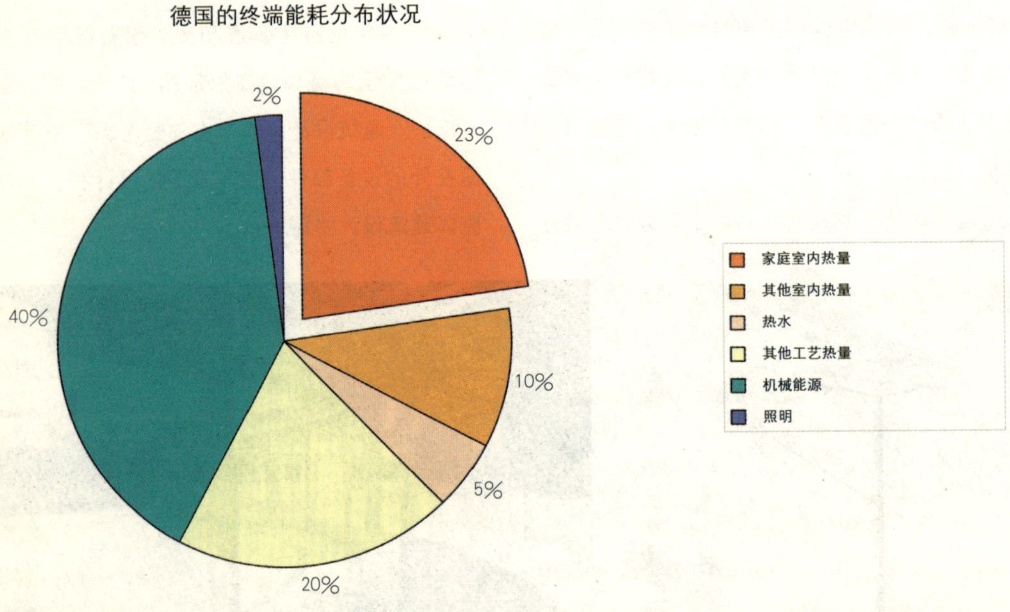

图6－30 德国的终端能耗分布状况

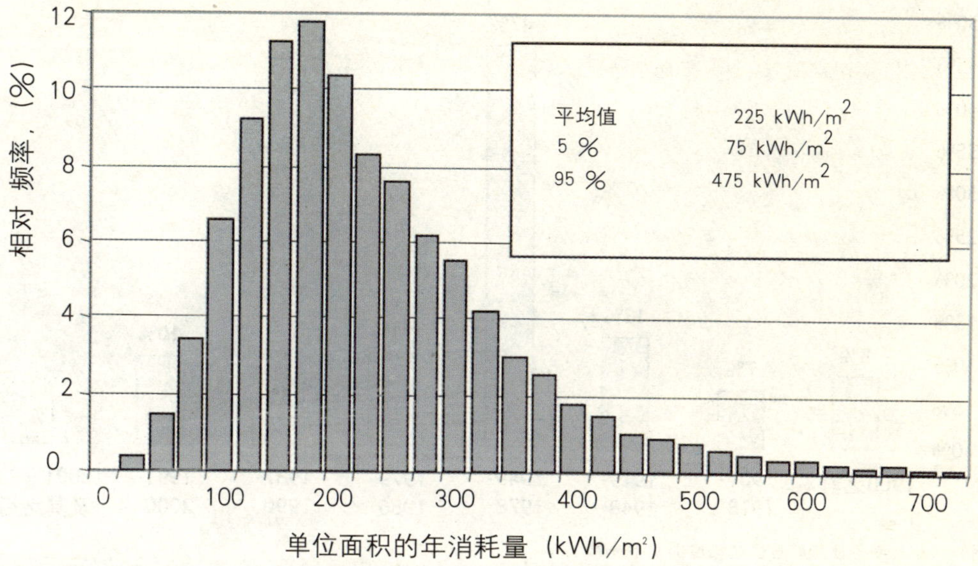

图6－31 既有建筑中室内供暖和热水制备的平均终端能耗

在1978年第一部《保温法规》生效之前建造的。这些建筑物的终端能源年消耗量都很高，明显超出现行的《节能法规》中规定的新建筑标准。因此，对这些建筑物进行节能改造的效果将会十分明显，对整个联邦德国的节能降耗效果也将十分明显。

- 既有建筑物的终端能源平均消耗量每年约为225kWh/m²，而新建建筑的能耗量远远不到其一半（图6-31）。
- 一套居住建筑需要进行彻底改造的平均周期大约为40～50年。由于既有建筑中有大约1/3是在“二战”后的第一个十年内建造的，因此这些建筑物正处于它们的第一个改造周期。另外有28%的既有建筑是在“二战”之前建造的，其中许多建筑物都已经作过改造，并且将要经历第二个改造周期。这样算来，有50%的建筑物要在今后的20年内进行改造，即每年改造约2.5%，这就意味着当前约3800万套的既有住宅中，每年需要改造的住宅大约为95万套（图6-32）。

考虑到加快温室气体减排步伐的大背景，必须加大对既有建筑节能改造的力度。

住宅的经济效益

既有住宅的节能改造不仅对气候保护大有益处，而且能为住宅本身带来经济效益。随着近年来能源价格的急剧上涨，住宅的附加费用也水涨船高，导致住宅的经济收益空间明显减小。统计表明：1995～2004年，冷房租（不含

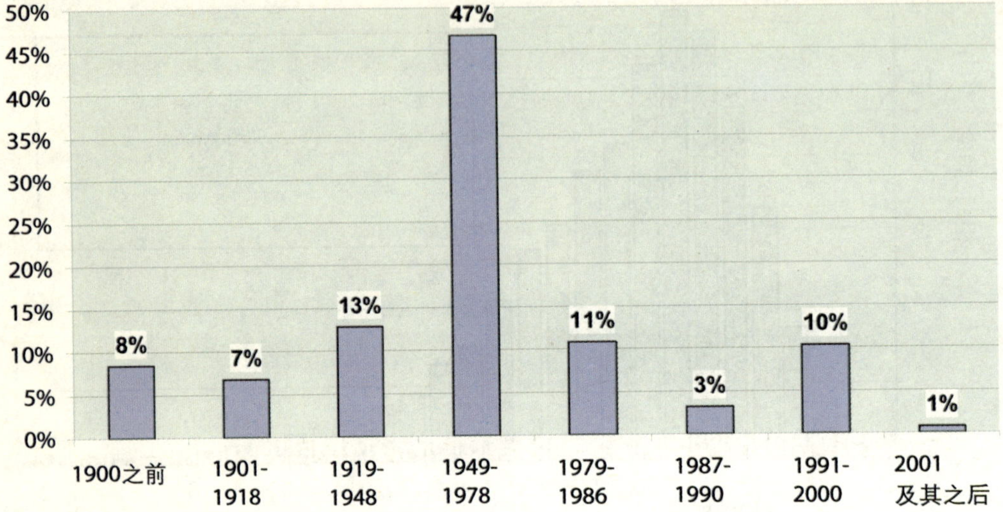

图6－32 按年份进行的居住建筑建造频率分配

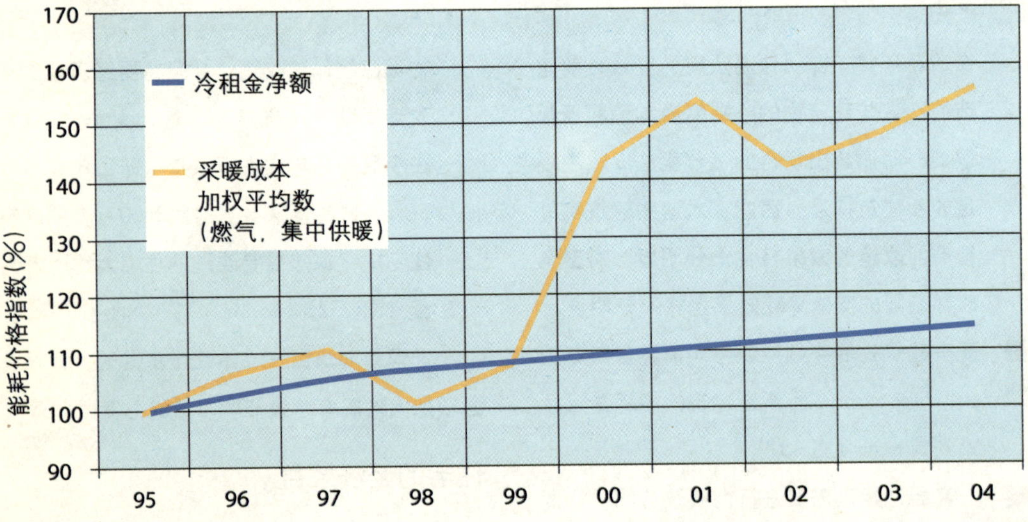

图6－33 租金与采暖成本走势

水、电和管理费等附加费用的月租）仅仅上升了15%，而能源成本却平均上涨了约55%（图6-33）。能源成本上升得越快，私人家庭用来支付冷租金的“居住购买力”也就越低。受影响的不仅是承租人和私人业主，众多出售、出租住宅的企业也承受着能源价格上涨的压力。

而节能改造能消减能源价格上涨对租金和居住成本的影响。根据目前的能源市场走势，预计将来也不会有所好转。节能建筑和改造以及创新性的改造方案是保证住宅区及既有房地产“未来安全”的重要因素。如果住宅建筑公司和地产投资商在提高住宅能效方面投资，那么从长期看，其房地产的出租率和市场价值也会相应地提高。这样，他们就会摆脱未来能源价格上涨所带来的经济影响。德国联邦能源署的“既有低能耗建筑物”示范计划就反映了这一点。

德国联邦能源署的“既有低能耗建筑”示范计划

为了实施并宣传高效节能改造示范项目，德国联邦能源署于2003年11月启动了“既有低能耗建筑”计划。在自2003年11月起的第一个阶段里，共有20家住宅建筑公司将915套住宅改造成了“低能耗建筑”，其中采用了一般情况下只使用在新建筑上的高新技术。目前该计划正处于自2005年5月起启动的第二阶段，将采用新的能源标准对100多套建筑物进行改造——包括第一次对单户住宅进行改造。改造时，能耗标准最高不得超过法定标准规定的同类新建筑能耗要求的55%，部分建筑甚至几乎达到了“零能耗标准”的要求。

示范项目的目标是通过“最佳实践项目”加速技术的转让，宣传并进一步开发创新型的建筑节能改造技术，通过具有借鉴意义并且经济上可以承受的改造推荐方案，鼓励公众进行仿效。当前应当在改造项目中多多采用经济上可行的节能技术，大力开拓这类技术市场，从而使这些改造项目在不太长的时间内无需外界资助也可以获得经济效益。

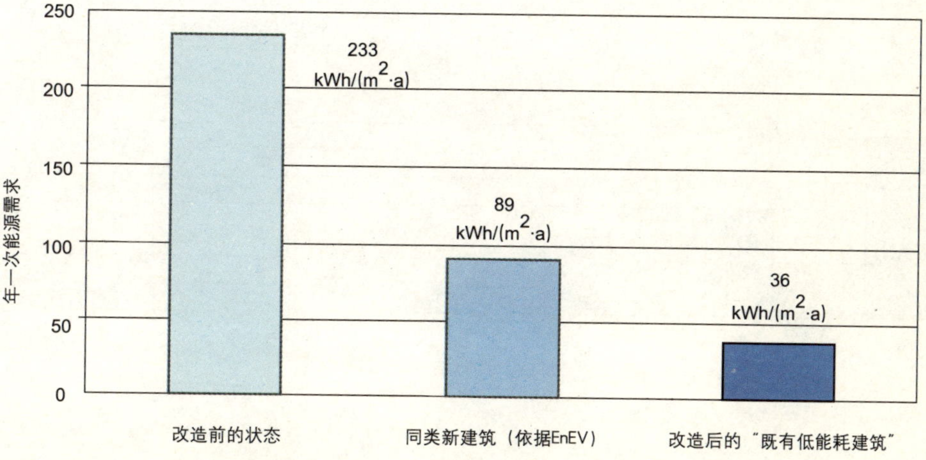

图6－34 改造前、改造后以及新建建筑的年一次能源需求比较

“既有低能耗建筑物”示范计划在其试行阶段表明是“可行”的。通过改造措施和使用成熟的技术设备，可以使既有建筑的当前能耗节约80%（图6-34）。这些项目令人信服地表明，人们在进行节能改造的同时，既可以实现经济利益，也可以满足在建筑设计和城市建设方面更高的要求。

由于单项计划的改造任务各有不同，为了实现规划的节能目标，人们选择了纷繁多样且具创新意义的方案。但所有的一切都遵循一个原则，即首先考虑的是降低建筑物的能源需求，然后在此基础上再通过高效的技术和利用可再生能源满足余下的能源需求。

降低能源需求

为了降低供暖需求，所有项目中的建筑物围护结构都进行了大幅度的改进。外墙的保温材料平均厚度为19cm，地下室底板为14cm，屋顶为26cm。2/3的建筑物都采用了能够被动利用太阳能的节能窗户。

有效地转化能源

利用高效的楼宇技术设备满足余下的能量需求。除一幢建筑物以外，所有改造项目都安装了通风设备，其中有60%具有热回收功能。

使用可再生能源

为了降低对传统能源载体的需求，88%的建筑物都在其能源供应方案中规定应使用可再生能源。2/3的建筑物使用了太阳能制热设备。约40%的项目使用了生物能——其中大多数是以木屑为燃料的燃木锅炉设备。另外有不到1/5的建筑物安装了光电设备，其中有一部分安装在外墙立面当中。有两个项目采用了地热。只有四个项目没有使用可再生能源（图6-35）。

在既有建筑中使用可再生能源

如何在既有建筑的能源供应中使用可再生

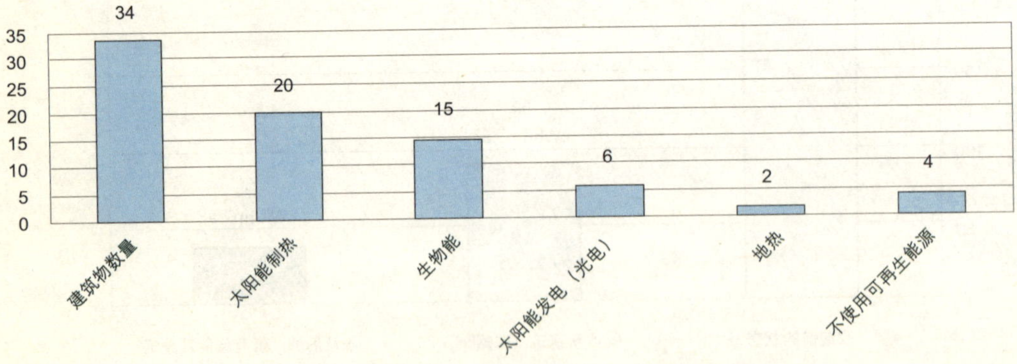

图6－35 示范阶段的建筑物数量以及所使用的可再生能源技术

能源，这对于设计人员来说常常是个特殊的挑战。新建筑在设计阶段就可以而且应当考虑如何使用可再生能源，而既有建筑则必须在可再生能源利用方案中对能源供应进行详尽的补充调整。必须考虑如何在既有建筑中设置相关的技术部件和设备。由于建筑物本身的特殊性和具体情况，常常需要找到个性化的方案。试行阶段的项目表明这在既有建筑上是可行的。下文中的两个范例揭示了如何找到利用可再生能源的个性化方案。特别值得关注的是，可再生能源的利用不仅在技术上是可行的，同时还带来建筑物外观质量的提高。

改造过程中的太阳能集热设备

南莱比锡住宅和建筑有限公司对位于莱比锡勒斯尼希（Lößnig）区Hans-Marchwitza大街14～20号的11层板式建筑(建于1973年，总面积10.326m²，共167个居住单元)进行了全面改造，旧貌换新颜。原本单调的标准板式建筑在改造后令人耳目一新。尤其引人注意的是安装在阳台护栏上的太阳能集热设备。它体现了楼宇技术设备与建筑物围护结构部件之间在建筑设计上的完美结合。

在改造过程中，人们在现有的楼体上添加了阳台，使外观焕然一新。第2～10层的每套住宅都新建了南侧阳台，而底楼住户则配置了露台和花园，收集的雨水可以用来浇灌花园。通过部分背阴建筑，在顶楼产生了8套楼顶住房，配有宽敞的楼顶露台，并可尽览门前的银湖（Silbersee）风光（图6-36）。

从经济角度看，该项目非常成功。这幢11层楼的板式建筑在改造之前的空置率为40%，而改造后，负责运营该房产的莱比锡住宅和建筑公司——该公司是德国最大的房地产公司之一——已为等着租房的顾客们排出一份候补名

图6－36 建筑添加了宽敞的阳台，可以尽览银湖风光

改造措施包括以下建筑构件：	
保温材料	外墙10cm 屋顶12cm 地下室顶板8cm
窗户	双层保温隔热玻璃
通风	带外墙通风通道的通风设备
供暖	集中供暖，其中热电联产占96%
热水制备	附加的太阳能集热器，安装成阳台护栏

安装了两套太阳能设备，其中：	
每套集热器的总面积	102m^2
总利用面积	91m^2
安装角度	90°（垂直）
热水备用储能器	500L
缓存储存器	3000L
太阳能加热的热水储存器	800L
附加的供暖功率	200kW
饮用热水制备的能耗	75MWh
太阳能为热水制备提供的热能	17.41MWh
满足热水需求率	21.1%
CO_2减排	4070kg

每年的一次能源需求：	
改造前的年一次能耗	184kWh/(m^2·a)
改造后的年一次能源需求	44kWh/(m^2·a)
节能	76%

采取了以下改造措施：	
保温隔热材料	外墙18cm 屋顶28cm 地下室顶板12cm
窗户	双层保温隔热玻璃
通风	分散式进风和排风设备，具有热量回收功能
采暖	小区范围内的集中供暖，使用以木屑为燃料的燃木锅炉
热水制备	附加的太阳能集热设备

太阳能集热设备的尺寸：	$100m^2$
光电设备	装配在屋顶结构当中
年产量	$95m^2$
以木屑为燃料的燃木锅炉	12.338kMh 功率60kW
木屑仓库	约$30m^2$ 配地板式搅拌器和弹簧板臂
年一次能耗 改造前 改造后 节能	 $302kWh/m^2$ $38kWh/m^2$ 87%

单了。其中的关键因素不仅是房屋的外观、住宅的位置和居住的舒适度。由于其建设成本只有500 欧元/m^2，低成本使该房产在改造之后的租金仍然低于当地的同比房租水平。

该项目表明，在未来的城市改造过程中进行高水平的节能改造时，完全可以结合利用可再生能源，这不仅在技术上是可行的，而且还会产生经济效益。

百分百的可再生能源：木屑、太阳能制热和太阳能发电

在安斯巴赫（Ansbach）的示范项目中，经过改造，建筑采用生物质能供暖。三幢住宅体现了一种思想。位于班贝克（Bamberg）的约瑟夫基金会（Joseph-Stiftung）将20世纪五六十年代的典型住宅（Dollmann街47～55号，居住面积1828m^2，有26套居住单元）改造成了目前流行的低能耗建筑，并进行了无障碍设施改造。

此外，浴室、电气配线和住宅入口区域也进行了改造，设置了外部设备。

该项目的供暖技术方案经过调整，增加了一套集热器设备来补充日用热水的制备，并利

图6－37 安斯巴赫示范项目

用一座燃烧木屑的中央供暖站为三幢建筑供热。此外，部分屋顶还安装了光电设备（如图6-37）。

总结

试行阶段德国能源署的“既有低能耗建筑物”示范工程表明，既有建筑可以通过节能改造大大降低能耗，使之低于《节能法规》（德国对新建筑的节能标准）所要求的水平，即优于新建建筑。尽管在这方面并没有强制规定必须使用可再生能源，但大多数项目都利用了可再生能源来满足部分能源需求。到目前为止，一些最常规的可再生能源技术从技术角度而言已经相当成熟，设计人员和业主们可以非常放心地将其运用在自己的能源供应方案中。它们不仅能产生经济效益，往往对市场营销也是大有裨益，因为使用可再生能源能够塑造更好的企业形象。根据《P.M.》杂志委托TNS Emnid民意调查所的调查结果，96%的民众支持更多地利用太阳能。

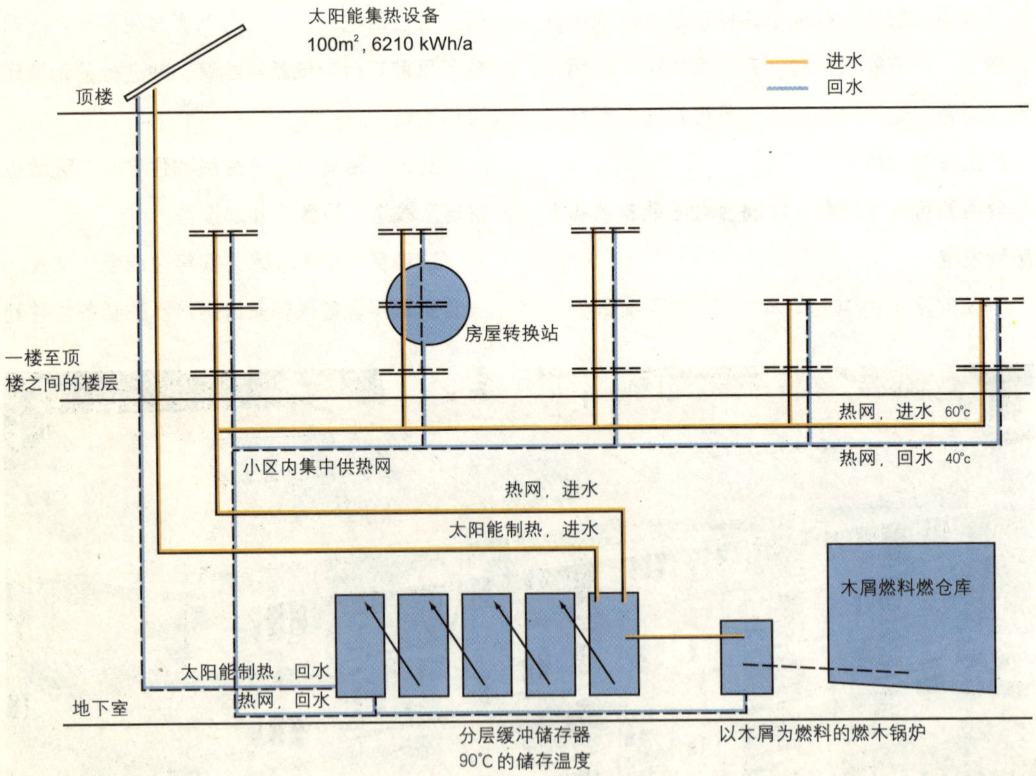

图6—38 可再生能源在楼宇中的利用

6.1.5 被动式房屋项目

目前，欧洲各国都有不少的被动式房屋项目，它们以令人印象深刻的方式证明，无论是在被动房屋标准和建筑设计高水准之间，还是在被动式房屋和经济性之间，都可以做到一举两得。

图6—39 城市别墅

预制木框结构，平屋面

南墙为全玻璃窗结构，可以完全(在部分区域两层楼都可以)打开。

再加上具有储热功能的建筑部件的“夜间”制冷效果，这样即使在酷暑，室内也不会温度过高。

居住面积	400m²
采暖热需求	12 kWh/(m²·a)
一次性能源需求，根据《节能法规》	9kWh/(m²·a)

n 50值0.6/h

建筑设计单位：Rongen Architekten建筑设计事务所，瓦森堡，德国

图6—40 独户住宅

实心结构，双层外墙，外挂缸砖

在夏季，阳台和光伏装置可以为室内提供足够的遮阳

居住面积	198m²
采暖热需求	12.7 kWh/(m²·a)
一次性能源需求，根据《节能法规》	16.4 kWh/(m²·a)

n 50值0.6/h

建筑设计单位：Rongen Architekten建筑设计事务所，瓦森堡，德国

图6-41 双户住宅

混合结构（实心结构/木结构），单坡屋面

居住面积	197m²
采暖热需求	15 kWh/(m²·a)
一次性能源需求，根据《节能法规》	79.9 kWh/(m²·a)

n 50值 0.6/h

建筑设计单位：Rongen Architekten建筑设计事务所，瓦森堡，德国

图6-42 位于陡坡边的独户住宅

地下室为实心结构(混凝土)，外铺缸砖，底楼和二楼为钢/木结构，外贴落叶松木板

居住面积	137m²
采暖热需求	14.6 kWh/(m²·a)
一次性能源需求，根据《节能法规》	36.1 kWh/(m²·a)

n 50值0.36/h

建筑设计单位：Rongen Architekten建筑设计事务所，瓦森堡，德国

图6-43 实心结构的独户住宅

主体建筑2层，鞍形屋面

附属建筑为1层，平屋面

居住面积	175m²
采暖热需求	15 kWh/(m²·a)
一次性能源需求，根据《节能法规》	19.2 kWh/(m²·a)

n 50值0.26/h

建筑设计单位：Rongen Architekten建筑设计事务所，瓦森堡，德国

图6–44 汉森–霍普纳住宅的南立面

汉森–霍普纳(Hanssen–Hoeppener)的住宅

该栋住宅建成于2007年，位于德国北威州的格罗斯维哈根(Großwehrhagen)。这是一座具有乡村气息的小村庄。户主为一对荷兰夫妇，男主人是荷兰一家环境研究所的负责人，而女主人则是一家建筑专业市场公司的主管，夫妇二人都非常希望自家住宅的能效质量能达到很高的水准。由此便诞生了这座能源自给自足且不产生CO_2排放的被动式房屋。

该住宅为实心结构，外墙为双层结构，也就是说，里面有一层承重墙，外面有一层所谓的“饰面层”。饰面层有一部分为缸砖，另一部分为落叶松木板，木板上涂有一层亚光漆，以对抗自然风化过程，因此木板层绝对无需维护，将来也不必再做任何处理(如补刷涂层)。

“汉森-霍普纳”房屋的居住区域从西到东全部——也就是说百分百——安装了玻璃窗户。然而，考虑到建筑本体的特有形状（尤其是二楼向外探出），没有必要安装主动式遮阳系统，因为后者会消耗电能——哪怕耗电量很低，而这正是男女主人希望避免的。在二楼，

图6–45 住宅的西立面

由于窗户向内缩得很大，因此也无需安装主动式遮阳系统。

有一种偏见是，被动式房屋的室内装修质量会有一定的局限性。为了消除这种偏见，被动式房屋更应当在室内装修的施工细节和材料组合方面提出更高的要求。

因此，无论是建筑设计师还是业主夫妇，都对这栋房屋的室内装修设计师提出了非常高的要求，美观而高档的窗户也大大提升了室内装修设计的水准。设计师采用了在被动式房屋窗户中也算是非常狭长的一种木窗。窗框外面贴有一层铝合金饰面。不过，窗框必须进行全包保温处理，因为只有这部分未能满足被动式房屋的标准。

对于居住区域的玻璃构造，设计师选择采用了经由达姆施塔特(Darmstadt)被动式房屋研究所认证的龙骨结构。

图6-46 游廊层

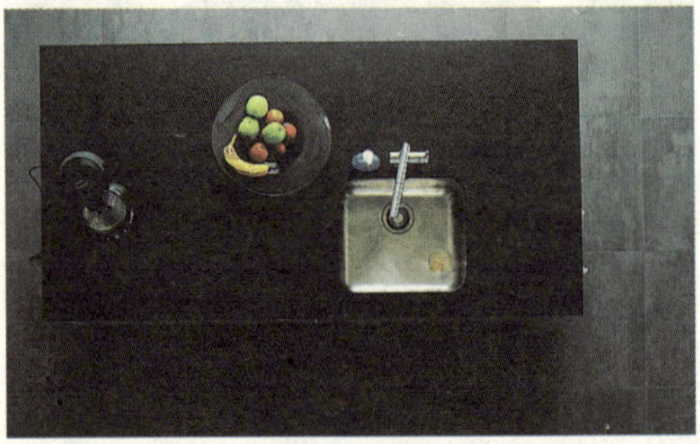

图6-47 厨房区

图6-48 从游廊看出去

图6-49 楼梯

技术细节

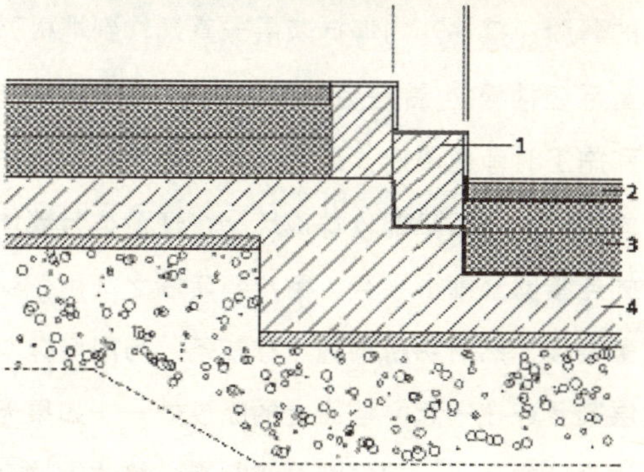

图6—50 层状结构—地板

1. 加气混凝土，厚度 = 250 cm
2. 纤维水泥地面，厚度 = 7 cm
3. 保温层 —聚苯乙烯，双层，总厚度 = 28 cm
4. 钢筋混凝土地板，厚度 = 22 cm

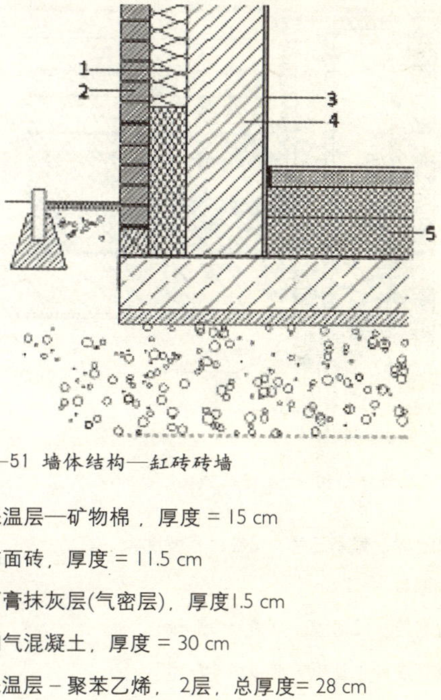

图6—51 墙体结构—缸砖砖墙

1. 保温层—矿物棉，厚度 = 15 cm
2. 饰面砖，厚度 = 11.5 cm
3. 石膏抹灰层(气密层)，厚度1.5 cm
4. 加气混凝土，厚度 = 30 cm
5. 保温层 – 聚苯乙烯，2层，总厚度= 28 cm

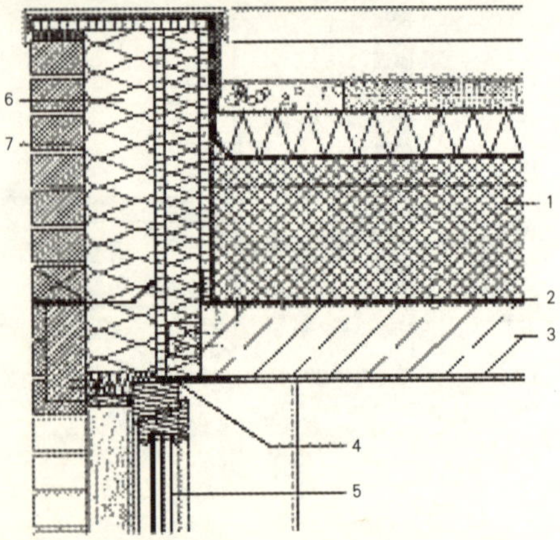

图6—52 墙体结构 – 屋檐区域

1. 保温层 – 聚苯乙烯，2层，有坡度

平均厚度 = 32 cm

2. 防潮层，PE薄膜，厚度 = 0.4 mm

3. 钢筋混凝土顶板，厚度 = 16 cm

4. 窗户，四周有密封胶条

5. 被动式房屋的窗户，三玻

6. 保温层 – 矿物棉，

厚度 = 15 cm

7. 饰面砖，厚度 = 11.5 cm

图6-50～图6-52 展示了建筑物围护结构表面的各种施工细节。

压力测试(鼓风测试)的结果显示，n50值为0.1/h，这比规定的最低界限值0.6/h还要低很多。究其原因，首先在于施工的质量非常高。

建筑物围护结构的气密性很好，这得益于混凝土顶板和加气混凝土墙壁内侧有一层抹灰层(抹灰内墙)。由于墙壁和屋面都为实心结构，因此就未使用比如椽屋面常用的极易损坏的薄膜连接件。内墙抹灰层一直延伸到地板乃至毛坯楼板(也就是地面层以下)。由于在设计和施工时考虑周密，因而没有产生热桥。窗户周围的墙体凹陷部分都被抹平，使窗框与墙体的连接部分都很平整。窗户与砖墙之间用密封条粘接，然后用所谓的“抹灰条”与内墙抹灰层紧紧连在一起。墙面上的断裂处——如果无法避免的话——被仔细封闭起来，墙体上的穿透处也被小心地粘贴密封起来。

采暖/热水供应/通风

这栋房屋安装了50m长的地热交换管(管径200mm，安装深度大约在地面以下1.5m)，并配有过滤装置和一套带有热回收功能的可控通风设备。这样，只需很少的余热，便可使房屋即使在最寒冷的冬天也能达到和保持舒适温暖的室内温度，而所需的余热是由辐射式燃木锅炉来提供的。所用的木块都是利用来自木材加工企业的未经化学处理的废弃物生产出来的，是CO_2零排放的一种产品，因为在燃烧木材时所产生的CO_2量和树木自然生长时所吸收的CO_2量是相等的。

热水供应来自一台气候热泵，它同时还会在夏季为房屋提供制冷。

此外，通风机中安装有夏季旁通管，这也有助于将房屋的夏季制冷所需能耗降到最低。一部分新风在经过地热交换器时就已经先被冷却了。

安装在屋面上的光伏设施可以使房屋完全摆脱对供电企业的依赖。

图6-53 和图6-54中显示的是各楼层内部通风管道的分布和走向。

换热器和建筑物围护结构之间的通风管道有一层20mm厚的保温层[传热系数0.04W/(m^2·K)]。

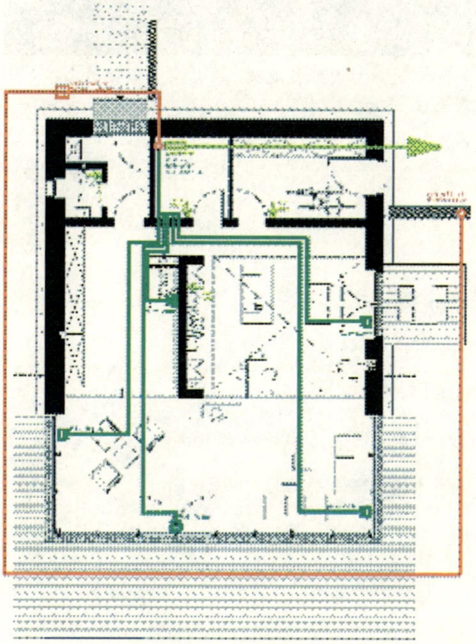

图 6-53 底楼平面图

底楼平面图，上面标有通风管路和地热交换器

地热交换器

排风管

进风管

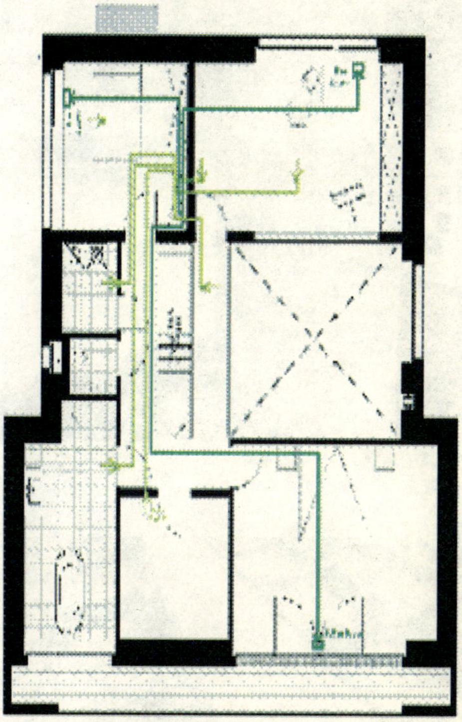

图 6-54 二楼平面图

二楼平面图，上面标有通风管路

排风管

进风管

从图6-55～图6-57中，我们可以看到安装在屋内的通风设备、设置在地板上的进风口和安装在屋面上的光伏设施。

图6—55 通风设备，配有两台换热器，可利用其他能源

图6—56 进风口安装在地板上，这样可以使热工效果更佳

图6—57 光伏设施，可安装在平屋面上

技术参数

U-值（传热系数）：

居住面积:	207 m^2
外墙，外铺缸砖：	0.126 W/(m^2·K)
外墙，木板外饰面：	0.121 W/(m^2·K)
地板：	0.120 W/(m^2·K)
窗户，平均值：	0.760 W/(m^2·K)
平屋面：	0.113 W/(m^2·K)
采暖热需求：	15 kWh/(m^2·a)
一次性能源需求：	111 kWh/(m^2·a)
n 50值：	0.10/h

6.2 3个中国示范工程

6.2.1 上海浦江智谷办公楼

图6－58 上海浦江智谷办公楼（piv）

在上海市东南1.5km^2的区域内，一个新的工业园区正在崛起，它就是"浦江智谷"(PIV)。按照生态环保和可持续发展的要求，园区只包括研发机构和办公楼群。人们将使用各种有效技术，以达到节约采暖和制冷能源的目的。新园区的交通十分便利，给排水系统早已具备。除了对建筑物的节能要求之外，在总体方案中还对楼群的统一能源供应和排废以及工业园的微观气候作出了具体的规定。在园区的规划方案中，规定绿化面积比例应达到大约45%。聚水区和屋顶绿化将提高和改善自然界的水量平衡，并为人们的室外休闲活动创造良好的环境条件。通过改善环境舒适度，可以提高人们的工作效率，并为创新性企业创造理想的工作环境。

项目说明

浦江办公楼是2006上海生态建筑展的示范项目，由德国缔皓建筑和城市规划事务所（汉堡/汉诺威)和慕迪国际规划设计咨询公司设计。项目预算约400万欧元，地上建筑面积约为8900m^2，另外，地下3100m^2的建筑面积用作车库和技术设备间。

项目开发商是鹏欣集团，"智谷"的第一幢办公楼将归其使用。该示范项目已经成为园区内开发其他项目的范例。

图6－59 智谷夜景

数据

建造年代	2005/2006年
竣工	2006年10月
(总)建筑面积	11874 m^2
使用面积	10687 m^2
建筑总体积	42362 m^3

建筑实体/设计方案

办公楼的外形由两栋椭圆形塔楼组成，分别为5层和6层，中间一层裙房连接。办公楼入口位于南面，楼北面是一块梯地。毗邻的水域是聚水区，能够提高人们室外休闲活动的质量。建筑物顶层建有屋顶花园。如上所述，整个室外设施的布局设计是“智谷”总体规划方案的一部分(图6-60，图6-61)。

每栋塔楼的标准层建筑面积约730 m^2。办公楼层的中心区域设有电梯、楼梯间和卫生设施。这种采用中心区域布局的椭圆形平面能大大提高楼层面积的使用率。有86%的面积可以作为办公室使用。由于整个建筑结构的内部无梁无柱，因而能够灵活地分隔出各种形状的办公室区域，包括单间办公室以及会议室和会客区等敞开式办公区域（图6-62）。

改善建筑外表面积与其所包围的建筑体积之比，能够提高建筑物的能源效率。这样，建筑设计和节能设计便形成了可持续发展理念的基础。此外还对“智谷”园区的最低节能要求制订了具体的规定，其中主要包括使用保温材料、外遮阳装置、楼板埋管系统供暖和冷却以及利用地表浅层的地热资源。

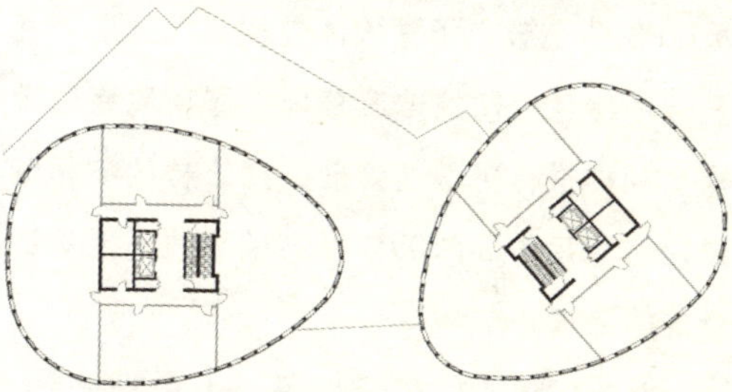

图6－61 建筑平面

图6－60 建筑立面

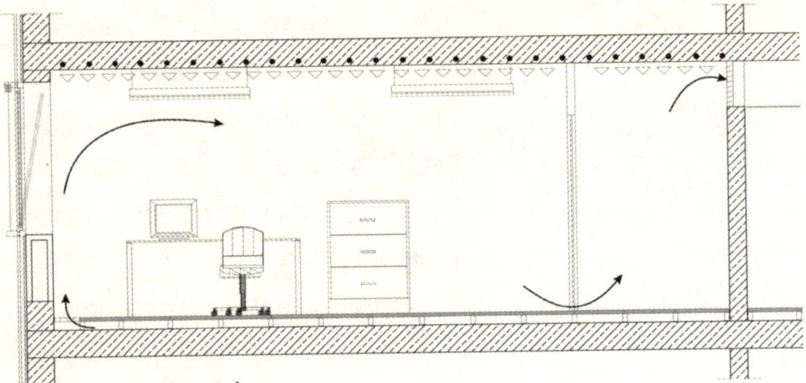

图6－62 办公区域侧面示意

建筑物围护结构方案

浦江智谷办公楼的外围护结构是中空玻璃幕墙。保温材料采用60mm厚的聚苯乙烯泡沫板(EPS)，安装在承重墙体外侧，保温层外面是深浅绿色相间的玻璃幕墙。屋顶和底层地板也同样进行了保温处理。办公楼的冬季保温措施满足中国2005年颁布的高效节能设计标准的要求。

此外，双层绝缘玻璃上还涂有遮阳涂层，再加上室外百叶窗，可以有效抵抗夏季高温。

楼宇技术方案

上海属于亚热带季风气候，冬季湿冷，夏季闷热，空气湿度最高可达到100%，办公室和商场主要使用空调进行制冷和除湿(图6-63，图6-64)。以空气为媒介对室内气候环境进行调节，由于换气率高，其制冷和通风所消耗的电量巨大。

新方案的目标是在居住舒适度高于平均水平的同时降低能耗。

建筑的围护结构节能措施使夏季传入室内

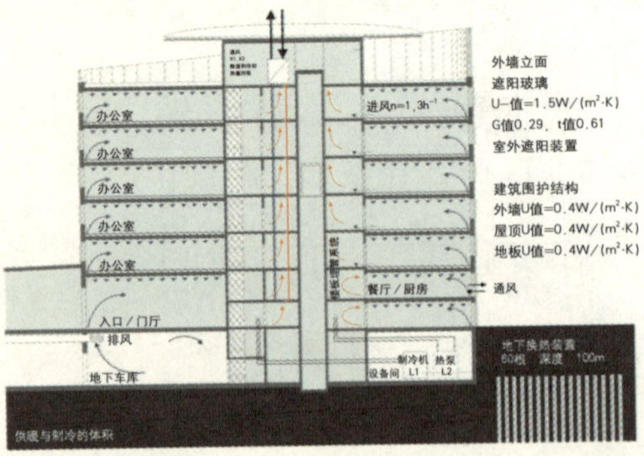

图6－63 浦江智谷办公楼夏季空调方案

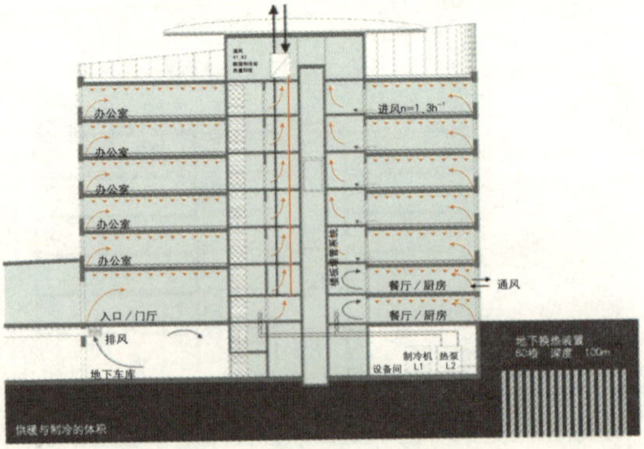

图6－64 浦江智谷办公楼冬季空调方案

的热量减少，冬季由室内散失掉的热量降低。另外一大特点是提高构件之间的连接密封性，使外围护结构气密性提高，从而保证了室内外水汽渗透控制的质量。这样，不仅热量和冷量的传递得到控制，而且墙面的冷凝水也减少了。

夏季制冷一方面通过对建筑构件的表面进行冷却，另一方面通过对空气进行冷却和除湿得以实现。楼板埋管系统可以覆盖建筑物的基本负荷以及80%的制冷需求。配有“冷气回收”装置的送风和排风设备能确保对换气进行控制，从而满足剩余的制冷需求量。换气率约为每小时1.5次，既能降低通风设备的工作量，又能保证满足必要的卫生规定。大厦的窗户一直保持关闭。

在春秋过渡季节，庞大的建筑物体积足以自行平衡温度变化。此外还可以利用窗户进行通风。

在冬季采用同样的方式进行供暖：通过楼板辐射以及对进风进行加热来向建筑物供暖。通风设备将热量加以回收，可以降低50%的散热损失。

地下换热器

该建筑的一个创新理念是将土壤作为当地天然能源资源加以利用。建筑物周围共埋设60个地下热交换器，每根深达100m，它们将建筑物与地热源联接起来（图6-65）。地源热泵利用整个地层作为季节性的能量储存器，为建筑物供热蓄冷。冬季，土壤温度不断降低，这就为建筑物的制冷周期提供了潜在冷量。地层中的冷量可直接利用，即当冷水流经混凝土楼板时会带走楼板内部的热量。制冷机在对室内的进风进行除湿和冷却后，其内部的液体也通过与土壤进行热交换得到循环冷却。

图6－65 地下换热器

图6－66 获得海外第一个建筑节能认证证书

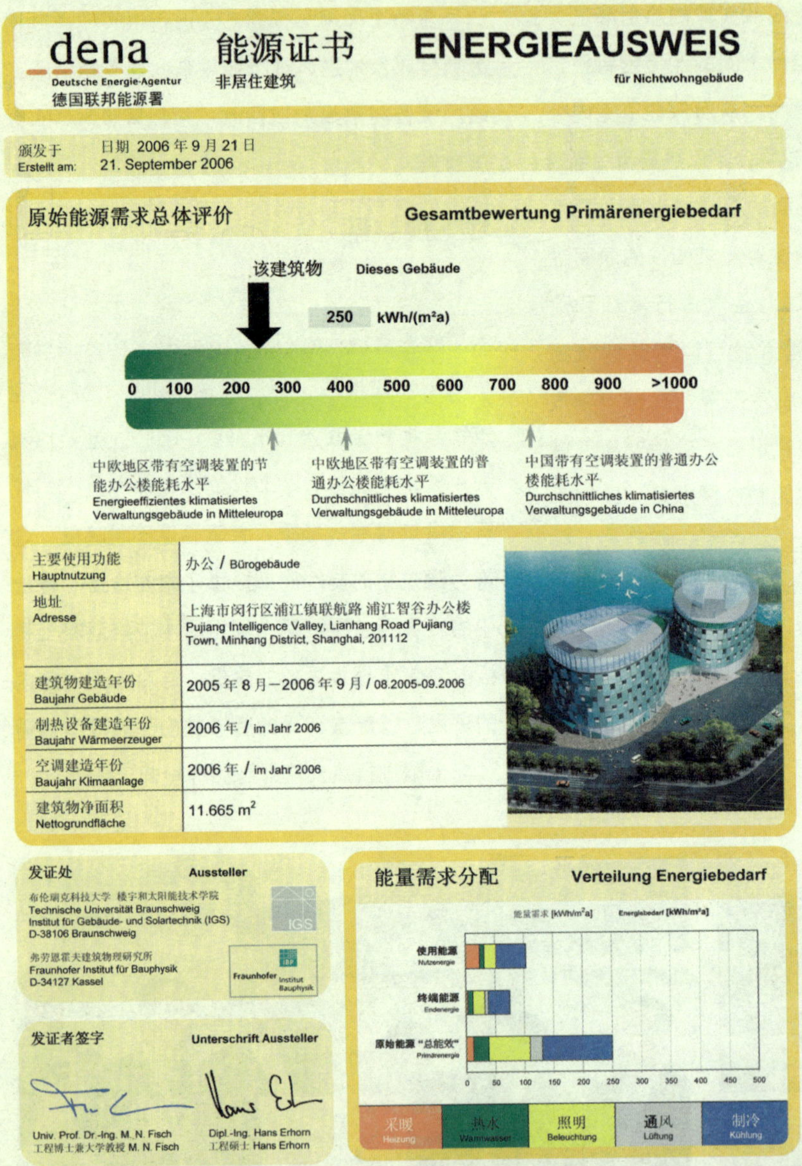

dena
Deutsche Energie-Agentur
德国联邦能源署

能源证书
非居住建筑

ENERGIEAUSWEIS
für Nichtwohngebäude

颁发于 日期 2006 年 9 月 21 日
Erstellt am: 21. September 2006

原始能源需求总体评价 Gesamtbewertung Primärenergiebedarf

该建筑物 Dieses Gebäude
250 kWh/(m²a)
0 100 200 300 400 500 600 700 800 900 >1000

中欧地区带有空调装置的节能办公楼能耗水平
Energieeffizientes klimatisiertes Verwaltungsgebäude in Mitteleuropa

中欧地区带有空调装置的普通办公楼能耗水平
Durchschnittliches klimatisiertes Verwaltungsgebäude in Mitteleuropa

中国带有空调装置的普通办公楼能耗水平
Durchschnittliches klimatisiertes Verwaltungsgebäude in China

主要使用功能 Hauptnutzung	办公 / Bürogebäude
地址 Adresse	上海市闵行区浦江镇联航路 浦江智谷办公楼 Pujiang Intelligence Valley, Lianhang Road Pujiang Town, Minhang District, Shanghai, 201112
建筑物建造年份 Baujahr Gebäude	2005 年 8 月—2006 年 9 月 / 08.2005-09.2006
制热设备建造年份 Baujahr Wärmeerzeuger	2006 年 / im Jahr 2006
空调建造年份 Baujahr Klimaanlage	2006 年 / im Jahr 2006
建筑物净面积 Nettogrundfläche	11.665 m²

发证处 Aussteller
布伦瑞克科技大学 楼宇和太阳能技术学院
Technische Universität Braunschweig
Institut für Gebäude- und Solartechnik (IGS)
D-38106 Braunschweig
弗劳恩霍夫建筑物理研究所
Fraunhofer Institut für Bauphysik
D-34127 Kassel

发证者签字 Unterschrift Aussteller
Univ. Prof. Dr.-Ing. M. N. Fisch
工程博士兼大学教授 M. N. Fisch
Dipl.-Ing. Hans Erhorn
工程硕士 Hans Erhorn

能量需求分配 Verteilung Energiebedarf
能量需求 [kWh/m²a] Energiebedarf [kWh/m²a]
使用能源 Nutzenergie
终端能源 Endenergie
原始能源 "总能效" Primärenergie
0 50 100 150 200 250 300 350 400 450 500
采暖 Heizung
热水 Warmwasser
照明 Beleuchtung
通风 Lüftung
制冷 Kühlung

图6-67 2006年9月，德国联邦交通、建设与城市发展部部长沃尔夫冈•蒂芬泽先生为上海的浦江智谷办公楼颁发了中国首个建筑能源证书。

从彩色标签纸上，人们一眼便可以看出该建筑同其他建筑相比少消耗了多少能源、该建筑是位于“绿色区域”之内还是仍有进一步改进的潜力。房屋所有者、买房者以及承租人都能从这些比较值中了解到如与该建筑相比，一座新建建筑或者一座经过改造的老建筑的能源需求是多少？

能源证书使房地产市场更加透明化，同时有助于更好地规划能耗领域的投资。承租人、买房者和房屋所有者都能受益匪浅。

夏季结束时，土壤的温度又缓慢上升，可以重新为即将到来的采暖周期提供热能。

能源证书

2006年10月，浦江工业园的中心“浦江智谷”办公楼获得了德国政府颁发的海外第一个建筑节能认证证书（图6-66）。该证书不仅反映了非居住类建筑物在采暖、通风、热水供应等方面的能耗，也反映了空调和人工照明的参数值。在德国能源署所举办的中/德“可持续建筑节能”研讨会上，德国联邦建设部部长蒂芬泽（Tiefensee）先生向有关单位颁发了证书。不伦瑞克(Braunschweig) 理工大学建筑及太阳能技术学院同来自斯图加特的弗劳恩霍弗(Fraunhofer)建筑物理学院合作，对浦江智谷办公楼的有关数据进行了测算与评估（图6-67）。

该建筑的能耗大约是中国新建办公楼平均值的1/3。高品质的外墙立面降低了能耗，此外，通过利用自然资源，降低了一次能源的使用，使浦江办公楼的年均能耗达到250kWh/m²。

按照上海当前的能源价格，尽管该项目的投资成本增加了20%，但是基本上能在五年的时间内回收。工作环境舒适度的提高和能耗的降低，标志着中国的房地产市场正在朝着高效节能的方向发展。

6.2.2 上海同济大学文远楼节能改造项目

坐落在上海同济大学校园内的文远楼始建于1953年，建筑风格沿袭了20世纪20年代的现代派风格（图6-68）。该建筑物的设计师是曾经师从于包豪斯建筑学派创始人格罗皮乌斯（Gropius）的哈雄文和黄毓麟。

该楼属于文物保护建筑，因此作为一个国家试点项目，在进行全面节能和舒适性改造的同时必须考虑到这一点。

改造的目标是达到现代化的舒适标准，即不仅能够满足最新的使用要求，同时还实现可持续的能源利用。

改造过程中文物保护的方面主要体现在小心处理基本的建筑物结构和材料。整体构想应该有创意，并可以达到全面展示未来技术发展趋势的示范效果。建筑的技术方案应该体现出精简和全面。不论是在阶梯教室，还是在办公室和一般教室，将利用一切可能性去测试、展现和评价未来的技术发展。

到2010年上海世博会开幕之前，将持续记录该建筑的能源利用效率和用户舒适度，并公布记录结果。因此这项中德合作的试点项目将给建筑行业的赞助商提供绝好的机会去展示他们的能力和成果。赞助商们也将由此获得宣传自我的平台。

图6－68 上海同济大学文远楼

气候

上海的气候属亚热带海洋季风性气候，四季分明，春秋两季相对较短。

冬季湿冷，温度在－1～8℃之间，偶尔出现较强的霜冻天气。

夏季闷热，平均温度在28～35℃之间，最大空气湿度可达到95%。每年10月，第一股冷空气自北方袭来。

年降雨量在1135mm，其中50%的降雨量集中在5月中旬到9月中旬的区间内。每年平均有110个降雨日。

建筑物描述

文远楼的楼层净面积大约为4200m²。两个东西走向的翼楼为学院办公楼，横贯其中的连接区域将两侧翼楼连接在一起。东部较高楼梯间为主入口。西面的阶梯教室与较低的横向侧楼相连。两个楼梯间之间耸立着一幢3层楼的办公室区域。南面和西面的其他建筑结构都是2层。建筑物东翼整个楼层的巨大空间都是阶梯教室。

建筑物的正立面坐南朝北（图6-69）。每座翼楼尾部都有逃生楼梯通道。

现状

建筑物为钢筋混凝土框架结构，外墙为砖砌墙体。建筑物的围护层未采取任何保温隔热措施。底楼地面和屋面板均为钢筋混凝土结构，同样没有保温隔热措施。大楼内部的分隔墙为轻质建筑结构。吊顶将室内净空高度从3.90m降低到了3.25m。阶梯教室的室内净空高度介于5.25m 和8.60m 之间。

白色的墙壁和水磨石地板定位了内部空间的格调。一些细节元素，如楼梯扶手则是明显地受到了现代派建筑风格的影响。虽然已经使用多年，但是教学活动区域内没有任何建筑结构上的改变，只是在大阶梯教室内安装了一套新的照明设备和增添了一些桌椅设施。

建筑物的窗户采用单层玻璃钢窗，可以打开通风，未采取任何密封和断桥措施。窗墙面积比为45%～55%，没有采取遮阳和防眩光措施。建筑入口处为木质大门，由两扇旋转门扇组成，门上装有玻璃窗。受建筑形式的限制，围护结构的门、窗结点都没能达到密封要求。

技术装备水平仅限于电气安装。大楼没有供暖系统，个别区域（办公室、计算机教室）都是借助安装在建筑立面外侧的分体式空调来制冷。不论是冬天还是夏天，室内气候环境都欠舒适。

大楼的承重结构和地基都没有任何明显的破坏或损伤迹象。但是由于雨水的排水设计并不专业，导致外墙的一些地方受潮而损坏。

改造计划

建筑物的围护结构

为改善热舒适度，所有的建筑结构、外墙、屋顶和地板都要采取保温隔热措施。出于文物保护方面的考虑，只能在墙体内侧安装保温隔热层。采取了保温隔热措施的轻质结构替代了部分地板。屋面的保温隔热层设在屋顶内侧，从而可以在上面设计屋顶花园。

文远楼窗户的开启方式和比例都参照了德国包豪斯的建造风格。也正因如此，改造意义十分重大。一方面，要保持建筑物外形上的完整；另一方面，只有密封的建筑物围护结构才能满足建筑物理方面的要求。为此，改造过程中专门设计了狭长的断桥隔热窗，便于更换。根据整体构想，外墙立面安装了适当的玻璃，并采取了遮阳和防眩光措施。

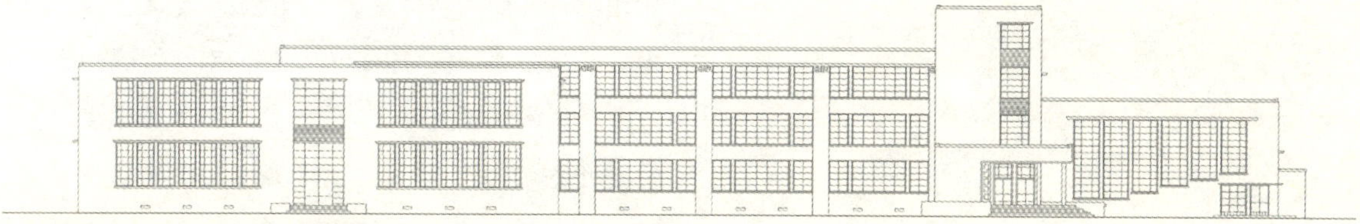

图6－69 文远楼建筑立面

楼宇技术

可持续能源发展理念要求建筑物的制冷和供暖都应使用自然资源。地热技术是以土壤为能量存储器，借助地下换热装置从地下获得热能和冷能。冬季，热泵利用土壤为热源，为室内供给必要温度的暖气，土壤温度进而下降（图6-70）；夏季则利用现成的地下低温直接制冷。地下换热装置的埋设区域设计在主入口的西南面。粗略规划，大约需要80个地下换热装置，每个地下换热装置的长度为100m。地下换热装置之间的距离和挖掘深度根据水文地面勘测（包括热响应测试）确定。

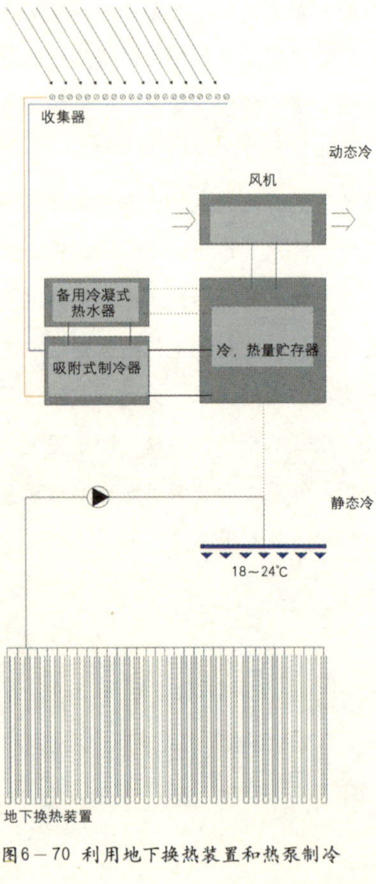

图6－70 利用地下换热装置和热泵制冷

大楼中部（办公室、教室和展示区域）为制冷和采暖区，并且其一年中的绝大部分时间都是借助窗户进行自然通风。安装在顶棚的毛细管网可以通过平面辐射的形式进行室内空间制冷。在潮湿和炎热的夏季，将利用辅助的可控通风系统对空气进行制冷和除湿（图6-71）。

阶梯教室内安装了室内空气调节系统（RLT），该系统能够灵活地应对自身不断变化的使用要求和气候综合条件。室内采用机械通风。通风设备兼具制热、制冷以及除湿的功能。相距较远的各阶梯教室分别采用了不同技术的独立系统。

除了一台热驱动的吸附式制冷机组，还规划了一台吸附式的空调模式（SGK）。太阳能集热器提供各自所需的热能。办公室和阶梯教室内的温度可降到最低26℃。

冬季，供暖后所有房间温度至少能达到18～20℃。阶梯教室的空调供应分别从各自背面进行，这样安装比较容易而且安装距离也比较短。在西面的两栋楼翼之间建立一个地下技术室，从该地下室可以调控北部和南部楼群。

楼梯间供暖量不大。至少15℃的供暖温度能防止过渡季节地面出现冷凝水并提高舒适度。冬、夏两季的空调原理见图6-72。

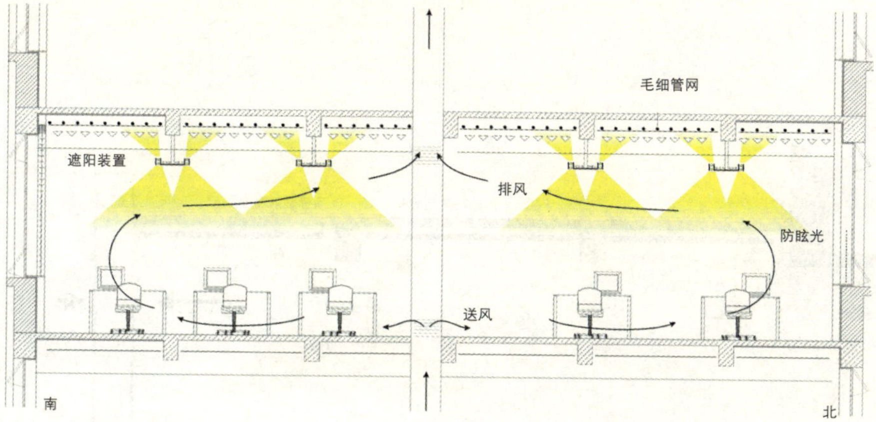

图6－71 通风示意图

楼宇自动化

诸多用于改善热舒适度的措施以及冷却和除湿送风、楼板辐射制冷、遮阳和依赖日光的人工光线转换等都能够得到集中监视和控制。温度和湿度传感器将提供最新的室内气候状况信息。

所有对室内气候产生直接影响的部件都安装有接触器。屋顶上的辐射传感器控制遮阳板的功能，日光传感器与状态报警器共同监督人工照明系统的切换。根据排灯与建筑立面之间的距离以及不同房屋进深中的照明强度对排灯进行控制。窗户接触器向楼宇控制技术传达信号。在炎热和潮湿的夏季打开窗户时，送风阀关闭，楼板辐射制冷解除。冬季通过窗户进行持续通风的时候，供暖被切断（图6-73）。

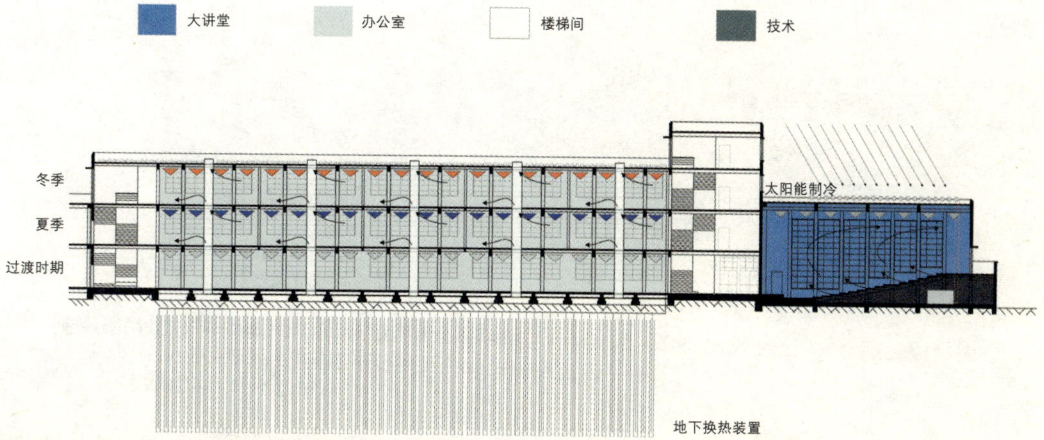

图6－72 冬夏两季的空调原理

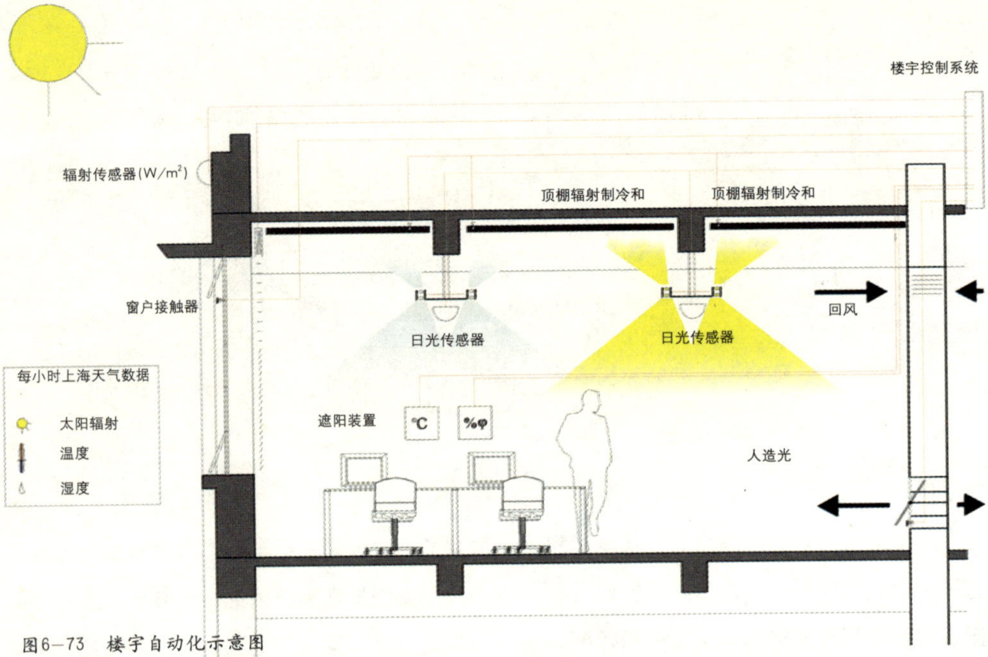

图6—73 楼宇自动化示意图

成果控制

评价和监控

在实践新能源和气候方案的过程中，包括整个实施和改造结束后的过程中都始终伴有科学技术的支持。特别是通过长期测量可以监控室内的舒适度。除了舒适度数据之外，所有技术设备(制冷机、热泵等)都将接受测试，进而确定建筑物的能耗。专业的参数和基准值将为这一方案的有效性提供依据。秉承2010年上海世博会“城市让生活更美好”所倡导的主题，该方案的可持续性将得到充分展示。

数据

NGF（楼层净面积）	4209m²
高度	3层
改造费用	约500欧元(估算)
改造规划	上海同济大学 建筑与城市规划学院(CAUP)
能源设计	德国不伦瑞克技术大学(Technical Uni Braunschweig) 楼宇和太阳能技术研究院(IGS)， 工程博士 M.Norbert Fisch 教授
改造年份	2006～2007年

图6－74 自控窗

6.2.3 天津梅江节能示范工程

项目概况

梅江节能示范工程（图6-75）是世界银行/全球环境基金“中国供热改革与建筑节能”项目的示范平台之一，该工程实施的供热改革与建筑节能“两手抓”对推进天津市乃至全国的供热改革与建筑节能工作具有重大的借鉴意义。其住宅建筑面积为12.16万m^2，均按照天津市三步节能标准进行设计施工，该工程利用热电联产进行集中供热，以小区为单位换热，为变流量系统，采取分户循环、分室控温、分户计量，将施行按热计量收取采暖费。

建筑节能措施

该项目是根据天津市建委颁布的《居住建筑节能设计标准》(DB 29-1-2004)，即节能65%的标准进行设计施工的，建筑的耗热量指标控制在14.4W/m^2以下，示范工程建筑节能设计提高部分的耗热量全部由建筑物承担。示范工程主要采用德国STO外墙外保温体系，以聚苯板为保温层，无水泥的纤维增强抹灰膏为增强层，合成的乳液基料为面饰层，保温效果良好，门窗、阳台及热桥部分均采取了节能措施（图6-76，图6-77）。

通过计算，本工程中高层建筑的耗热量指标达到13.86W/(m^2·K)，多层建筑耗热量指标达到13.59W/(m^2·K)，符合天津市三步节能的标准。

供热系统

梅江节能示范小区由热电厂供热，室外供

图6－75 天津梅江节能示范工程

图6－76 外墙外保温

热系统包括一次管网、换热站和二次管网，换热站采用进口的全自动组合式板式换热机组，均为无人值守站（图6-78）。二次网设计供回水温度为85/60℃。为实现按计量收费，该小区的供热系统为变流量运行系统。室内供热系统采用双管下供下回式，采用一户一环分户计量形式，散热器上安装恒温阀，住户可按需进行调节，在设备竖井中为每户安装了超声波热量表，具备了住户按实际用热交费的条件，有利于调动住户节能积极性，实现“热”的商品化。

经济效益分析

项目建设成本72777.9万元，用于节能措施所增加的投资为1903.3万，约占整个建设成

天津梅江节能示范工程节能措施

体形系数和窗墙比	部　位	节能措施
①高层体形系数为：0.295 窗墙比为：南 0.58 东西 0.12 北 0.33 ②多层体形系数为：0.38 窗墙比为：南 0.42 东西 0.06 北 0.26	外墙	80mm厚、20kg/m^{3}聚苯板外保温，K≤0.6
	屋顶	110mm厚、20kg/m^{3}聚苯板保温层，K≤0.5
	楼梯间分割墙	抹30mm厚保温砂浆，K=1.50
	楼层地面	85mm厚钢丝网架聚苯保温板
	外窗	断桥铝合金隔热中空玻璃平开窗，K=2.7
	分户门	钢制保温防盗门，K=1.5
	楼梯间入口门	保温防盗门
	热桥部位	空调板、女儿墙、阳台底板、飘窗、窗口侧壁全部设聚苯板，门窗周边缝隙填发泡聚胺酯
	阳台门	断桥铝合金，中空玻璃平开保温门
	阳台内侧外墙	80mm厚、20kg/m^{3}聚苯板外保温，K≤0.6

墙体

砂浆抹灰层

STO建筑粘胶

EPS板

防护面层

STO盘形锚钉
（仅用于30m以上山墙大角2m范围内）

饰面层

饰面罩面层

防护面层：STO防护砂浆 + STO玻纤网格布
饰面层：颗粒状装饰砂浆
饰面罩面层：STO外墙涂料

图6－77　“STO传统性”外墙外保温体系

图6－78　“供热系统

本的2.6%。通过采取节能措施，本项目建筑物整体节能大大提高，每年可节约333.7t标准煤，考虑外保温系统15年的生命周期，共节约5005.5t标准煤。

7TH CHAPTER

第七章 附录

词汇表：专业词汇的简要解释

被动式房屋

采暖能耗最多不超过15kWh/(m^2·a)的高效节能房屋。

CE 标识

欧洲标准的产品统一标识。

出风

排至室外的污染了的空气。

传热系数(U–值)

评价材料保温性能的另一个重要的参数，表示当两侧的表面温差为一个开氏温度的时候，通过1m^{2}面积所传递的热量(瓦特，W)。窗户U-值(U_w)综合考虑到了窗框U-值(U_f)和玻璃U-值(U_g)以及同边缘连接部位的冷桥。必须严格区分窗户U-值(U_w)和玻璃U-值(U_g)。

采暖能耗

每年为房间供热所需的能量，由能量的散失、通风过程中的能量损失、太阳能的获取和室内发热体的能量贡献等几方面组成。

窗户通风

通过窗户进行的自然通风。

导热系数

表示当两侧的表面温差为一个开氏温度的时候，穿透1m^{2}面积的1m厚材料的热量（瓦特，W）。

低温锅炉

运行温度较低的现代化锅炉，它能够减少废气的能量损失和待机损耗。

DIN 4108

德国高层建筑保温标准。

二氧化碳排放

燃烧过程中释放到大气中的二氧化碳量。

鼓风试验

用于检验建筑物或住宅密封性的方法。

光电技术

利用太阳能发电的技术。

恒温锅炉

一种传统的锅炉形式，锅炉水的运行温度介于80～90℃之间，其热量损失大、效率低。

红外线热敏图

一种表面温度的图示方法，如用于分析热桥的存在。

换气率

每小时内整个建筑物体积内的空气换气频率，通常由通风装置、机械通风或从非密封的建筑围护结构进行换气。

换气量

建筑物单位体积的每小时气流量。

基本通风

为满足在建筑物保护、卫生及健康等方面的要求在建筑物内部进行的主要由机械通风支持的持续通风。

建筑使用面积

在德国的《节能条例》中，建筑使用面积是指在建筑物的能源计算方面所涉及的建筑面积，其值由公式AN=0.32×建筑物体积得出。

建筑物能源认证证书

用于描述和评估一座建筑物能源水平的资料。除此之外，它还就建筑物的现代化改造给出建议。随着EnEV 2007年正式生效，既有建筑的业主在每一次出租或出卖房产时，都要义务提供建筑物能源认证证书。

节能法规(EnEV)

2002年2月1日起生效的建筑物保温节能和楼宇设备节能法规。其修订版增加了对既有建筑强制引入能源认证证书的内容，2007年正式生效。

进风

进入室内之前经过(预)处理的空气。

可再生能源

是指可以不断再生、取之不尽、用之不竭的资源形式(太阳能、风能、水能等)。

空气湿度

干燥空气中气态、液态或固态水的含量。

冷凝式锅炉

能够利用排放废气中含有的大部分水蒸气的供热锅炉。

能量透过率g值

用于说明穿透玻璃的太阳能的百分比。

排风

来自室内的污染了的空气。

气密性

用于描述建筑围护结构的透气性。

潜热

在恒温和一定的使用条件下，房间内的水蒸气蒸发所需要的热能。

热能需求

为达到一定的室内设计温度，建筑物用于平衡能量的散失和通风过程中的能量损失所需要的热能。

热回收

对排风中的热量进行再度利用。

太阳能制热

利用太阳能进行供热或进行热水制备。

小型热电站(BHKW)

一个能同时生产热和电的小型热电站。

一次能源

直接取自自然界、没有经过加工转换的各种能量载体。它包括：原煤、原油、天然气、核能等，还包括太阳能、水能、风能、地热能、生物质能等可再生能源。

终端能源

运输到建筑物所在地或房屋界限处的可以被用户直接使用的能源。例如：燃烧炉之前的木屑或输送至房屋转换站处的集中供热。

自然通风

通过存在于室内外之间的压差推动下的空气流动。根据压差形成的机理，自然通风可分为风压作用下的自然通风和热压作用下的自然通风。自然通风可通过通风井、外墙通风口、不密封的建筑围护结构以及窗户、外门等部位进行。